建筑施工技术

主　编　苏小梅　杨向华　李　坚
副主编　张善军　陈　纲　何　伟
参　编　程　斌　程　林　陈美艳
　　　　侯华东

北京理工大学出版社
BEIJING INSTITUTE OF TECHNOLOGY PRESS

内 容 提 要

　　本书是按照高等院校人才培养目标及专业教学改革的需要,依据建筑工程新国家有关标准及相关专业施工规范编写的,反映了国内外建筑施工技术的新动态。本书结合工程实例,以常见分部分项工程施工为主线进行编写,重点内容包括土方工程施工、地基与基础工程施工、砌体工程施工、钢筋混凝土工程施工、预应力钢筋混凝土工程施工、装配式混凝土结构施工、防水及保温工程施工和装饰工程施工等。

　　本书可作为高等院校土木工程类相关专业的教材和指导书,也可作为土建施工类及工程管理类各专业职业资格考试的参考教材。

图书在版编目（CIP）数据

　　建筑施工技术 / 苏小梅, 杨向华, 李坚主编. -- 北京:
北京理工大学出版社, 2022.5
　　ISBN 978-7-5763-0620-0

　　Ⅰ.①建… Ⅱ.①苏…②杨…③李… Ⅲ.①建筑施
工－施工技术－教材 Ⅳ.①TU74

　　中国版本图书馆CIP数据核字（2021）第219711号

出版发行 / 北京理工大学出版社有限责任公司

社　　　址 / 北京市海淀区中关村南大街5号

邮　　　编 / 100081

电　　　话 / （010）68914775（总编室）
　　　　　　（010）82562903（教材售后服务热线）
　　　　　　（010）68944723（其他图书服务热线）

网　　　址 / http://www.bitpress.com.cn

经　　　销 / 全国各地新华书店

印　　　刷 / 北京紫瑞利印刷有限公司

开　　　本 / 787毫米 × 1092毫米　1/16

印　　　张 / 19　　　　　　　　　　　　　　　责任编辑 / 钟　博

字　　　数 / 462千字　　　　　　　　　　　　文案编辑 / 钟　博

版　　　次 / 2022年5月第1版　2022年5月第1次印刷　　责任校对 / 周瑞红

定　　　价 / 88.00元　　　　　　　　　　　　　责任印制 / 边心超

前　言

建筑施工技术是土建类相关专业的一门主要课程，主要研究建筑工程施工中建筑物（构筑物）的主要分部分项工程的施工技术、工艺和方法的基本规律。为适应高等教育发展需要，培养学生独立分析和解决建筑工程施工中的有关施工技术问题的能力，输送建筑行业中具备建筑施工技术知识的专业技术管理应用型人才，我们结合当前施工技术发展的前沿问题编写了本书。全书以国家现行的建设工程标准规范、规程为依据，以施工员、二级建造师等职业岗位能力的培养为导向，以常见分部分项工程施工为主线组织内容，重点内容包括土方工程施工、地基与基础结构施工、砌体工程施工、钢筋混凝土工程施工、预应力钢筋混凝土工程施工、装配式混凝土结构施工、防水及保温工程施工和装饰工程施工八个模块。在内容组织上，通过"实践教学""建筑大师""榜样引领"等栏目，着重体现在课程教学中育人、在课程实践中立德的理念，通过工程实例进行详细的阐述，突出实用性、实践性。通过对本书的学习，学生能够掌握施工主要工种的施工方法和施工工艺知识，具备选择施工方案、指导现场施工、进行质量控制等技能。

本书由武汉城市职业学院苏小梅、杨向华，武汉船舶职业技术学院李坚担任主编，由武汉城市职业学院张善军、武汉船舶职业技术学院陈纲、长江工程职业技术学院何伟担任副主编，武汉城市职业学院程斌、襄阳职业技术学院程林、湖北省路桥集团有限公司陈美艳和武汉一冶钢结构有限责任公司侯华东参与本书的编写。

本书在编写过程中，参阅了国内同行的多部作品，参考了很多文献资料，在此表示衷心的感谢！本书虽然经过反复讨论、修改，但限于编者的学识、专业水平和实践经验，书中仍难免存在不足和疏漏之处，敬请广大读者批评指正。

编　者

目　录

模块一　土方工程施工

案例引入

　　某拟建工程项目，场地为平原微丘陵地貌，地形微有起伏，现状高程为 75.4～80.6 m（黄海），面积约 300 亩(20 万 m²)。该拟建工程项目基坑开挖深度为 12 m，基坑南侧距坑边 6 m 处有一栋已建六层住宅楼。基坑周围土质状况从地面向下依次为：杂填土 0～2 m，粉质土 2～5 m，砂质土 5～10 m，黏性土 10～12 m，砂质土 12～18 m。上层潜水水位在地表以下 5 m（渗透系数为 0.5 m/d），地表下 18 m 以内无承压水。基坑支护设计采用灌注桩加锚杆。施工前，建设单位为节约投资，指示更改设计，除南侧外，其余三面均采用土钉墙支护，垂直开挖。基坑在开挖过程中北侧支护出现较大变形，但一直未被发现，最终导致北侧支护部分坍塌。请分析该事故坍塌的原因。

该案例中涉及土方工程土质情况、土方场地平整及土方调配、土方开挖机械的选择、人工降低地下水水位和基坑支护。

问题导向

1. 场地平整设计标高如何确定？

2. 该工程场地平整、挖填土方量各多少？

3. 基坑支护的类型有哪些？该项目基坑开挖深度为 12 m，如何选择开挖机械？如何选择基坑支护？

4. 基坑降水的方式有哪些？本工程基坑最小降水深度应为多少？降水宜采用何种方式？

5. 该基坑坍塌的直接原因是什么？从技术方面分析，造成该基坑坍塌的主要原因有哪些？

6. 施工单位应采取哪些有效措施才能避免类似基坑支护坍塌事故？

所需知识

单元一　工程土质认知

一、土的工程性质

土一般由土颗粒、水和空气三部分组成，这三部分之间的比例关系随着周围环境条件的变化而变化，三者比例不同，反映出土的物理状态不同，如干燥、湿润、密实、松散。这些指标是最基本的物理性质指标，对评价土的工程性质，进行土的工程分类具有重要意义。

视频：土的工程性质

1. 土的天然密度和干密度

土在天然状态下单位体积的质量，叫作土的天然密度（简称密度），通常用环刀法测定。一般黏土的密度为 1 800～2 000 kg/m³，砂土的密度为 1 600～2 000 kg/m³。土的密度按下式计算：

$$\rho = \frac{m}{V} \tag{1-1}$$

式中　m——土的总质量（kg）；

　　　V——土的体积（m³）。

干密度是土的固体颗粒质量与总体积的比值，用下式表示：

$$\rho_d = \frac{m_s}{V} \tag{1-2}$$

式中　m_s——土中固体颗粒的质量（kg）。

干密度的大小反映了土颗粒排列的紧密程度。干密度越大，土体就越密实。填土施工中的质量控制通常以干密度作为指标。干密度常用环刀法和烘干法测定。

2. 土的天然含水量

在天然状态下，土中水的质量与固体颗粒质量之比的百分率叫作土的天然含水量，反映了土的干湿程度，用 ω 表示，即

$$\omega = \frac{m_w}{m_s} \times 100\% \tag{1-3}$$

式中　m_w——土中水的质量（kg）；

　　　m_s——土中固体颗粒的质量（kg）。

通常情况下，$\omega \leqslant 5\%$ 的为干土；$5\% < \omega \leqslant 30\%$ 的为潮湿土；$\omega > 30\%$ 的为湿土。

3. 土的可松性与可松性系数

天然土经开挖后，其体积因松散而增加，虽经振动夯实，仍然不能完全复原，这种现象称为土的可松性。土的可松性用可松性系数表示。即

最初可松性系数　　　　　　　　$K_s = \dfrac{V_2}{V_1}$ 　　　　　　　　　　（1-4）

最终可松性系数　　　　　　　　$K_s' = \dfrac{V_3}{V_1}$ 　　　　　　　　　　（1-5）

式中　K_s、K_s'——土的最初、最终可松性系数；

　　　V_1——土在天然状态下的体积（m³）；

　　　V_2——土开挖后的松散状态下的体积（m³）；

　　　V_3——土经压（夯）实后的体积（m³）。

可松性系数对土方的调配、计算土方运输量都有影响。

各种土的可松性参考数值见表 1-1。

表 1-1　各种土的可松性参考数值

土的类别	体积增加百分率/%		可松性系数	
	最初	最终	K_s	K_s'
一类（种植土除外）	8～17	1～2.5	1.08～1.17	1.01～1.03
一类（植物性土、泥炭）	20～30	3～4	1.20～1.30	1.03～1.04
二类	14～28	1.5～5	1.14～1.28	1.02～1.05
三类	24～30	4～7	1.24～1.30	1.04～1.07
四类（泥灰岩、蛋白石除外）	26～32	6～9	1.26～1.32	1.06～1.00
四类（泥灰岩、蛋白石）	33～37	11～15	1.33～1.37	1.11～1.15
五～七类	30～45	10～20	1.30～1.45	1.10～1.20
八类	45～50	20～30	1.45～1.50	1.20～1.30

注：1. 表中最初体积增加百分率＝$(V_2 - V_1)/V_1 \times 100\%$；

　　2. 最终体积增加百分率＝$(V_3 - V_1)/V_1 \times 100\%$

4. 土的渗透性

土的渗透性是指土体被水透过的性质，通常用渗透系数 K 表示。渗透系数 K 表示单位

时间内水穿透土层的能力，以 m/d 表示。土根据渗透系数的不同，可分为透水性土(如砂土)和不透水性土(如黏土)。土的渗透性影响施工降水与排水的速度。土的渗透系数参考值见表1-2。

表1-2 土的渗透系数参考值

土的名称	渗透系数 $K/(\text{m} \cdot \text{d}^{-1})$	土的名称	渗透系数 $K/(\text{m} \cdot \text{d}^{-1})$
黏土	<0.005	含黏土的中砂	3～15
粉质黏土	0.005～0.1	粗砂	20～50
粉土	0.1～0.5	均质粗砂	60～75
黄土	0.25～0.5	圆砾石	50～100
粉砂	0.5～1	卵石	100～500
细砂	1～5	漂石(无砂质充填)	500～1 000
中砂	5～20	稍有裂缝的岩石	20～60
均质中砂	35～50	裂缝多的岩石	>60

特别提示

土的最基本的物理性质指标，对评价土的工程性质及进行土的工程分类具有重要意义。通过对土的天然密度和干密度、土的天然含水量、土的可松性与可松性系数和土的渗透性的学习，能够确定工程中的土的性质，选择适当的开挖机械和支护结构。

二、土的工程分类

土的分类方法较多，如根据土的颗粒级配或塑性指数分类；根据土的沉积年代分类；根据土的工程特点分类等。在土方工程施工中，根据土开挖的难易程度(坚硬程度)，将土分为松软土、普通土、坚土、砂砾坚土、软石、次坚石、坚石、特坚石共8类土。前4类属于一般土，后4类属于坚石。土的工程分类见表1-3。

表1-3 土的工程分类

土的分类	土的级别	土的名称	坚实系数 f	密度/$(\text{t} \cdot \text{m}^{-3})$	开挖方法及工具
一类土(松软土)	Ⅰ	砂土、粉土、冲积砂土层、疏松的种植土、淤泥(泥炭)	0.5～0.6	0.6～1.5	用锹、锄头挖掘，少许用脚蹬
二类土(普通土)	Ⅱ	粉质黏土；潮湿的黄土；夹有碎石、卵石的砂；粉土混卵(碎)石；种植土、填土	0.6～0.8	1.1～1.6	用锹、锄头挖掘，少许用镐翻松
三类土(坚土)	Ⅲ	软及中等密实黏土；重粉质黏土、砾石土；干黄土、含有碎石卵石的黄土、粉质黏土；压实的填土	0.8～1.0	1.75～1.9	主要用镐，少许用锹、锄头挖掘，部分用撬棍
四类土(砂砾坚土)	Ⅳ	坚硬密实的黏性土或黄土；含碎石卵石的中等密实的黏性土或黄土；粗卵石；天然级配砂石；软泥灰岩	1.0～1.5	1.9	整个先用镐、撬棍，后用锹挖掘，部分用楔子及大锤

土的分类	土的级别	土的名称	坚实系数 f	密度/(t·m⁻³)	开挖方法及工具
五类土（软石）	V～Ⅵ	硬质黏土；中密的页岩、泥灰岩、白垩土；胶结不紧的砾岩；软石灰及贝壳石灰石	1.5～4.0	1.1～2.7	用镐或撬棍、大锤挖掘，部分使用爆破方法
六类土（次坚石）	Ⅶ～Ⅸ	泥岩、砂岩、砾岩；坚实的页岩、泥灰岩、密实的石灰岩；风化花岗岩、片麻岩及正长岩	4.0～10.0	2.2～2.9	用爆破方法开挖，部分使用风镐
七类土（坚石）	Ⅹ～ⅩⅢ	大理石；辉绿岩；粉岩；粗、中粒花岗岩；坚实的白云岩、砂岩、砾岩、片麻岩、石灰岩；微风化安山岩；玄武岩	10.0～18.0	2.5～3.1	用爆破方法开挖
八类土（特坚石）	ⅩⅣ～ⅩⅥ	安山岩；玄武岩；花岗片麻岩；坚实的细粒花岗岩、闪长岩、石英岩、辉长岩、辉绿岩、粉岩、角闪岩	18.0～25.0 及以上	2.7～3.3	用爆破方法开挖

注：坚实系数 f 为相当于普氏岩石强度系数

特别提示

利用土的工程分类能够直接鉴别土的坚硬程度，正确选择开挖方法及使用工具。

单元二　场地平整

一、场地平整土方工程量计算

场地平整是将现场平整成施工所要求的设计平面。场地平整前，首先要确定场地设计标高，计算挖、填土方工程量，确定土方平衡调配方案；并根据工程规模、施工期限、土的性质及现有机械设备条件，选择土方机械，拟订施工方案。

视频：场地平整土方工程量计算

（一）场地设计标高的确定

场地设计标高是进行场地平整和土方量计算的依据，合理地确定场地的设计标高，对于减少挖填方数量、节约土方运输费用、加快施工进度等都具有重要的经济意义。如图 1-1 所示，当场地设计标高为 H_0 时，挖填方基本平衡，可将土方移挖进行填方，就地处理；当设计标高为 H_1 时，填方大大超过挖方，则需要从场外大量取土回填；当设计标高为 H_2 时，挖方大大超过填方，则要向场外大量弃土。因此，在确定场地设计标高时，必须结合现场的具体条件，反复进行技术经济比较，选择一个最优方案。

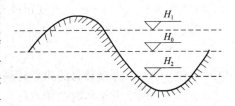

图 1-1　场地不同设计标高的比较

在工程实践中，特别是大型建设项目，设计标高由总图设计规定，在设计图纸上规定出建设项目各单体建筑、道路、广场等设计标高，施工单位按图施工。当设计文件没有规定，或设计单位要求建设单位先提供场区平整的标高时，则施工单位可根据挖填土方量平衡的原则自行设计。

(二)场地设计标高确定的步骤

(1)划分方格网。根据已有地形图划分成若干个方格网，尽量使方格网与测量的纵横坐标网相对应，方格的边长为 10~40 m，一般取 20 m，如图 1-2 所示。

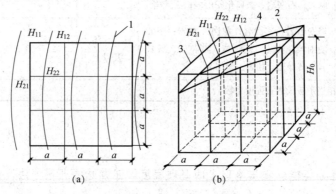

图 1-2 场地设计标高计算简图

(a)地形图上划分方格；(b)设计标高

1—等高线；2—自然地面；3—设计标高平面；4—自然地面与设计标高平面的交线(零线)

(2)计算或测量各方格角点的自然标高。

(3)初步计算场地设计标高。初步计算场地设计标高应按照挖填平衡的原则，即场地内挖方总量等于填方总量。场地设计标高可按下式计算：

$$H_0 N a^2 = \sum \left(a^2 \frac{H_{11} + H_{12} + H_{21} + H_{22}}{4} \right) \tag{1-6}$$

$$H_0 = \frac{\sum (H_{11} + H_{12} + H_{21} + H_{22})}{4N} \tag{1-7a}$$

式中 N——方格数。

经过对图 1-2 进行分析，上式可改写为

$$H_0 = \frac{\sum H_1 + 2\sum H_2 + 3\sum H_3 + 4\sum H_4}{4N} \tag{1-7b}$$

式中 H_1——一个方格独有的角点标高；

H_2——两个方格共有的角点标高；

H_3——三个方格共有的角点标高；

H_4——四个方格共有的角点标高。

(4)场地设计标高的调整。按式(1-7a)或式(1-7b)计算的设计标高 H_0 是一个理论值，实际上还需考虑以下因素进行调整：

1)由于土具有可松性，按 H_0 进行施工，填土将有剩余；

2)由于边坡挖填土方量不相等，需相应地增减设计标高。

(5)考虑泄水坡度对场地设计标高的影响。按上述计算及调整后的场地设计标高进行场地平整，整个场地处于同一水平面，实际上由于排水的要求，场地表面均应有一定的泄水坡度。应根据场地泄水坡度的要求计算出场地内各方格角点实际施工时所采用的设计标高。

1)场地单向泄水时，以计算出的设计标高 H_0 作为场地中心线（与排水方向垂直的中心线）的标高（图 1-3），则场地内任意一点的设计标高为

$$H_n = H_0 \pm li \tag{1-8}$$

式中　H_n——场地内任一点的设计标高；

　　　l——该点至场地中心线的距离；

　　　i——场地泄水坡度（不小于 2‰）。

根据式(1-8)，图 1-3 中 H_{52} 点的设计标高为

$$H_{52} = H_0 - li = H_0 - 1.5ai$$

2)场地双向泄水时，以计算出的设计标高 H_0 作为场地中心点的标高（图 1-4），则场地内任意一点的设计标高为

$$H_n = H_0 \pm l_x l_x \pm l_y i_y \tag{1-9}$$

式中　H_n——场地内任一点的设计标高；

　　　l_x、l_y——该点至场地中心线 $x—x$、$y—y$ 的距离；

　　　i_x、i_y——$x—x$、$y—y$ 方向场地泄水坡度（不小于 2‰）。

根据式(1-9)，图 1-4 中 H_{42} 点的设计标高为

$$H_{42} = H_0 - 1.5li_x - 0.5li_y = H_0 - 1.5ai_x - 0.5ai_y$$

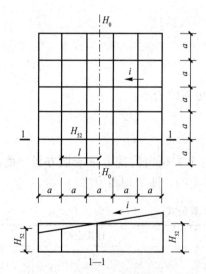

图 1-3　单向泄水坡度的场地

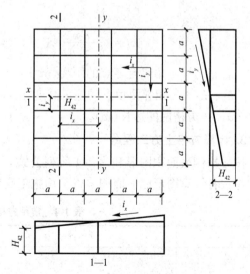

图 1-4　双向泄水坡度的场地

(三)场地平整土方量的计算

大面积场地平整土方量通常采用方格网法计算，即根据方格网各方格角点的自然地面

标高和实际采用的设计标高，计算出相应的角点挖填高度，即场地平整的施工高度，然后计算每一方格的场地平整土方量，并计算出场地边坡的土方量。

1. 计算场地各方格角点的施工高度

施工高度是设计地面标高与自然地面标高的差值，将各角点的施工高度标注在方格网的右上角。设计标高和自然标高分别标注在方格网的右下角和左下角，方格网的左上角标注的是角点编号，如图 1-5 所示。

图 1-5　角点标注方式

各方格角点的施工高度按下式计算：

$$h_n = H_n - H \tag{1-10}$$

式中　h_n——角点施工高度，即各角点的挖填高度，"$-$"为挖，"$+$"为填；

H_n——角点的设计标高；

H——各角点的自然地面标高。

2. 计算零点位置

在一个方格网内同时有填方或挖方时，要先标注出方格网边的零点位置。所谓"零点"是指方格网边线上不挖不填的点。把零点位置标注于方格网上，将各相邻边线上的零点连接起来，即为零线(图 1-6)。零线是挖方区和填方区的分界线，零线求出后，场地的挖方区和填方区也随之标注出。一个场地内的零线不是唯一的，有可能是一条，也有可能是多条。当场地起伏较大时，零线可能出现多条。

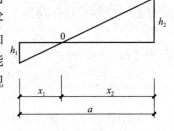

图 1-6　零点位置计算

零点的位置按下式计算：

$$x_1 = \frac{h_1}{h_1 + h_2} \cdot a$$
$$x_2 = \frac{h_2}{h_1 + h_2} \cdot a \tag{1-11}$$

式中　x_1、x_2——角点至零点的距离(m)；

h_1、h_2——相邻两角点的施工高度(m)，均用绝对值表示；

a——方格网的边长(m)。

3. 计算方格土方工程量

按方格网底面积图形和表 1-4 所列公式，计算每个方格内的挖方量或填方量。此表中公式是按各计算图形底面面积乘以平均施工高度而得出的，即平均高度法。

表 1-4　常用方格网点计算公式

项目	图示	计算公式
一点填方或挖方（三角形）		$V = \dfrac{1}{2}bc\dfrac{\sum h}{3} = \dfrac{bch_3}{6}$ 当 $b = c = a$ 时，$V = \dfrac{a^2h_3}{6}$

项目	图示	计算公式
两点填方 或挖方 （梯形）		$V_+ = \dfrac{b+c}{2}a\dfrac{\sum h}{4} = \dfrac{a}{8}(b+c)(h_1+h_3)$ $V_- = \dfrac{d+e}{2}a\dfrac{\sum h}{4} = \dfrac{a}{8}(d+e)(h_2+h_4)$
三点填方 或挖方 （五角形）		$V = \left(a^2 - \dfrac{bc}{2}\right)\dfrac{\sum h}{5}$ $= \left(a^2 - \dfrac{bc}{2}\right)\dfrac{h_1+h_2+h_4}{5}$
四点填方 或挖方 （正方形）		$V = \dfrac{a^2}{4}\sum h = \dfrac{a^2}{4}(h_1+h_2+h_3+h_4)$

注：1. a 为方格网的边长（m）；b、c 为零点到一角的边长（m）；h_1、h_2、h_3、h_4 为方格网四角点的施工高程（m），用绝对值代入；$\sum h$ 为填方或挖方施工高程的总和（m），用绝对值代入；V 为挖方或填方（m³）。

2. 本表公式是按各计算图形底面面积乘以平均施工高程而得出的

4. 场地边坡土方量的计量

图 1-7 所示是一场地边坡的平面，从图中可以看出：边坡的土方量可以划分为两种近似几何形体计算，一种为三角棱锥体，另一种为三角棱柱体，其计算公式如下：

（1）三角棱锥体边坡体积（图 1-7 中的①）计算公式如下：

$$V_1 = \dfrac{1}{3}A_1 l_1 \tag{1-12}$$

式中　l_1——边坡①的长度；

　　　A_1——边坡①的端面积，即

$$A_1 = \dfrac{h_2(mh_2)}{2} = \dfrac{mh_2^2}{2} \tag{1-13}$$

式中　h_2——角点的挖土高度；

　　　m——边坡的坡度系数。

（2）三角棱体柱边坡体积。三角棱柱体边坡体积（图 1-7 中的④）计算公式如下：

$$V_4 = \dfrac{A_1+A_2}{2}l_4 \tag{1-14}$$

在两端横断面面积相差很大的情况下，V_4 为

$$V_4 = \dfrac{l_4}{6}A_1 + 4A_0 + A_2 \tag{1-15}$$

式中　l_4——边坡④的长度；

　　A_1、A_2、A_0——边坡④两端及中部的横断面面积，算法同上（图1-7剖面是近似表示，实际上地表面不完全是水平的）。

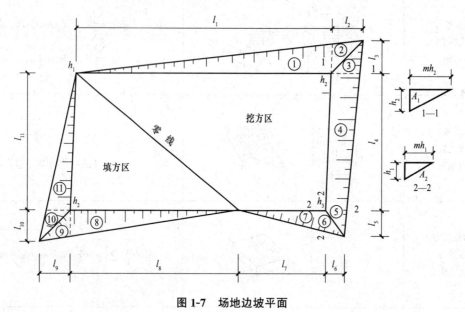

图1-7　场地边坡平面

5. 计算场地平整土方总量

将挖方区（或填方区）所有方格的土方量和边坡土方量汇总，即得场地平整挖（填）方的工程量。

二、土方调配方案

场地平整土方量计算完成后，就可以进行土方调配工作了。土方调配，就是对挖土的利用、堆弃和填土的取得三者之间的关系进行综合协调的处理。其目的是在土方运输量最小，或土方运输费用最小的条件下，确定挖填方区土方的调配方向、数量及平均运距。好的土方调配方案，应该既使土方运输量或费用达到最小，又能方便施工。

1. 土方调配的原则

（1）土方调配应力求达到挖方与填方的基本平衡和就近调配、运距最短，即土方运输量最小或费用最小。

（2）土方调配应考虑近期施工与后期利用相结合的原则。

（3）土方调配应考虑分区与全场相结合的原则。

（4）合理布置挖、填方分区线，选择恰当的调配方向、运输线路，使土方机械和运输车辆的性能得到充分发挥。

（5）土方调配还应尽可能与大型地下建筑物的施工相结合。如大型建筑物位于填土区时，为了避免重复挖运和场地混乱，应将部分填方区予以保留，待基础施工之后再进行填土。

总之，进行土方调配，必须根据现场具体情况、有关技术资料、工期要求、土方施工方法与运输方案等综合考虑，并按土方调配原则经计算比较，最后选择经济合理的调配方案。

2. 土方调配区的划分

进行土方调配时首先要划分土方调配区，在划分调配区时应注意下列几点：

(1)调配区的划分应与房屋或构筑物的位置相协调，满足工程施工顺序和分期分批施工的要求，使近期施工与后期利用相结合。

(2)调配区的大小应该满足土方施工用主导机械的技术要求，使土方机械和运输车辆的功效得到充分发挥。

(3)当土方运距较大或场区内土方不平衡时，可根据附近地形，考虑就近借土或就近弃土，这时每一个借土区或弃土区均可作为一个独立的调配区。

(4)调配区的范围应该与土方工程量计算用的方格网相协调，通常可由若干个方格组成一个调配区。

3. 土方调配图表的编制

场地平整土方调配图表的编制方法如下：

(1)划分调配区。在场地平面图上先画出零线，确定挖填区；根据地形及地理条件，把挖方区和填方区再适当地划分为若干个调配区，其大小应满足土方机械的操作要求。

(2)计算土方量。计算各调配区的挖填土方量，并标写在图上。

(3)计算土方调配区之间的平均运距。调配区的大小及位置确定后，便可计算各挖填调配区之间的平均运距。挖方调配区和填方调配区土方重心之间的距离，通常就是该挖填调配区之间的平均运距。因此，确定平均运距需先求出各个调配区土方的重心，并把重心标注在相应的调配区图上，然后用比例尺量出每对调配区之间的平均运距即可。当挖填方调配区之间的距离较远，采用汽车、自行式铲运机或其他运土工具沿工地道路或规定线路运输时，其运距可按实际计算。

土方调配区之间重心的确定方法如下：

取场地或方格网中的纵横两边为坐标轴，分别求出各调配区土方的重心位置，即

$$X_0 = \frac{\sum (x_i V_i)}{\sum V_i}$$

$$Y_0 = \frac{\sum (y_i V_i)}{\sum V_i} \tag{1-16}$$

式中 X_0、Y_0——挖方或填方调配区的重心坐标；

V_i——各个方格的土方量；

x_i、y_i——各个方格的重心坐标。

填、挖方区之间的平均运距 L_0 为

$$L_0 = \sqrt{(X_{0T} - X_{0w})^2 + (Y_{0T} - Y_{0w})^2} \tag{1-17}$$

式中 X_{0T}、Y_{0T}——填方区的重心坐标；

X_{0w}、Y_{0w}——挖方区的重心坐标。

为了简化计算，可用作图法近似地求出形心位置来代替重心位置。

4. 进行土方调配，绘制土方调配图

土方最优调配方案的确定，是以线性规划为理论基础的，常用"表上作业法"求得。

根据表上作业法求得的最优调配方案，在场地地形图上绘出土方调配图，图上应标出

土方调配方向、土方数量及平均运距，如图1-8所示。

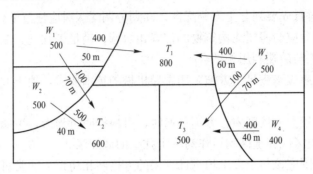

图1-8　土方调配图

土方工程的重点是根据计算的场地平整土方量，分析实际场地平整地面具体情况，来制定土方调配方案，力求达到挖方与填方的基本平衡和就近调配、运距最短，即土方运输量最小或费用最小。

单元三　土方开挖

视频：土方开挖的
准备工作

一、土方开挖准备工作

为了保证施工的顺利进行，土方开挖施工前需做好各项准备工作：查勘施工现场、熟悉和审查图纸、编制施工方案、清除现场障碍物、平整施工场地、进行地下墓探、做好排水设施、设置测量控制、修建临时设施、修筑临时道路、准备机具、进行施工组织等。

二、土方施工机械

土方施工常用的施工机械有推土机、铲运机、单斗挖土机、装载机等，施工时应正确选用施工机械，加快施工进度。

（一）推土机施工

推土机由拖拉机和推土铲刀组成，是土方工程施工的主要机械之一，如图1-9所示。

视频：推土机施工

1. 推土机的特点

推土机操纵灵活，运转方便，所需工作面较小、行驶速度快、易于转移，能爬30°左右的缓坡，能配合铲运机、挖土机工作，因此应用较广。推土机可以推挖一～三类土，运距在100 m以内的平土或移挖作填，宜采用推土机，尤其是当运距为30～60 m时，效率最高。

2. 推土机的作业方法

推土机可以单独完成铲土、运土和卸土工作。推土机作业时，上下坡坡度不得超过35°，横坡不得超过10°。几台推土机同时作业，前后距离应大于8 m。

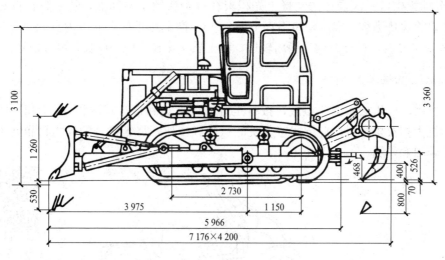

图 1-9 推土机

推土机的主要作业方法如下：

(1)下坡推土法。在斜坡上，推土机顺下坡方向切土与堆运(图 1-10)，增大切土深度和运量，可提高生产率 30%～40%，但坡度不宜超过 15°。下坡推土法适用半挖半填地区推土丘、回填沟。

(2)槽形推土法。推土机重复多次在一条作业线上切土和推土，使地面逐渐形成一条浅槽(图 1-11)，可增加 10%～30% 的推土量。槽的深度以 1 m 左右为宜，槽与槽之间的土坑宽度约为 50 cm。当推出多条槽后，再从后面将土埂推入槽内，然后运出。槽形推土法适用推土层较厚、运距较远的情况。

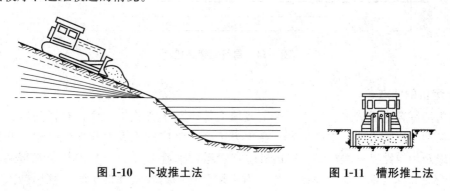

图 1-10 下坡推土法　　　　　图 1-11 槽形推土法

(3)并列推土法。平整较大面积场地时，可采用 2～3 台推土机并列作业(图 1-12)，以减少土体漏失量，提高效率。并列推土时铲刀相距 150～300 mm，一般采用两机或三机并列，两机并列可增大推土量 15%～30%，三机并列可增大推土量 30%～40%，但平均运距不宜超过 50～70 m，也不宜小于 20 m。并列推土法适用大面积场地平整及运送土。

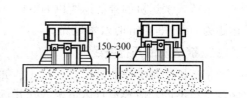

图 1-12 并列推土法

（4）分堆集中，一次推送法。将土先积聚在一个或数个中间点，然后整批推送到卸土区，使铲刀前保持满载。堆积距离不宜小于 30 m，推土高度在 2 m 内为宜。此方法能提高生产效率 15% 左右，适合在运送距离较远，而土质又比较坚硬，或长距离分段送土时采用。

（二）铲运机施工

铲运机由牵引机械和土斗组成，按行走方式分拖式和自行式两种（图 1-13、图 1-14）。拖式铲运机由拖拉机牵引；自行式铲运机的行驶和工作，都靠自身的动力设备，不需要其他机械的牵引和操纵。

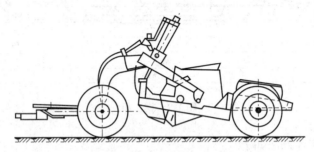

视频：铲运机施工

图 1-13　拖式铲运机

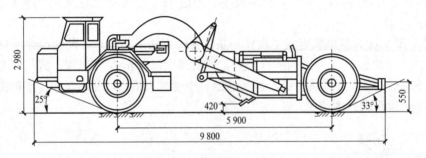

图 1-14　自行式铲运机

1. 铲运机的特点

铲运机能综合完成铲土、运土、平土或填土等全部土方施工工序，对行驶道路要求较低；操纵灵活、运转方便，生产率高，在土方工程中常应用于大面积场地平整，开挖大基坑、沟槽以及填筑路基、堤坝等。铲运机适宜铲运含水量不大于 27% 的松土和普通土，不适宜在砾石层和冻土地带及沼泽区工作，当铲运三、四类较坚硬的土时，宜用推土机助铲或用松土机配合将土翻松 0.2～0.4 m，以减少机械磨损，提高生产率。

自行式铲运机的经济运距以 800～1 500 m 为宜；拖式铲运机的运距以 600 m 为宜，当运距为 200～300 m 时效率最高。

2. 铲运机的开行路线

铲运机的基本作业是铲土、运土、卸土三个工作行程和一个空载回驶行程。由于挖填区的分布不同，应根据具体情况选择开行路线，铲运机的开行路线种类如下：

（1）小环形开行路线。小环形开行路线是一种简单又常用的路线，从挖方到填方按环形路线回转（图 1-15），每次循环只完成一次铲土和卸土。此开行路线适用长 100 m 内、填土高 1.5 m 内的路堤、路堑及基坑开挖、场地平整等工程。

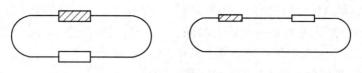

图 1-15　小环形开行路线

(2)大环行开行路线。从挖方到填方均按封闭的大环行路线回转，当挖土和填土交替，而刚好填土区在挖土区内两端时，可采用大环形路线(图 1-16)。此开行路线适用工作面长为 50～100 m、填方高度为 0.1～1.5 m 的路堤、路堑、基坑以及场地平整等工程。

(3)8 字形开行路线。8 字形运行是指一个循环完成两次挖土和卸土作业路线(图 1-17)。装土和卸土沿直线开行时进行，转弯时刚好把土装完或倾卸完毕，但两条路线间的夹角应小于 60°。8 字形开行路线适用开挖管沟、沟边卸土或土坑长为 300～500 m 的侧向取土、填筑路基以及场地平整等工程。

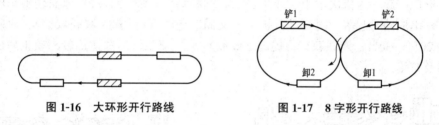

图 1-16　大环形开行路线　　　　　图 1-17　8 字形开行路线

3. 铲运机的作业方法

(1)下坡铲土法。铲运机顺地势工作，坡度一般为 3°～9°，下坡铲土(图 1-18)，可提高 25% 左右生产率，最大坡度不应超过 20°，一般保持铲满铲斗的工作距离为 15～20 cm。下坡铲土法适用斜坡地形大面积场地平整或推土回填沟渠。

(2)跨铲法。在较坚硬的地段挖土时，采取预留土垄间隔铲土，即跨铲法(图 1-19)。土垄两边沟槽以深度不大于 0.3 m、宽度在 1.6 m 以内为宜。跨铲法比一般方法效率高，适用土质比较坚硬的场地的铲土回填或场地平整。

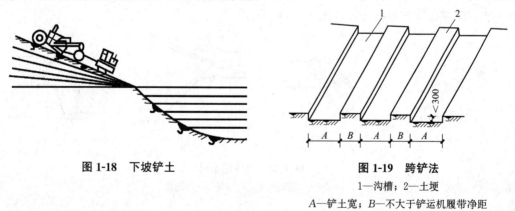

图 1-18　下坡铲土　　　　　　　图 1-19　跨铲法

1—沟槽；2—土垄

A—铲土宽；B—不大于铲运机履带净距

(3)交错铲土法。交错铲土法是指铲运机开始铲土的宽度取大一些，随着铲土阻力增加，适当减小铲土宽度，使铲运机能很快装满土(图 1-20)。其适用土质比较坚硬的场地平整。

(4)助铲法。助铲法是指在地势平坦，土质较坚硬时，可使用自行铲运机，另配一台推土机在铲运机的后拖杆上进行顶推，协助铲土（图1-21）。采用助铲法可缩短每次铲土时间，装满铲斗，可提高30%左右生产率，推土机在助铲的空余时间，可做松土和零星的平整工作。采用助铲法时土场宽度不宜小于20 m，长度不宜小于40 m，采用一台推土机配合3～4台铲运机助铲时，铲运机的半周程距离不应小于250 m，几台铲运机要适当安排铲土次序和开行路线，互相交叉进行流水作业，以发挥推土机效率。助铲法适用地势平坦，土质坚硬，宽度大、长度长的大型场地平整工程。

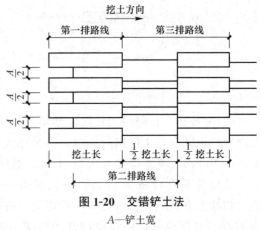

图 1-20　交错铲土法

A—铲土宽

（5）双联铲运法。铲运机运土时所需牵引力较小，当下坡铲土时，可将两个铲斗前后串在一起，形成一起一落依次铲土、装土（称为双联单铲）（图1-22）；当地面较平坦时，采取将两个铲斗串成同时起落，同时进行铲土，又同时起斗开行（称为双联双铲）。双联单铲可提高工效20%～30%；双联双铲可提高工效的60%。双联铲运法适用较松软土质的大面积场地平整及筑堤。

图 1-21　助铲法

1—铲运机铲土；2—推土机助铲

图 1-22　双联铲运法

（三）单斗挖土机施工

单斗挖土机在土方工程中应用较广，种类很多，按其行走装置的不同，分为履带式和轮胎式两类。单斗挖土机还可根据工作的需要，更换其工作装置，按工作装置的不同，分为正铲、反铲、拉铲和抓铲等，如图1-23所示。

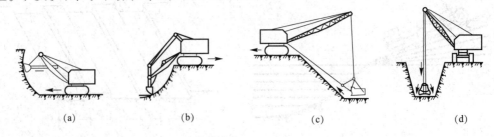

（a）　　　　　　（b）　　　　　　（c）　　　　　　（d）

图 1-23　单斗挖土机

（a）正铲；（b）反铲；（c）拉铲；（d）抓铲

1. 正铲挖土机

正铲挖土机挖掘能力大，生产率高，适用开挖停机面以上的一～四类土和经爆破后的岩石与冻土碎块，以及大型场地土方平整；它与运土汽车配合能完成整个挖运任务。

视频：正铲挖土机施工

正铲挖土机装车轻便灵活，回转速度快，移位方便；能挖掘坚硬土层，易控制开挖尺寸，工作效率高。

(1)开挖方法。正铲挖土机的挖土特点是"前进向上，强制切土"。根据开挖路线与运输汽车相对位置的不同，一般有正向开挖、侧向卸土[图1-24(a)、(b)]；正向开挖、后方卸土[图1-24(c)]两种方式。

1)正向开挖、侧向卸土开挖方式中，铲臂卸土回转角度小，装车方便，循环时间短，生产效率高，用于开挖工作面较大、深度不大的边坡、基坑(槽)、沟渠和路堑等，是最常用的开挖方法。

2)正向开挖、后方卸土开挖方式中，铲臂卸土回转角度较大，约180°，且汽车要侧向行车，增加工作循环时间，生产效率降低，用于开挖工作面较小且较深的基坑(槽)、管沟和路堑等。

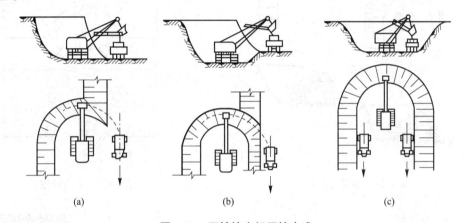

图1-24 正铲挖土机开挖方式

(a)、(b)正向开挖，侧向卸土；(c)正向开挖、后方卸土

(2)作业方法。

1)分层挖土法。分层挖土法将开挖面按机械的合理高度分为多层开挖[图1-25(a)]；当开挖面高度不能成为一次挖掘深度的整数倍时，则可在挖方的边缘或中部先开挖一条浅槽作为第一次挖土运输的路线[图1-25(b)]，然后逐次开挖直至基坑底部。分层挖土法用于开挖大型基坑或沟渠，工作面高度大于机械挖掘的合理高度。

2)多层挖土法。多层挖土法将开挖面按机械的合理开挖高度，分为多层同时开挖，以加快开挖速度，土方可以分层运出，也可分层递送，至最上层(或下层)用汽车运出(图1-26)。但两台挖土机沿前进方向时，上层应先开挖并与下层保持30～50 m的距离。多层挖土法适用开挖高边坡或大型基坑。

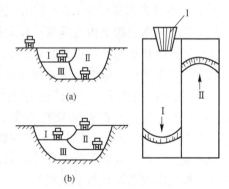

图1-25 分层挖土法

(a)分层挖土法；(b)设先锋槽分层挖土法
1—下坑通道；Ⅰ、Ⅱ、Ⅲ——一、二、三层

3)中心开挖法。正铲挖土机先在挖土区的中心开挖，当向前挖至回转角度超过90°时，则转向两侧挖，运土汽车按八字形停放装土(图1-27)。本法开挖移位方便，回转角度小，

挖土区宽度宜在 40 m 以上，以便于汽车靠近正铲挖土机装车。中心开挖法适用开挖较宽的山坡地段或基坑、沟渠等。

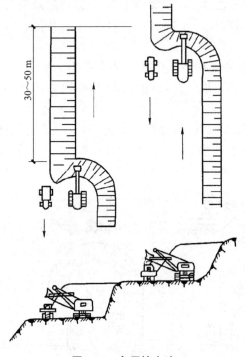

图 1-26 多层挖土法

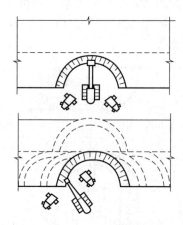

图 1-27 中心开挖法

2. 反铲挖土机

反铲挖土机操作灵活，挖土、卸土均在地面作业，不用开运输通道。其适用开挖停机面以下一～三类的砂土或黏土；最大挖土深度为 4～6 m，经济合理深度为 1.5～3 m；土方外运应配备自卸汽车，工作面应有推土机配合推到附近堆放；较大较深基坑可用多层接力挖土。

视频：反铲挖土机施工

反铲挖掘机的挖土特点是"后退向下，强制切土"。根据挖掘机的开挖路线与运输汽车的相对位置不同，一般有以下几种开挖方法：

(1)反铲沟端开挖法。反铲挖土机停于沟端，后退挖土，同时往沟一侧弃土或装汽车运走[图 1-28(a)]，其挖掘宽度可不受机械最大挖掘半径的限制。对较宽的基坑可采用图 1-28(b)所示的方法，其最大一次挖掘宽度为反铲有效挖掘半径的两倍，但汽车需停在机身后面装土，生产效率降低。反铲沟端开挖法适用一次成沟后退挖土，挖出土方随即运走，或就地取土填筑路基或修筑堤坝等。

(2)反铲沟侧开挖法。反铲挖土机停于沟侧沿沟边开挖，汽车停在机旁装土或往沟一侧卸土[图 1-28(c)]。此方法铲臂回转角度小，能将土弃于距沟边较远的地方，但挖土宽度比挖掘半径小，边坡不好控制，同时机身靠沟边停放，稳定性较差。反铲沟侧开挖法适用横挖土体和需将土方甩到离沟边较远的距离的情况。

(3)反铲多层接力开挖法。多层接力开挖法用两台或多台挖土机设在不同作业高度上同时挖土，边挖土边将土传递到上层，由地表挖土机边挖土边装土(图 1-29)。一般两层挖土可挖深度为 10 m，三层挖土可挖深度为 15 m 左右。此方法可开挖较深基坑，一次开挖到设计标高，可避免汽车在坑下装运作业，提高生产效率，且不必设专用垫道。反铲多层接力开挖法适用开挖土质较好，深度为 10 m 以上的大型基坑、沟槽和渠道。

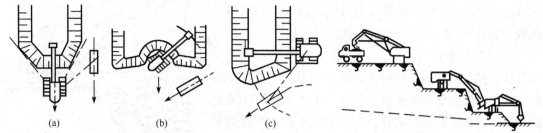

图 1-28　反铲沟端开挖法及沟侧开挖法　　　　图 1-29　反铲多层接力开挖法

（a）、（b）沟端开挖法；（c）沟侧开挖法

3. 拉铲挖土机

视频：拉铲挖土机施工

拉铲挖土机适用开挖停机面以下一～三类土方，可开挖深基坑；填筑路基、堤坝；挖掘河床；不排水挖取水中泥土；挖掘半径及卸载半径大，但拉铲挖土机操纵灵活性较差，开挖截面误差较大。土方外运需配备自卸汽车、推土机。

（1）开挖方法。拉铲挖掘机的挖土特点是"后退向下，自重切土"。拉铲挖土机挖土时，距边坡的安全距离应不小于 2 m。其开挖方法有以下两种：

1）拉铲沟端开挖法。拉铲挖土机停在沟端，倒退着沿沟纵向开挖（图 1-30），开挖宽度可以达到机械挖土半径的两倍，能两面出土，汽车停放在一侧或两侧，装车角度小，坡度较易控制，并能开挖较陡的坡。拉铲沟端开挖法适用就地取土填筑路基及修筑堤坝。

2）拉铲沟侧开挖法。拉铲挖土机停在沟侧，沿沟横向开挖（图 1-31），开挖宽度和深度均较小，一次开挖宽度约等于挖土半径，且开挖边坡不易控制。拉铲沟侧开挖法适用开挖土方就地堆放的基坑、基槽以及填筑路堤工程。

（2）作业方法。

1）分段挖土法。机身沿 AB 线移动进行分段挖土，即为分段挖土法（图 1-32）。此法适用开挖宽度大的基坑、基槽、沟渠工程。

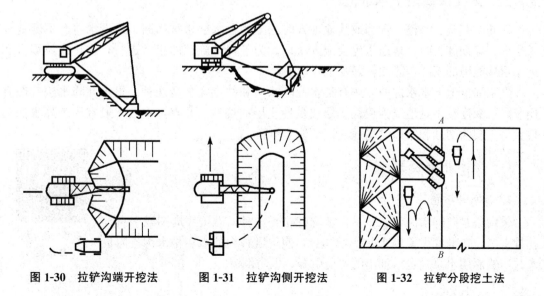

图 1-30　拉铲沟端开挖法　　　图 1-31　拉铲沟侧开挖法　　　图 1-32　拉铲分段挖土法

2)分层挖土法。拉铲挖土机从左到右，或从右到左顺序逐层挖土，直至全深，即为分层挖土法(图1-33)。此方法可以挖得平整，拉铲斗的时间可以缩短，适用开挖较深的基坑，特别是圆形或方形基坑。

4. 抓铲挖土机

抓铲挖土机适用开挖直井或沉井土方，土质比较松软、施工面较狭窄的深基坑、基槽；排水不良的区域也能开挖，但钢绳牵拉灵活性较差，工效不高，不能挖掘坚硬土；可以安装在简易机械上工作，使用方便，但吊杆倾斜角度应在45°以上，距边坡应不小于2 m。

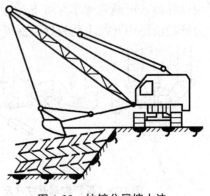

图1-33 拉铲分层挖土法

抓铲挖掘机的挖土特点是"直上直下，自重切土"。抓铲能抓在回转半径范围内开挖基坑上任何位置的土方，并可在任何高度上卸土(装车或弃土)。对于小型基坑，抓铲立于一侧抓土；对于较宽的基坑，则在两侧或四侧抓土。抓铲应离基坑边一定距离，土方可直接装入自卸汽车运走，或堆弃在基坑旁或用推土机推到远处堆放。挖淤泥时，抓斗易被淤泥吸住，应避免用力过猛，以防翻车。抓铲施工，一般均需加配重。

视频：抓铲挖土机施工

(四)土方施工机械的选择

土方机械化开挖应根据基础形式、工程规模、开挖深度、地质、地下水情况、土方量、运距、现场和机具设备条件、工期要求以及土方机械的特点等合理选择土方施工机械，以充分发挥机械效率，节省机械费用，加速工程进度。

> **特别提示**
>
> 在土方工程中，合理选择施工机械，正确使用施工机械，充分发挥机械的效能，能提高工程施工质量，保证工程施工安全，节省机械费用，加速工程进度。

三、人工降低地下水水位

在开挖基坑、基槽、管沟或其他土方时，土的含水层常被切断，地下水将会不断地渗入坑内。雨期施工时，地面水也会流入坑内。为了保证施工的正常进行，防止边坡塌方和地基承载能力的下降，必须做好基坑降水工作。

人工降低地下水水位的方法有集水井降水法和井点降水法两种。集水井降水法一般宜用于降水深度较小且地层为粗粒土层或黏性土层的场地；井点降水法一般宜用于降水深度较大，土层为细砂和粉砂的场地，或是软土地区。

(一)集水井降水法

1. 集水井设置

采用集水井降水法施工，是在基坑(槽)开挖时，沿坑底周围或中央开挖排水沟，在沟底设置集水井(图1-34)，使坑(槽)内的水经排水沟流向集水井，然后用水泵抽走。抽出的水应引开，以防倒流。

视频：集水坑
降水法

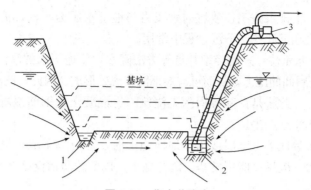

图 1-34　集水井降水
1—排水沟；2—集水坑；3—水泵

排水沟和集水井应设置在基础范围以外，一般排水沟的横断面不小于 0.5 m×0.5 m，纵向坡度宜为 1‰～2‰。根据地下水水量的大小、基坑平面形状及水泵能力，集水井每隔20～40 m 设置一个，其直径和宽度一般为 0.6～0.8 m，其深度随着挖土的加深而加深，要始终低于挖土面 0.7～1.0 m。井壁可用竹、木等简易加固。当基坑挖至设计标高后，集水井井底应低于坑底1～2 m，并铺设 0.3 m 左右的碎石滤水层，以免抽水时将泥砂抽走，并防止集水井井底的土被扰动。

2. 流砂产生及防治

基坑（槽）挖土至地下水水位以下，而土质又是细砂或粉砂，采用集水井法降水，有时坑底下面的土会形成流动状态，随地下水一起流动涌入基坑，这种现象称为流砂现象。发生流砂现象时，土完全丧失承载能力，使施工条件恶化，难以达到开挖设计深度。严重时会造成边坡塌方及附近建筑物下降、倾斜、倒塌。总之，流砂现象对土方施工和附近建筑物有很大危害。

（1）流砂产生的原因。

1）水在土中渗流时受到土颗粒的阻力，从作用与反作用定律可知，水对土颗粒也作用一个压力，叫作动水压力。当基坑底挖至地下水水位以下时，坑底的土就受到动水压力的作用，如果动水压力等于或大于土的浸水重度时，土粒处于悬浮状态，能随着渗流的水一起流动，带入基坑发生流砂现象。

2）当地下水水位越高，坑内外水位差越大时，动水压力也就越大，越容易发生流砂现象。实践经验：在可能发生流砂的土质处，基坑挖深超过地下水水位线 0.5 m 左右，就要注意流砂的发生。

3）当基坑底位于不透水层内，而其下面为承压水的透水层，基坑不透水层的覆土的重力小于承压水的压力时，基坑底部就可能发生管涌现象。

（2）流砂的防治。动水压力的大小和方向是出现流砂现象的重要条件。在一定的条件下稳定土转化为流砂，而在另一些条件下（如改变动水压力的大小和方向），又可将流砂转变为稳定土。流砂防治的具体措施如下：

1）抢挖法：即组织分段抢挖，使挖土速度超过冒砂速度，挖到标高后立即铺竹筏或芦席，并抛大石块以平衡动水压力，压住流砂，此法可解决轻微流砂现象。

2）打板桩法：将板桩打入坑底下面一定深度，增加地下水从坑外流入坑内的渗流长度，以减小水力坡度，从而减小动水压力，防止流砂产生。

3）水下挖土法：不排水施工，使坑内水压力与地下水压力平衡，消除动水压力，从而防止流砂产生。此法在沉井挖土下沉过程中常用。

4）人工降低地下水水位：采用轻型井点等方法降水，使地下水的渗流向下，水不致渗流入坑内，又增大了土料间的压力，从而可有效地防止流砂形成。因此，此法应用广且较可靠。

5）地下连续墙法：此法是在基坑周围先浇筑一道混凝土或钢筋混凝土的连续墙，以支承土壁、截水并防止流砂产生。

此外，在含有大量地下水土层或沼泽地区施工时，还可以采取土壤冻结法等。对位于流砂地区的基础工程，应尽可能用桩基或沉井施工，以节约防治流砂所增加的费用。

（二）井点降水法

井点降水法就是在基坑开挖前，预先在基坑四周埋设一定数量的滤水管（井），利用抽水设备从中抽水，使地下水水位降落到坑底以下，直至施工结束为止。这样，可使所挖的土始终保持干燥状态，改善施工条件，同时还使动水压力方向向下，从根本上防止流砂发生，并增加土中有效应力，提高土的强度或密实度。因此，井点降水法不仅是一种施工措施，也是一种地基加固方法。

井点有轻型井点、喷射井点、电渗井点、管井井点及深井泵等。各种方法可根据土的渗透系数、降低水位的深度、工程特点、设备及经济技术比较等具体条件参照表 1-5 选用。其中，以轻型井点采用较广，下面做重点介绍。

表 1-5　各类井点的使用范围

序号	井点类别	土层渗透系数/(m·d⁻¹)	降低水位深度/m
1	单层轻型井点	0.1～50	2～6
2	多层轻型井点	0.1～50	6～12（由井点层数而定）
3	喷射井点	0.1～2	8～20
4	电渗井点	<0.1	根据选用的井点确定
5	管井井点	20～200	3～5
6	深井井点	10～250	>10

1. 轻型井点设备

轻型井点设备主要包括井点管、滤管、集水总管、弯联管、抽水设备等（图 1-35）。

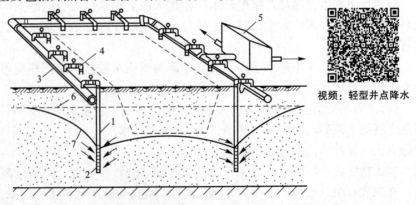

视频：轻型井点降水

图 1-35　轻型井点降低地下水水位全貌

1—井点管；2—滤管；3—总管；4—弯联管；

5—水泵房；6—原有地下水水位线；7—降低后地下水水位线

（1）井点管为直径 38 mm 或 51 mm、长 5～7 m 的钢管，可整根或分节组成，井点管的上端用弯联管与总管相连，下端用螺栓套头与滤管连接。

（2）集水总管为直径 100～125 mm 的无缝钢管，每段长 4 m，其上安装有与井点管连接的短接头，间距 0.8 m 或 1.2 m。

（3）滤管（图 1-36）是进水设备，通常采用长为 1.0～1.2 m，直径为 38～51 mm 的无缝钢管，管壁钻有直径为 12～19 mm 的呈星棋状排列的滤孔，滤孔面积为滤管表面面积的20％～25％。管壁外包两层滤网，内层为细滤网，采用黄铜丝或生丝布，外层为粗滤网，采用铁丝布或尼龙丝布。为使流水畅通，在骨架管与滤网之间用塑料管或梯形钢丝隔开，塑料管沿骨架管绕成螺旋形，滤网外面再绕一层 8 号粗钢丝保护网，滤管下端为一锥形铸铁头，滤管上端与井点管连接。

（4）抽水设备由真空泵、离心泵和水气分离器（又叫集水箱）等组成。

2. 轻型井点的布置

（1）平面布置。当基坑或沟槽宽度小于 6 m，水位降低值不大于 5 m 时，可采用单排线状井点，布置在地下水流的上游一侧，两端延伸长一般不小于沟槽宽度（图 1-37）；如沟槽宽度大于 6 m，或土质不良，宜采用双排井点（图 1-38）。面积较大的基坑宜用环状井点（图 1-39），有时也可布置为 U 形，以利挖土机械和运输车辆出入基坑。环状井点四角部分应适当加密，井点管距离基坑一般为 0.7～1.0 m，以防漏气。井点管间距一般为 0.8～1.5 m，或由计算和经验确定。

（2）高程布置。井点管的埋设深度 H（图 1-37～图 1-39，不包括滤管长）按下式计算：

$$H \geqslant H_1 + h + IL \tag{1-18}$$

式中　H_1——井点管埋设面至基坑底的距离（m）；

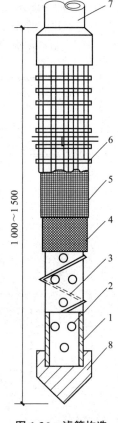

图 1-36　滤管构造

1—钢管；2—管壁上的小孔；
3—缠绕的塑料管；4—细滤网；
5—粗滤网；6—粗钢丝保护网；
7—井点管；8—铸铁头

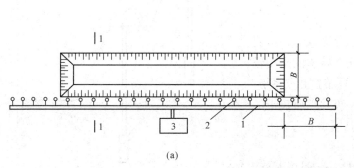

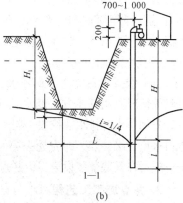

图 1-37　单排线状井点的布置

（a）平面布置；（b）高程布置

1—总管；2—井点管；3—抽水设备

h——基坑中心处基坑底面（单排井点时，为远离井点一侧坑底边缘）至降低后地下水水位的距离，一般为 0.5～1.0m；

I——地下水降落坡度，环状井点为 1/10，单排线状井点为 1/4；

L——井点管至基坑中心的水平距离（m）（在单排井点中，为井点管至基坑另一侧的水平距离）。

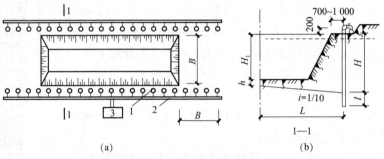

(a)

图 1-38 双排线状井点布置图

(a)平面布置；(b)高程布置

1—井点管；2—总管；3—抽水设备

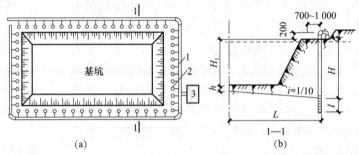

(a)

图 1-39 环形井点布置

(a)平面布置；(b)高程布置

1—总管；2—井点管；3—抽水设备

如果计算出的 H 值大于井点管长度，则应降低井点管的埋置面（但以不低于地下水水位为准）以适应降水深度的要求。在任何情况下，滤管必须埋在透水层内。总管应具有 0.25%～0.5%坡度（坡向泵房）。

当一级井点系统达不到降水深度要求时，可视其具体情况采用其他方法降水。如上层土的土质较好，先用集水井排水法挖去一层土再布置井点系统；也可采用二级井点，即先挖去第一级井点所疏干的土，然后在其底部装设第二级井点（图 1-40）。

3. 井点施工工艺程序

放线定位→铺设总管→冲孔→安装井点管、填砂砾滤料、上部填黏土密封→用弯联管将井点

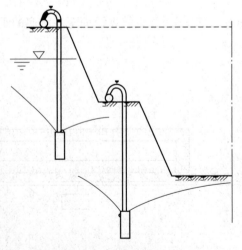

图 1-40 二级轻型井点

管与总管接通→安装抽水设备与总管连通→安装集水箱和排水管→开动真空泵排气、再开

动离心水泵抽水→测量观测井中地下水水位变化。

4. 轻型井点的计算

轻型井点的计算包括根据确定的井点系统的平面和竖向布置，计算井点系统涌水量，计算确定井点管数量与间距，校核水位降低数值，选择抽水设备和井点管的布置等。

（1）井点系统涌水量计算。根据井底是否达到不透水层，水井可分为完整井与不完整井；凡井底到达含水层下面的不透水层顶面的井称为完整井，否则称为不完整井。根据地下水有无压力，又分为无压井与承压井，如图1-41所示。

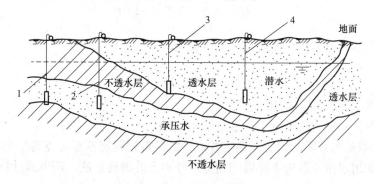

图1-41 水井的分类
1—承压完整井；2—承压非完整井；3—无压完整井；4—无压非完整井

1）对于无压完整井的环状井点系统[图1-42(a)]，涌水量计算公式为

$$Q = 1.366K \frac{(2H-s)s}{\lg R - \lg x_0} \tag{1-19}$$

式中　Q——井点系统的涌水量（m^3/d）；

　　　K——土的渗透系数（m/d），可以由实验室或现场抽水试验确定；

　　　H——含水层厚度（m）；

　　　s——水位降低值（m）；

　　　R——抽水影响半径（m），常用下式计算：

$$R = 1.95s\sqrt{HK} \tag{1-20}$$

　　　x_0——环状井点系统的假想半径（m），对于矩形基坑，其长度与宽度之比不大于5时，可按下式计算：

$$x_0 = \sqrt{F/\pi} \tag{1-21}$$

式中　F——环状井点系统所包围的面积（m^2）。

2）对于无压不完整井系统[图1-42(b)]，地下潜水不仅从井的侧面流入，还从井点底部渗入，因此涌入量较完整井大。为了简化计算，仍可采用式(1-19)。但此时式中H应换成有效抽水影响深度H_0，H_0值可按表1-6确定，当计算得到的H_0大于实际含水量厚度H时，仍取H值。

表1-6 有效抽水影响深度 H_0 值

$s'/(s'+l)$	0.2	0.3	0.5	0.8
H_0	$1.36(s'+l)$	$1.5(s'+l)$	$1.7(s'+l)$	$1.85(s'+l)$
注：s'为井点管中水位降落值；l为滤管长度				

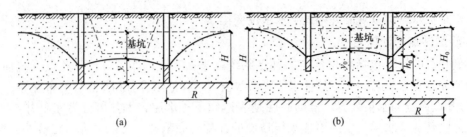

图 1-42 环状井点涌水量计算

(a)无压完整井；(b)无压不完整井

对于承压完整井点系统，涌水量计算公式为

$$Q = 2.73 \frac{KMs}{\lg R - \lg x_0} \tag{1-22}$$

式中　M——承压含水层厚度(m)；

　　　K、s、R、x_0——同式(1-19)。

（2）井点管数量与井距的确定。确定井点管数量需先确定单根井点管的抽水能力，单根井点管道的最大出水量 q 取决于滤管的构造尺寸和土的渗透系数，按下式计算：

$$q = 65\pi dl \sqrt[3]{K} \tag{1-23}$$

式中　d——滤管的直径(m)；

　　　l——滤管长度(m)；

　　　K——土的渗透系数(m/d)。

井点管的最少根数 n、井点系统涌水量 Q 和单根井点管的最大出水量 q，按下式计算：

$$n = 1.1 \frac{Q}{q} \tag{1-24}$$

式中　1.1——备用系数(考虑井点管堵塞等因素)。

井点管的平均间距 D 为

$$D = \frac{L}{n} \tag{1-25}$$

式中　L——总管长度(m)；

　　　n——井点管根数。

井点管间距不能过小，否则彼此干扰大，出水量会显著减少，一般可取滤管周长的 5～10 倍；在基坑周围四角和靠近地下水流方向一侧的井点管应适当加密；当采用多级井点排水时，下一级井点管间距应较上一级的间距小；实际应采用的井距，还应与集水总管上短接头的间距相适应(可按 0.8 m、1.2 m、1.6 m、2.0 m 四种间距选用)。

5. 井点管的安装埋设

轻型井点的施工分为准备工作及井点系统埋设。

准备工作包括井点设备、动力、水泵及必要材料准备，排水沟的开挖，附近建筑物的标高监测以及防止附近建筑沉降的措施等。

埋设井点系统的顺序：根据降水方案放线、挖管沟、布设总管、冲孔、下井点管、埋砂滤层、黏土封口、弯联管连接井点管与总管、安装抽水设备、试抽。

井点管的埋设一般采用水冲法施工，分为冲孔和埋管两个过程(图 1-43)。冲孔时，先用起重设备将冲管吊起并插在井点的位置上，然后开启高压水泵将土冲松，冲管则边冲边沉。冲孔深度宜比滤管底深 0.5 m 左右，以防冲管拔出时，部分土颗粒沉于底部而触及滤管底部。井孔冲成后，立即拔出冲管，插入井点管，并在井点管与孔壁之间迅速填灌砂滤层，以防孔壁塌土。砂滤层的填灌质量是保证轻型井点顺利抽水的关键，一般宜选用干净粗砂填灌均匀，并填至滤管顶上 1～1.5 m，以保证水流畅通。井点填砂后，在地面以下 0.5～1.0 m 内须用黏土封口，以防漏气。

井点管埋设完毕，应接通总管与抽水设备进行试抽水，检查有无漏水、漏气，出水是否正常，有无淤塞等现象，如有异常情况，应检修好后使用。

6. 轻型井点的使用

轻型井点使用时，一般应连续（特别是开始阶段）。时抽时停，滤管网容易堵塞，易导致出水浑浊并引起附近建筑物的土颗粒流失而沉降、开裂。同时，由于中途停抽，地下水回升，也可能引起边坡塌方等事故。在抽水过程中，应调节离心泵的出水阀以控制水量，使抽

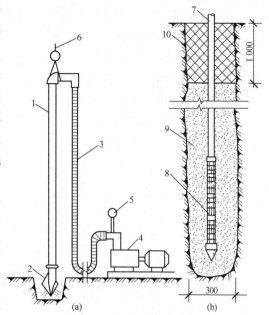

图 1-43　井点管的埋设

(a)冲孔；(b)埋管

1—冲管；2—冲嘴；3—胶皮管；4—高压水泵；
5—压力表；6—起重机吊钩；7—井点管；
8—滤管；9—填砂；10—黏土封口

吸排水保持均匀，做到细水长流。正常的出水规律是"先大后小，先浑后清"。在抽水过程中，还应检查有无堵塞的"死井"（工作正常的井点，用手探摸时，应有冬暖夏凉的感觉），若死井太多，严重影响降水效果时，应逐个用高压反复冲洗或拔出重埋。为观察地下水水位的变化，可在影响半径内设孔观察。

井点降水工作结束后所留的井孔，必须用砂砾或黏土填实。

四、土方边坡及基坑支护

开挖土方时，边坡土体的下滑力产生剪应力，此剪应力主要由土体的内摩阻力和内聚力平衡，一旦土体失去平衡，边坡就会塌方。为了防止塌方，保证施工安全，在基坑（槽）开挖深度超过一定限度时，土壁应放坡开挖，或者加以临时支撑或支护以保证土壁的稳定。

视频：土方边坡

（一）土方边坡

1. 土方边坡坡度

土方边坡用边坡坡度和边坡系数表示。

(1)边坡坡度是以土方挖土深度 h 与边坡底宽 b 之比表示的（图 1-44），用 i 表示。即

$$i = h/b = 1 : m \qquad (1-26)$$

图 1-44　土方边坡

(2)边坡系数是以土方边坡底宽 b 与挖土深度 h 之比表示的，用 m 表示。即

$$m = b/h \qquad (1-27)$$

土方边坡坡度与土方边坡系数互为倒数。工程中常以 $1:m$ 表示放坡。

2. 土方边坡及其稳定

当边坡的高度 h 为已知时，边坡的宽度 b 则等于 mh，若土壁高度较高，土方边坡可根据各层土体所受的压力，做成折线形或台阶形（图 1-45），以减少挖填土方量。土方边坡的大小及其稳定主要与土质、开挖深度、开挖方法、边坡留置时间的长短、边坡附近的各种荷载状况及排水情况有关。

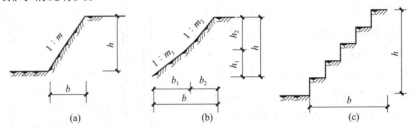

图 1-45 土方边坡

(a)直线形；(b)折线形；(c)台阶形

(二)基坑支护

基坑(槽)或管沟开挖时，如果土质或周围场地条件允许，采用放坡开挖往往比较经济。但是在建筑物密集的地区施工，有时不允许按规定的坡度进行放坡，或深基坑开挖时，放坡所增加的土方量过大，就需要采用设

视频：基坑支护

置支撑或支护的施工方法来保证土方的稳定、保证土方施工的顺利进行和安全，减少对相邻已有建筑物的不利影响。

1. 横撑式支撑

对宽度不大，深 5 m 以内的浅沟、槽(坑)，一般宜设置简单的横撑式支撑，其形式根据开挖深度、土质条件、地下水水位、施工时间长短、施工季节和当地气象条件、施工方法与相邻建(构)筑物情况进行选择。

横撑式支撑根据挡土板的不同分为水平挡土板和垂直挡土板两类，水平挡土板的布置又分间断式、断续式和连续式三种；垂直挡土板的布置分断续式和连续式两种，如图 1-46 所示。

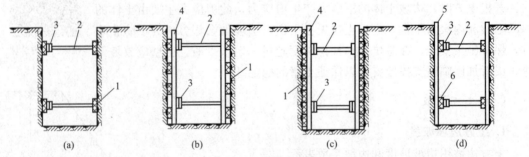

图 1-46 横撑式支撑

(a)间断式水平支撑；(b)断续式水平支撑；(c)连续式水平支撑；(d)连续式垂直支撑

1—水平挡土板；2—横撑木；3—木楔；4—竖楞木；5—垂直挡土板；6—横楞木

(1)间断式水平支撑。

1)支撑方法：两侧挡土板水平放置，用工具或木横撑借木楔顶紧，挖一层土支顶一层。

2)适用条件：适用能保持立壁的干土或天然湿度的黏土类土，地下水很少，深度在 2 m 内。

（2）断续式水平支撑。

1)支撑方法：挡土板水平放置，中间留出间隔，并在两侧同时对称立竖楞木，再用工具或木横撑上、下顶紧。

2)适用条件：适用能保持直立壁的干土或天然湿度的黏土类土，地下水很少，深度在 3 m 内。

（3）连续式水平支撑。

1)支撑方法：挡土板水平连续放置，不留间隙，两侧同时对称立竖楞木，上下各立一根撑木，端头加木楔顶紧。

2)适用条件：适用较松散的干土或天然湿度的黏土类土，地下水很少，深度为 3～5 m。

（4）连续式或断续式垂直支撑。

1)支撑方法：挡土板垂直放置，连续或留适当间隙，然后每侧上、下各水平顶一根枋木再用横撑顶紧。

2)适用条件：适用土质较松散或湿度很高的土，地下水较少，深度不限。

采用横撑式支撑时，应随挖随撑，支撑要牢固。施工中应经常检查，如有松动、变形等现象时，应及时加固或更换。支撑的拆除应按回填顺序依次进行，多层支撑应自下而上逐层拆除，随拆随填。

2. 深基坑支护结构

深基坑支护结构的选择应根据基坑周边环境，土层结构，工程地质，水文情况，基坑形状，开挖深度，施工拟采用的挖方、排水方法，施工作业设备条件，安全等级和工期要求以及技术经济效果等因素加以综合全面地考虑。深基坑支护虽为一种施工临时性辅助结构，

视频：深基坑支护结构

但对保证工程顺利进行和邻近地基及已有建(构)筑物的安全影响极大。

深基坑的各种支护可分为重力式支护结构和非重力式支护结构两类。

（1）重力式支护结构。常用的重力式支护结构是深层搅拌水泥土桩挡墙。

深层搅拌水泥土桩挡墙是深层搅拌机就地将边坡土和压入的水泥浆强力搅拌形成的连续搭接的水泥土桩挡墙，水泥浆与其包围的天然土形成重力式挡墙支挡周围土体，使边坡保持稳定，这种桩墙是依靠自重和刚度进行挡土和保护坑壁稳定的，一般不设支撑，或特殊情况下局部加设支撑，具有良好的抗渗透性能，能止水防渗，起到挡土防渗双重作用。

水泥搅拌桩支护结构常应用于软黏土地区开挖深度在 6 m 左右的基坑工程。为了提高水泥土墙的刚性，也有的在水泥土搅拌桩内插入 H 型钢，使之成为既能受力又能抗渗的支护结构围护墙，可用于较深(8～10 m)的基坑支护，水泥掺入比为 20%，这种桩称为劲性水泥土搅拌桩。

1)深层搅拌水泥土桩挡墙施工要点如下：

①深层搅拌机械就位时应对中，最大偏差不得大于 20 mm，并且调平机械的垂直度偏差不得大于 1%桩长。输入水泥浆的水胶比不宜大于 0.5，泵送压力宜大于 0.3 MPa，泵送流量应恒定。

②应采取切割搭接法施工，应在前桩水泥土尚未固化时进行后序搭接桩施工，相邻桩

的搭接长度不宜小于 200 mm；相邻桩喷浆工艺的施工时间间隔不宜大于 10 h；施工开始和结束的头尾搭接处，应采取加强措施，消除搭接缝。

③深层搅拌水泥土桩挡墙施工前，应进行成桩工艺及水泥掺入量或水泥浆的配合比试验，以确定相应的水泥掺入比或水泥浆水胶比。

④采用高压喷射注浆桩，施工前应通过试喷试验，确定不同土层旋喷固结体的最小直径、高压喷射施工技术参数等。

⑤深层搅拌桩和高压喷射注浆桩，当设置插筋或 H 型钢时，桩身插筋应在桩顶搅拌或旋喷完成后及时进行，插入长度和露出长度等均应按计算和构造要求确定，H 型钢靠自重下插至设计标高。

⑥高压喷射注浆应按试喷确定的技术参数施工。切割搭接宽度：对旋喷固结体不宜小于 150 mm；摆喷固结体不宜小于 150 mm；定喷固结体不宜小于 200 mm。

⑦水泥土桩挡墙应有 28 d 以上的龄期，达到设计强度要求时，方能进行基坑开挖。

⑧水泥土桩挡墙的质量检验应在施工后一周内进行，采用开挖检查或钻孔取芯等手段检查成桩质量，若不符合设计要求应及时调整施工工艺；水泥土桩挡墙应在设计开挖龄期采用钻芯法检测墙身完整性，钻芯数量不宜少于总桩数的 2%，且不少于 5 根；并应根据设计要求取样进行单轴抗压强度试验。

2)深层搅拌水泥土桩挡墙支护的特点：水泥土桩挡墙具有挡土、挡水双重功能，坑内无支撑，便于机械化挖土作业；施工机具相对较简单，成桩速度快；使用材料单一，节省三材，造价较低。但这种重力式支护相对位移较大，不适宜用于过深基坑。当基坑长度大时，要采取中间加墩、起拱等措施，以控制产生过大位移，适用淤泥、淤泥质土、黏土、粉质黏土、粉土、具有薄夹砂层的土、素填土等地基承载力特征值不大于 150 kPa 的土层，或作为基坑截水及较浅基坑(不大于 6 m)的支护工程。

(2)非重力式支护结构。非重力式支护结构有型钢桩横挡板支护、挡土灌注桩支护、排桩内支撑支护、挡土灌注桩与深层搅拌水泥土桩组合支护、钢板桩支护等。

1)型钢桩横挡板支护。型钢桩横挡板支护是沿挡土位置先设型钢桩到预定深度，然后边挖方边将挡土板塞进两型钢桩之间，组成型钢桩与挡土板复合而成的挡土壁(图 1-47)。型钢桩多采用钢轨、工字钢、H 型钢等，间距一般为 1.0～1.5 m，横向挡板采用厚 30～80 mm 松木板或厚 75～100 mm 预制混凝土板。

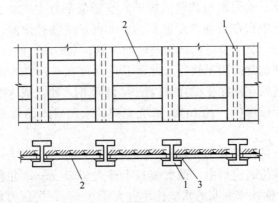

图 1-47　型钢桩横挡板支护
1—型钢桩；2—横向挡土板；3—木楔

型钢桩施工可采用打入法，也可采用预先用螺栓钻或普通钻机在桩位处成孔后，再插入型钢桩的埋入桩法。在施工开挖后应随即安设横向挡板，并在横向挡板与型钢桩之间用楔子打紧，使横板与土体紧密接触。

型钢桩横挡板支护结构简单，成本低，沉桩简单易行，噪声低，振动小，材料可回收重复使用，是最常见的一种较简单经济的支护方法；但不能止水，易导致周边地基产生下沉。其主要在土质较好、地下水水位较低、深度不很大的一般黏性土、砂土基坑中使用。

2）挡土灌注桩支护。挡土灌注桩支护是在基坑周围用钻机钻孔、吊钢筋笼，现场灌注混凝土成桩，形成桩排做挡土支护。桩的排列形式有间隔式、双排式和连续式（图 1-48）。间隔式是每隔一定距离设置一个桩，成排设置，在顶部设连系梁连成整体共同工作；双排式是将桩前后成梅花形按两排布置，桩顶也设有连系梁连成门式刚架，以提高抗弯刚度，减小位移；连续式是一个桩连一个桩形成一道连续排桩，在顶部也设有连系梁连成整体共同工作。

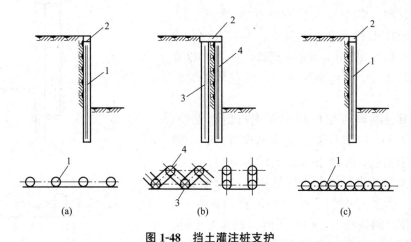

图 1-48 挡土灌注桩支护

(a)间隔式；(b)双排式；(c)连续式

1—挡土灌注桩；2—连续梁(圈梁)；3—前排桩；4—后排桩

灌注桩间距、桩径、桩长、埋置深度，根据基坑开挖深度、土质、地下水水位高低以及所承受的土压力由计算确定。挡土桩间距一般为 1～2 m，桩直径为 0.5～1.1 m，埋深为基坑深的 0.5～1.0 倍。桩配筋根据侧向荷载由计算而定，一般主筋直径为 14～32 mm；当为构造配筋时，每桩不少于 8 根，箍筋采用 ϕ8 mm，间距为 100～200 mm。灌注桩一般在基坑开挖前施工，成孔方法分为机械开挖和人工开挖两种，后者用于桩径不小于 0.8 m 的情况。

挡土灌注桩支护具有桩刚度较大，抗弯强度高，变形相对较小，安全感好，设备简单，施工方便，需要工作场地不大，噪声低、振动小、费用较低等优点。但间隔式支护和双排式支护止水性差，支护桩不能回收利用。挡土灌注桩支护适用黏性土、开挖面积较大、较深(大于 6 m)的基坑以及不允许邻近建筑物有较大下沉、位移的情况。一般土质较好可采用 7～10 m 的悬臂，若在顶部设拉杆，中部设锚杆，可用于 3～4 层地下室开挖的支护。

3）排桩内支撑支护。对深度较大、面积不大、地基土质较差的基坑，为使围护排桩受力合理和受力后变形小，常在基坑内沿围护排桩(墙)，竖向设置一定支承点组成内支撑式基坑支护体系，以减少排桩的无支长度，提高侧向刚度，减小变形。

排桩内支撑支护的特点是受力合理，安全可靠，易于控制围护排桩墙的变形，但内支撑的设置给基坑内挖土和地下室结构的施工带来不便，需要通过不断换撑来克服。其适用各种不易设置锚杆的松软土层及软土地基支护。

排桩内支撑结构一般由围檩（横挡）、水平支撑、八字撑和立柱等组成（图1-49）。围檩固定在排桩墙上，将排桩承受的侧压力传给纵、横支撑；支撑为受压构件，长度超过一定限度时稳定性降低，一般再在中间加设立柱，以承受支撑自重和施工荷载；立柱下端插入工程桩，当其下无工程桩时再在其下设置专用灌注桩。

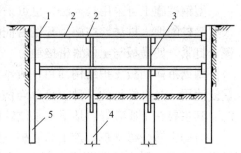

图1-49 内支撑支护

1—围檩；2—纵、横向水平支撑；3—立柱；
4—工程桩或专设桩；5—围护排桩（或墙）

内支撑材料一般有钢支撑和钢筋混凝土两类。钢支撑常用钢管和H型钢，其优点：装卸方便、快速，能较快发挥支撑作用，减小变形，并可回收重复使用，可以租赁，可施加顶紧力，控制围护墙变形发展。

4）挡土灌注桩与深层搅拌水泥土桩组合支护。挡土灌注桩支护，一般每隔一定距离设置一处，缺乏阻水、抗渗功能，在地下水较大的基坑应用，会造成桩间土大量流失，桩背土体被掏空，影响支护土体的稳定。为了提高挡土灌注桩的抗渗透功能，一般在挡土排桩的基础上，在桩间再加设水泥土桩，以形成一种挡土灌注桩与水泥土桩相互组合而成的支护体系（图1-50）。

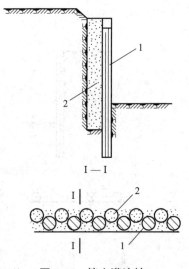

**图1-50 挡土灌注桩
与水泥土桩组合支护**

1—挡土灌注桩；2—水泥土桩

这种组合支护的做法：先在深基坑的内侧设置直径为0.6～1.0 m的混凝土灌注桩，间距为1.2～1.5 m；然后在紧靠混凝土灌注桩的内侧，与外桩相切设置直径0.8～1.5 m的高压喷射注浆桩（又称旋喷桩），以旋喷水泥浆方式使具有一定强度的水泥土桩与混凝土灌注桩紧密结合，组成一道防渗帷幕。

这种组合支护的特点：既可以挡土又可以防渗透，施工比连续排桩支护快速，节省水泥、钢材，造价较低；但多一道施工高压喷射注浆桩工序。其适用土质条件差、地下水水位较高、要求既挡土又挡水防渗的支护结构。

5）钢板桩支护。钢板桩支护是用一种特制的型钢板桩，借打桩机沉入地下构成一道连续的板墙，作为深基坑开挖的临时挡土、挡水围护结构。由于这种支护需用大量特制钢材，一次性投资较高，现已很少采用。

3. 土层锚杆支护结构

土层锚杆又称土锚杆，它的一端插入土层，另一端与挡土结构拉结，借助锚杆与土层的摩擦阻力产生的水平抗力抵抗土侧压力来维护挡土结构的稳定。土层锚杆的施工是在深基坑侧壁的土层钻孔至要求深度，或在扩大孔的端部形成柱状或球状扩大头，在孔内放入钢筋、钢管或钢丝束、钢绞线，灌入水泥浆或化学浆液，使其与土层结合成为抗拉（拔）力强的锚杆。在锚杆的端部通过横撑（钢横梁）借螺母连接或再张拉施加预应力将挡土结构受到的侧压力，通过拉杆传给稳定土层，以达到控制基坑支护的变形，保持基坑土体和坑外建筑物稳定的目的。

（1）土层锚杆的支护形式。土层锚杆根据支护深度和土质条件可设置一层或多层。当土质较好时，可采用单层锚杆；当基坑深度较大、土质较差时，单层锚杆不能完全保证挡土结构的稳定，需要设置多层锚杆。土层锚杆通常会与排桩支护结合起来使用（图1-51）。

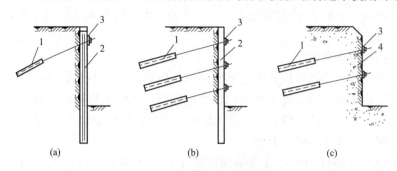

图 1-51　土层锚杆支护形式

（a）单锚支护；（b）多锚支护；（c）破碎岩土支护

1—土层锚杆；2—挡土灌注桩或地下连续墙；3—钢横梁（撑）；4—破碎岩土层

（2）土层锚杆的构造。土层锚杆由锚头、支护结构、拉杆、锚固体等部分组成（图1-52）。土层锚杆根据主动滑动面，分为自由段L_{fa}（非锚固段）和锚固段L_c（图1-53）。土层锚杆的自由段处于不稳定土层中，要使它与土层尽量脱离，一旦土层有滑动，它可以伸缩，其作用是将锚头所承受的荷载传递到锚固段。锚固段处于稳定土层中，要使它与周围土层结合牢固，通过与土层的紧密接触将锚杆所受荷载分布到周围土层中去，锚固段是承载力的主要来源。

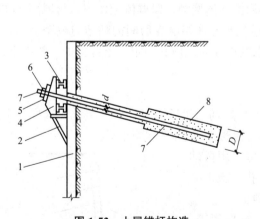

图 1-52　土层锚杆构造

1—挡土灌注桩（支护）；2—支架；

3—横梁；4—台座；5—承压垫板；

6—紧固器（螺母）；7—拉杆；

8—锚固体（水泥浆或水泥砂浆）

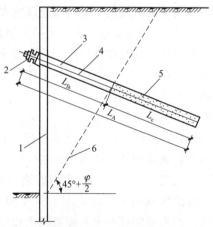

图 1-53　土层锚杆长度的划分

1—挡土灌注桩（支护）；2—锚杆头部；

3—锚孔；4—拉杆；5—锚固体；

6—主动土压裂面；L_{fa}—非锚固段长度；

L_c—锚固段长度；L_A—锚杆长度

锚头由台座、承压垫板和紧固器等组成，通过钢横梁及支架将来自支护的力传给拉杆，台座用钢板或 C35 混凝土制作而成，应有足够的强度。拉杆可用钢筋、钢管、钢丝束或钢绞线，前两种使用较多，后者用于承载力很高的情况。锚固体由水泥浆在压力下灌浆成形。

（3）土层锚杆的布置。土层锚杆布置包括确定锚杆的尺寸、埋置深度、锚杆层数、锚杆的垂直间距和水平间距、锚杆的倾角等。锚杆的尺寸、埋置深度应保证不使锚杆引起地面隆起和地面不出现地基的剪切破坏。

1）为了不使锚杆引起地面隆起，最上层锚杆一般需覆土厚度不小于 4～5 m；锚杆的层数应通过计算确定，一般上下层间距为 2.0～5.0 m，水平间距为 1.5～4.5 m，或控制在锚固体直径的 10 倍。

2）锚杆数应根据计算确定。

3）锚杆倾角的确定是锚杆设计中的重要问题。倾角的大小不但影响锚杆水平分力与垂直分力的比例，也影响锚固长度与非锚固长度的划分，还影响整体稳定性，因此施工中应特别重视。同时，施工是否方便也产生较大影响。锚杆的倾角不宜小于 12.5°，一般宜与水平呈 15°～25° 倾斜角，且不应大于 45°。

4）锚杆的尺寸。锚杆的长度应使锚固体置于滑动土体外的良好土层内，通常长度为 15～25 m，其中锚杆自由段长度不宜小于 5 m，并应超过潜在滑裂面 1.5 m；锚固段长度一般为 5～7 m，有效锚固长度不宜小于 4 m，在饱和软黏土中锚杆锚固段长度以 20 m 左右为宜。

4. 土钉墙支护结构

土钉墙支护是在开挖边坡表面铺钢筋网喷射细石混凝土，并每隔一定距离埋设土钉，使其与边坡土体形成复合体，共同工作，从而有效提高边坡稳定性，增强土体破坏的延性，变土体荷载为支护结构的一部分。土钉墙支护结构与上述被动起挡土作用的围护墙不同，它对土体起到嵌固作用，对土坡进行加固，增加边坡支护锚固力，使基坑开挖后保持稳定。土钉墙支护是一种边坡稳定式支护结构，适用淤泥、淤泥质土、黏土、粉质黏土、粉土等土质，地下水水位较低，基坑开挖深度在 12 m 以内时采用。

（1）土钉支护的构造。土钉支护沿通长与周围土体接触，以群体起作用，与周围土体形成一个组合体，在土体发生变形的条件下，通过与土体接触界面间的粘结力或摩擦力，使土钉被动受拉，并主要通过受拉工作给土体以约束加固或使其稳定。土钉支护一般由土钉、面层和排水系统组成。

常见土钉的类型如下：

1）钻孔注浆钉。即先在土中成孔，置入变形钢筋，然后沿全长注浆填孔，这样整个土钉体由土钉钢筋和外裹的水泥砂浆(有时用细石混凝土或水泥净浆)组成。

2）击入钉。即用角钢、圆钢或钢管做土钉，用振动冲击钻或液压锤击入。此类型不需要预先钻孔，施工极为快速，但不适用砾石土、硬胶结土和松散砂土。

3）注浆击入钉。常用周面带孔的钢管，端部密闭，击入后从管内注浆并透过壁孔将浆体渗到周围土体。

土钉墙支护构造如图 1-54 所示，墙面的坡度不宜大于 1:0.1；土钉必须与面层有效连接，并应设置承压板或加强钢筋与土钉螺栓连接或用钢筋焊接；土钉钢筋宜

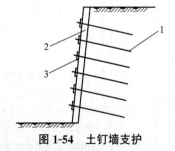

图 1-54 土钉墙支护

1—土钉；2—喷射混凝土面层；3—垫板

采用 HPB300、HRB400 级钢筋，钢筋直径宜为 16～32 mm，土钉长度宜为开挖深度的 0.5～1.2倍，间距宜为1～2 m，呈矩形或梅花形布置，与水平夹角宜为5°～20°；钻孔直径为 70～120 mm；注浆材料宜采用水泥浆或水泥砂浆，其强度等级不宜低于M10。

临时性土钉支护的面层通常是喷射混凝土面层，并配置钢筋网，钢筋直径宜为 6～10 mm，间距宜为150～300 mm；面层中坡面上下段钢筋搭接长度应大于300 mm。喷射混凝土强度等级不宜低于C20，面层厚度不宜小于80 mm。在土钉墙的顶部应采用砂浆或混凝土护面。

土钉支护在一般情况下都必须有良好的排水系统，在坡顶和坡脚应设排水设施，坡面上可根据具体情况设置泄水孔。施工开挖前要先做好地面排水，设置地面排水沟引走地表水，或设置不透水的混凝土地面，防止近处的地表水向下渗透。沿基坑边缘地面要垫高，防止地表水注入基坑。同时，基坑内部还必须人工降低地下水水位，有利于基础施工。

(2)土钉墙施工顺序：按设计要求自上而下分段、分层开挖工作面→修整坡面(平整度允许偏差±20 mm)→埋设喷射混凝土厚度控制标志→喷射第一层混凝土→钻孔、安设土钉→注浆、安设连接件→绑扎钢筋网，喷射第二层混凝土→设置坡顶、坡面和坡脚的排水系统。如土质较好，也可采取开挖工作面、修坡→绑扎钢筋网→成孔→安设土钉→注浆→安设连接件→喷射混凝土面层的施工顺序。

特别提示

在进行土方开挖的时候，要特别注意土方边坡及其稳定性，否则会引起边坡的塌方；在进行基坑(槽)的开挖过程中，基坑(槽)支撑和深基坑支护结构是保证安全的措施，在施工中要做到安全措施齐全。

五、土方开挖

土方开挖应遵循"开槽支撑，先撑后挖，分层开挖，严禁超挖"的原则。基坑(槽)开挖有人工开挖和机械开挖两种开挖方式。开挖基坑(槽)按规定的尺寸合理确定开挖顺序和分层开挖深度，连续进行施工，尽快完成。因土方开挖施工要求标高、断面准确，土体应有足够的强度和稳定性，所以在开挖过程中要随时注意检查。

(一)基坑(槽)开挖

1. 基坑(槽)开挖土方量计算

(1)基槽土方量计算。基槽开挖时，两边留有一定的工作面，分为不放坡开挖和放坡开挖两种情形，如图 1-55 所示。

视频：基坑(槽)
土方量计算

基槽不放坡时： $V = h \cdot (a + 2c) \cdot L$ (1-28)

基槽放坡时： $V = h \cdot (a + 2c + mh) \cdot L$ (1-29)

式中 V——基槽土方量(m^3)；

a——基础底面宽度(m)；

h——基槽开挖深度(m)；

c——工作面宽(m)；

m——坡度系数；

L——基槽长度(外墙按中心线，内墙按净长线)(m)。

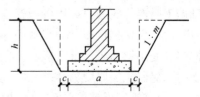

图 1-55 基槽土方量计算

如果基槽沿长度方向断面变化较大，应分段计算，然后将各段土方量汇总即得总土方量，即

$$V = V_1 + V_2 + V_3 + \cdots + V_n \qquad (1\text{-}30)$$

式中　V_1、V_2、V_3、$\cdots$、V_n——基槽各段土方量(m^3)。

（2）基坑土方量计算。基坑开挖时，四边留有一定的工作面，分为不放坡开挖和放坡开挖两种情形，如图 1-56 所示。

基坑不放坡时：　　　　$V = h \cdot (a + 2c) \cdot (b + 2c) \qquad (1\text{-}31)$

基坑放坡时：　　$V = h \cdot (a + 2c + mh) \cdot (b + 2c + mh) + \dfrac{1}{3} m^2 h^3 \qquad (1\text{-}32)$

式中　V——基坑土方量(m^3)；

　　　h——基坑开挖深度(m)；

　　　a——基础底长(m)；

　　　b——基础底宽(m)；

　　　c——工作面宽(m)；

　　　m——坡度系数。

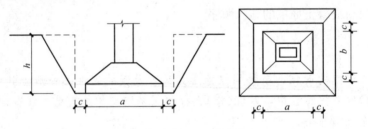

图 1-56　基坑土方量计算

2. 基坑(槽)土方开挖规定

基坑(槽)土方开挖时，应符合下列规定：

（1）施工前必须做好地面排水和降低地下水水位工作，地下水水位应降低至基坑底以下0.5～1.0 m后方可开挖。降水工作应持续到回填完毕。

视频：基坑(槽)
开挖规定

（2）挖出的土除预留一部分用作回填外，不得在场地内任意堆放。为防止坑壁滑坡，根据土质情况及坑(槽)深度，在坑顶两边一定距离（一般为0.8 m）内不得堆放弃土，在此距离外堆土高度不得超过1.5 m，否则，应验算边坡的稳定性。在桩基周围、墙基或围墙一侧，不得堆土过高。在坑边放置有动载的机械设备时，也应根据验算结果，离开坑边较远距离，如地质条件不好，还应采取加固措施。

（3）为了防止基底土(特别是软土)受到浸水或其他原因的扰动，基坑(槽)挖好后，应立即做垫层或浇筑基础，否则，挖土时应在基底标高以上保留150～300 mm 厚的土层，待基础施工时再行挖去。如用机械挖土，为防止基底土被扰动，结构被破坏，不应直接挖到坑(槽)底，应根据机械种类在基底标高以上留出一定厚度的土层，待基础施工前用人工铲平修整。使用铲运机、推土机时，保留土层厚度为150～200 mm，使用正铲、反铲或拉铲挖土时，保留土层厚度为200～300 mm。

（4）挖土不得超挖(挖至基坑槽的设计标高以下)。若个别处超挖，应用与基土相同的土料填补，并夯实到要求的密实度。如用原土填补不能达到要求的密实度，应用碎石类土填

补，并仔细夯实。重要部位如被超挖时，可用低强度等级的混凝土填补。

（5）雨期施工时，基坑槽应分段开挖，挖好一段浇筑一段垫层，并在基槽两侧围以土堤或挖排水沟，以防地面雨水流入基坑槽，同时应经常检查边坡和支撑情况，以防止坑壁受水浸泡造成塌方。

（6）基坑开挖时，应对平面控制桩、水准点、基坑平面位置、水平标高、边坡坡度等经常复测检查。

3. 基坑（槽）开挖程序

基坑开挖程序：测量放线→切线分层开挖→排降水→修坡→整平→留足预留土层等。相邻基坑开挖时，应遵循先深后浅或同时进行的施工程序。挖土应自上而下水平分段分层进行，每层 0.3 m 左右，边挖边检查坑底宽度及坡度，不够时及时修整，每 3 m 左右修一次坡，至设计标高，再统一进行一次修坡清底，检查坑底宽和标高，要求坑底凹凸不超过 2.0 cm。

（二）深基坑土方开挖

深基坑一般采用"分层开挖，先撑后挖"的开挖原则。

深基坑土方开挖方法主要有分层挖土、分段挖土、盆式挖土、中心岛式挖土等几种，应根据基坑面积大小、开挖深度、支护结构形式、环境条件等因素选用。

视频：深基坑土方开挖

1. 分层挖土

分层挖土是将基坑按深度分为多层进行逐层开挖（图 1-57）。分层厚度，软土地基应控制在 2 m 以内；硬质土可控制在 5 m 以内。开挖顺序可从基坑的某一边向另一边平行开挖，或从基坑两头对称开挖，或从基坑中间向两边平行对称开挖，也可交替分层开挖，可根据工作面和土质情况决定。

运土可采取设坡道或不设坡道两种方式。设坡道的坡度一般为 1∶8～1∶10，坡道两侧要采取挡土或加固措施。不设坡道一般设钢平台或栈桥作为运输土方通道。

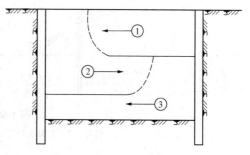

图 1-57 分层开挖

2. 分段挖土

分段挖土是将基坑分成几段或几块分别进行开挖。分段与分块的大小、位置和开挖顺序，根据开挖场地、工作面条件、地下室平面与深浅和施工工期而定。分块开挖，即开挖一块浇筑一块混凝土垫层或基础，必要时可在已封底的坑底与围护结构之间加设斜撑，以增强支护的稳定性。

3. 盆式挖土

盆式挖土是先分层开挖基坑中间部分的土方，基坑周边一定范围内的土暂不开挖（图 1-58），可视土质情况按 1∶1～1∶1.25 放坡，使之形成对四周围护结构的被动土反压力区，以增强围护结构的稳定性，待中间部分的混凝土垫层、基础或地下室结构施工完成之后，再用水平支撑或斜撑对四周围护结构进行支撑，并突击开挖周边支护结构内部分被动土区的土，每挖一层支一层水平横顶撑（图 1-59），直至坑底，最后浇筑该部分结构混凝土。盆式挖土的特点是对于支护挡墙受力有利，时间效应小，但大量土方不能直接外运，需集中提升后装车外运。

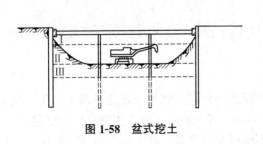

图 1-58　盆式挖土

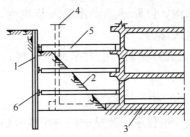

图 1-59　盆式开挖内支撑

1—钢板桩或灌注桩；2—后挖土方；3—先施工地下结构；
4—后施工地下结构；5—钢水平支撑；6—钢横撑

4. 中心岛式挖土

中心岛式挖土是先开挖基坑周边土方，在中间留土墩作为支点搭设栈桥，挖土机可利用栈桥下到基坑挖土，运土的汽车也可利用栈桥进入基坑运土，可有效加快挖土和运土的速度（图 1-60）。分层开挖土方，一般先全面挖去一层，然后中间部分留置土墩，周围部分分层开挖。挖土多用反铲挖土机，如基坑深度很大，则采用向上逐级传递方式进行土方装车外运。整个土方开挖顺序应遵循"开槽支撑，先撑后挖，分层开挖，防止超挖"的原则进行。

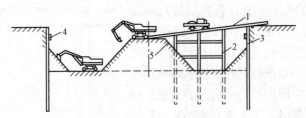

图 1-60　中心岛式挖土

1—栈桥；2—支架或利用工程桩；3—围护墙；4—腰梁；5—土墩

在深基坑开挖过程中，随着土的挖除，下层土因逐渐卸载而有可能回弹，尤其在基坑挖至设计标高后，如搁置时间过久，回弹更为显著。如弹性隆起在基坑开挖和基础工程初期发展很快，将加大建筑物的后期沉降。因此，对深基坑开挖后的土体回弹，应有适当的估计，如在勘察阶段，土样的压缩试验中应补充卸荷弹性试验等。还可以采取结构措施，在基底设置桩基等，或事先对结构下部土质进行深层地基加固。施工中减少基坑弹性隆起的一个有效方法是把土体中有效应力的改变降低到最小。具体方法有加速建造主体结构，或逐步利用基础的重量来代替被挖去土体的重量。

图 1-61 所示为某深基坑开挖施工实例，可将分层开挖和盆式开挖结合起来；在基坑正式开挖之前，先将第①层地表土挖运出去，浇筑锁口圈梁，进行场地平整和基坑降水等准备工作，安设第一道支撑（角撑），并施加预顶轴力，然后开挖第②层土到 -4.50 m；再安设第二道支撑，待双向支撑全面形成并施加轴力后，挖土机和运土车下坑，在第二道支撑上部开始挖第③层土，并采用台阶式接力方式挖土，一直挖到坑底；第三道支撑应随挖随撑，逐步形成；最后用抓斗式挖土机在坑外挖两侧土坡的第④层土。

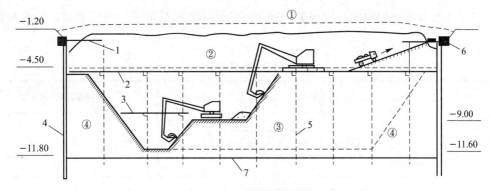

图 1-61 深基坑开挖

1—第一道支撑；2—第二道支撑；3—第三道支撑；4—支护桩；5—主柱；6—锁口圈梁；7—坑底

特别提示

基坑(槽)土方开挖应遵循"开槽支撑，先撑后挖，分层开挖，严禁超挖"的原则；深基坑土方开挖的原则是"分层开挖，先撑后挖"。

六、基坑验槽

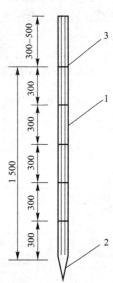

视频：基坑验槽

基坑开挖至设计标高后，应由施工单位、设计单位、监理单位或建设单位、质量监督部门等有关人员共同到现场进行检查，鉴定验槽，核对地质资料，检查地基土与工程地质勘察报告、设计图纸要求是否相符，有无破坏原状土结构或发生较大的扰动现象。一般用表面检查验槽法，必要时采用钎探检查或洛阳铲探检查，经检查合格，填写基坑(槽)隐蔽工程验收记录，及时办理交接手续。

(一)表面检查验槽法

(1)根据槽壁土层分布情况和走向，初步判明全部基底是否挖至设计要求的土层。

(2)检查槽底是否已挖至原(老)土，是否需继续下挖或进行处理。

(3)检查整个槽底土的颜色是否均匀一致；土的坚硬程度是否一样；是否有局部过松软或过硬的部位；是否有局部含水量异常现象；走在地基上是否有颤动感觉等。若有异常，要进一步用钎探检验并会同设计等有关单位进行处理。

(二)钎探检查验槽法

基坑(槽)挖好后用锤把钢钎打入槽底的基土，根据每打入一定深度的锤击次数，来判断地基土质的情况。

(1)钢钎的规格和重量：钢钎用 $\phi22\sim\phi25$ mm 的圆钢制成，长度为 $1.8\sim2.0$ m，钎头呈 $60°$ 尖锥状，如图 1-62 所示。大锤用 $3.6\sim4.5$ kg 的铁锤，打锤时，锤举至离钎顶 $500\sim700$ mm，将钢钎垂直打入土中，并记录每打入土层 300 mm 的锤击次数。

图 1-62 钢钎构造

1—钎杆 $\phi22\sim\phi25$ mm；
2—钎尖；3—刻痕

（2）钎孔布置和钎探深度：应根据地基土质的情况和基槽宽度、形状确定，钎孔布置见表1-7。

表1-7　钎孔布置

槽宽/m	排列方式和图示	间距/m	钎探深度/m
小于0.8	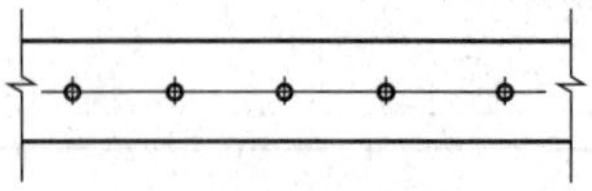 中心一排	1～2	1.2
0.8～2	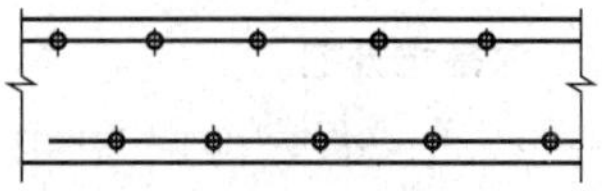 两排错开	1～2	1.5
大于2	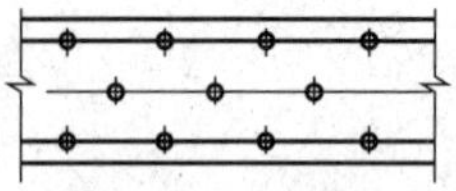 梅花形	1～2	2.0
柱基	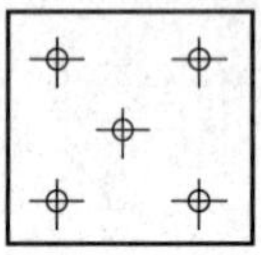 梅花形	1～2	≥1.5 m，并不浅于短边宽度

（3）钎孔记录和结果分析：先绘制基坑（槽）平面图，在图上根据要求确定钎探点的平面位置，并编号制成钎探平面图。钎探时按钎探平面图标定的钎探点顺序进行，最后整理成钎探记录表。

全部钎探完后，逐层分析研究钎探记录，然后逐点进行比较，将锤击数过多或过少的钎孔在钎探平面图上做标记，然后在该部位进行重点检查，如有异常情况，要认真进行处理。

（三）洛阳铲探验槽法

在黄土地区基坑（槽）挖好后或大面积基坑挖土前，根据建筑物所在地区的具体情况或设计要求，对基坑以下的土质、古墓、洞穴等用专用洛阳铲进行钎探检查。

（1）探孔布置见表1-8。

表1-8　探孔布置

基槽宽/m	排列方式和图示	间距 L/m	探孔深度/m
小于2	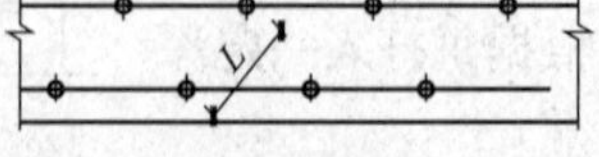	1.5～2.0	3.0
大于2	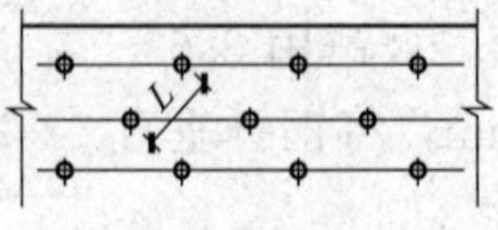	1.5～2.0	3.0

基槽宽/m	排列方式和图示	间距 L/m	探孔深度/m
柱基		1.5～2.0	3.0 (荷重较大时为 4.0～5.0)
加孔		＜2.0 (基础过宽时中间再加孔)	3.0

(2)探查记录和结果分析：先绘制基础平面图，在图上根据要求确定探孔的平面位置，并依次编号，再按编号顺序进行探孔。用洛阳铲铲土，每 3～5 次铲土检查一次，查看土质变化和含有物的情况。如果土质有变化或含有杂物，应测量深度并用文字记录清楚。如果遇到墓穴、地道、地窖和废井等，应在此部位缩小探孔距离(一般为 1 m 左右)，沿其周围仔细探查其大小、深浅和平面形状，在探孔图上标示清楚。全部探完后，绘制探孔平面图和各探孔不同深度的土质情况表，为地基处理提供完整的资料。探完以后，尽快用素土或灰土将探孔回填好，以防地表水浸入钎孔。

特别提示

地基验槽一般用表面检查验槽法，必要时采用钎探检查或洛阳铲探检查，经检查合格，填写基坑(槽)隐蔽工程验收记录，及时办理交接手续。

单元四　土方填筑与压实

一、土方填筑要求

视频：土方填筑与压实

(一)填方土料要求

填方土料应符合设计要求，保证填方的强度和稳定性，如设计无要求时应符合以下规定：

(1)碎石类土、砂土和爆破石碴，可用于表层下的填料。

(2)当填方土料为黏土时，填筑前应检查其含水量是否在控制范围内。含水量大的黏土不宜作为填土。含水量符合压实要求的黏性土可用作各层填料。

(3)淤泥和淤泥质土一般不能用作填料，但在软土地区，经过处理含水量符合压实要求的，可用于填方中的次要部位。

(4)碎块草皮和有机质含量大于 5% 的土只能用无压实要求的填方。

(5)含有盐分的盐渍土中，一般仅中、弱两类盐渍土可以使用，但填料中不得含有盐块或含盐植物的根。

（6）不得使用冻土、膨胀性土作为填料。

碎石类土或爆破石碴作为填料时，其最大粒径不大于每层铺土厚度的2/3。使用振动碾时，不得超过每层铺土厚度的3/4，铺填时，大块料不应集中，且不得填在分段接头或填方与山坡连接处。

（二）填土应分层回填压实

填土应分层进行，并应尽量采用同类土填筑。当采用不同的土填筑时，应按土的类别有规则地分层铺填，应将透水性较大的土层置于透水性较小的土层之下，不能将各种土混杂在一起使用，以免填方内形成水囊。

二、填土压实方法

填土压实可采用人工压实，也可采用机械压实，当压实量较大，或工期要求比较紧时，一般采用机械压实。常用的机械压实方法有碾压法、夯实法和振动压实法等。

（一）碾压法

碾压法是利用机械滚轮的压力压实土壤，使之达到所需的密实度，此法多用于大面积填土工程。碾压机械有平碾（压路机）（图1-63）、羊足碾（图1-64）和气胎碾（图1-65）。平碾对砂土、黏性土均可压实；羊足碾需要较大的牵引力，且只宜压实黏性土，因在砂土中使用羊足碾会使土颗粒受到"羊足"较大的单位压力后会向四周移动，从而使土的结构遭到破坏；气胎碾在工作时是弹性体，其压力均匀，填土压实质量较好。还可利用运土机械进行碾压，也是较经济合理的压实方案，施工时使运土机械行驶路线能大体均匀地分布在填土面积上，并达到一定重复行驶遍数，使其满足填土压实质量的要求。

图1-63　平碾　　　　　　图1-64　羊足碾　　　　　　图1-65　气胎碾

（二）夯实法

夯实法是利用夯锤自由下落的冲击力来夯实土壤的，主要用于小面积回填。夯实法分人工夯实和机械夯实两种。夯实机械有夯锤（图1-66）、内燃夯土机（图1-67）和蛙式打夯机（图1-68），人工夯土用的工具有木夯、石夯等。夯锤是借助起重机悬挂的重锤进行夯土的夯实机械，适用夯实砂性土、湿陷性黄土、杂填土以及含有石块的填土。

图1-66　夯锤

图 1-67　内燃夯土机

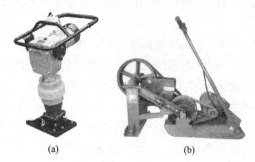

(a)　　　　(b)

图 1-68　蛙式打夯机
(a)立式；(b)平板式

（三）振动压实法

振动压实法是将振动压实机放在土层表面，借助振动机械使压实机械振动，土颗粒在振动力的作用下发生相对位移而达到紧密状态。这种方法用于振实非黏性土效果较好。若使用振动碾进行碾压，可使土受到振动和碾压两种作用，碾压效率高，适用大面积填方工程。

对密实要求不高的大面积填方，在缺乏碾压机械时，可采用推土机、拖拉机或铲运机结合行驶、推(运)土、平土来压实。对已回填松散的特厚土层，可根据回填厚度和设计对密实度的要求采用重锤夯实或强夯等方法来夯实。

三、填土压实要求

（一）密实度要求

填方的密实度要求和质量指标通常以压实系数 λ_c 表示，压实系数为土的控制(实际)干土密度 ρ_d 与最大干土密度 ρ_{dmax} 的比值。最大干土密度 ρ_{dmax} 是当土为最优含水量时，通过标准的击实方法确定的。密实度要求一般由设计方根据工程结构性质、使用要求以及土的性质确定，如未做规定，可参考表 1-9 数值。

表 1-9　压实填土的质量控制

结构类型	填土部位	压实系数	控制含水量/%
砌体承重结构和框架结构	在地基主要受力层范围内	≥0.97	$w_{op}\pm2$
	在地基主要受力范围以下	≥0.95	
排架结构	在地基主要受力层范围内	≥0.96	$w_{op}\pm2$
	在地基主要受力范围以下	≥0.94	

注：1. w_{op} 为最优含水量；
　　2. 地坪垫层以下及基础底面标高以上的压实填土，压实系数不应小于0.94

（二）一般要求

(1)填土应尽量采用同类土填筑，并宜控制土的含水量在最优含水量范围内。边坡不得用透水性较小的土封闭，以利水分排出和基土稳定，并避免在填方内形成水囊和产生滑动现象。

（2）填土应从最低处开始，由下向上分层铺填碾压或夯实。

（3）在地形起伏之处，应做好接槎，修筑1∶2阶梯形边坡，每步台阶可取高50 cm、宽100 cm。分段填筑时每层接缝处应做成大于1∶1.5的斜坡，碾迹重叠0.5～1.0 m，上下层错缝距离不应小于1 m。接缝部位不得在基础、墙角、柱墩等重要部位。

（4）填土应预留一定的下沉高度，以备在行车、堆重或干湿交替等自然因素作用下，土体逐渐沉落密实。预留沉降量根据工程性质、填方高度、填料种类、压实系数和地基情况等因素确定。

四、填土压实质量控制

填土压实质量控制的影响因素较多，主要有压实功、土的含水量以及每层铺土厚度。

（一）压实功的影响

填土压实后的密度与压实机械在其上所施加的功有一定的关系。土的密度与所耗的功的关系如图1-69所示。当土的含水量一定，在开始压实时，土的密度急剧增加，待到接近土的最大密度时，压实功虽然增加许多，而土的密度变化很小。在实际施工中，对于砂土只需碾压或夯击2～3遍，对于粉土只需碾压或夯击3～4遍，对于粉质黏土或黏土只需碾压或夯击5～6遍。此外，松土不宜用重型碾压机械直接滚压，否则土层有强烈起伏现象，效率不高。如果先用轻碾压实，再用重碾压实就会取得较好效果。

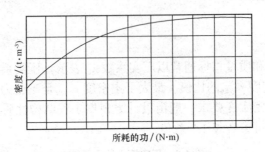

图1-69　土的密度与所耗的功的关系

（二）含水量的影响

在同一压实功条件下，填土土料含水量对压实质量有直接影响，在夯实（碾压）前应预先试验，以得到符合密实度要求条件下的最优含水量和最少夯实（或碾压）遍数。含水量过小，夯压（碾压）不实；含水量过大，则易成橡皮土。当土的含水量适当时，水起润滑作用，土颗粒之间的摩阻力减少，从而容易压实。每种土都有其最优含水量，土在最优含水量的条件下，使用同样的压实功进行压实，所得到的干密度最大，如图1-70所示。各种土的最优含水量和最大干密度可

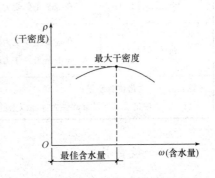

图1-70　土的干密度与含水量的关系

参考表 1-10。在工程项目中，简单检验黏性土最优含水量的方法一般是以"手握成团，落地开花"为宜。为了保证填土在压实过程中处于最优含水量状态，当土过湿时，应予翻松晾干，也可掺入同类干土或吸水性土料；当土过干时，则应预先洒水润湿。

表 1-10 土的最优含水量和最大干密度参考

项次	土的种类	变动范围		项次	土的种类	变动范围	
		最佳含水量/%（质量比）	最大干密度/(g·cm⁻³)			最佳含水量/%（质量比）	最大干密度/(g·cm⁻³)
1	砂土	8～12	1.80～1.88	3	粉质黏土	12～15	1.85～1.95
2	黏土	19～23	1.58～1.70	4	粉土	16～22	1.61～1.80

注：1. 表中土的最大干密度应根据现场实际达到的数字为准；
　　2. 一般性的回填可不做此项测定

(三)铺土厚度和压实遍数的影响

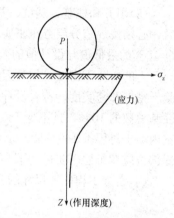

图 1-71 压实作用沿深度变化

土在压实功的作用下，其应力随深度增加而逐渐减小，如图 1-71 所示，其影响深度与压实机械、土的性质和含水量等有关。铺土厚度应小于压实机械压土时的作用深度，但其中还有最优土层厚度问题，铺得过厚，要压很多遍才能达到规定的密实度；铺得过薄，也要增加机械的总压实遍数。最优的铺土厚度应能使土方压实而机械的功耗费最少，可按照表 1-11 选用。

上述三方面因素之间是互相影响的。为了保证压实质量，提高压实机械的生产率，重要工程应根据土质和所选用的压实机械在施工现场进行压实试验，以确定达到规定密实度所需的压实遍数、铺土厚度及最优含水量。

表 1-11 填方每层的铺土厚度和压实遍数

压实机具	每层铺土厚度/mm	每层压实遍数/遍
平碾	200～300	6～8
羊足碾	200～350	8～16
蛙式打夯机	200～250	3～4
推土机	200～300	6～8
拖拉机	200～300	8～16
人工打夯	不大于 200	3～4

注：人工打夯时，土块粒径不应大于 50 mm

特别提示

填土压实的质量对整个工程项目有着至关重要的作用，万丈高楼从地起，只有地基打好了，高楼才会更加稳固。

单元五　土方工程施工质量安全检查验收

一、土方工程施工质量验收要求

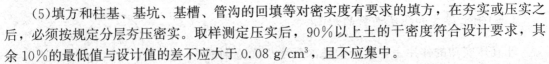

视频：土方工程施工
质量验收要求

（1）柱基、基坑、基槽和管沟基底的土质，必须符合设计要求，并严禁扰动。

（2）填方的基底处理，必须符合设计要求或施工规范规定。

（3）填方、柱基、坑基、基槽、管沟回填的土料必须符合设计要求和施工规范。

（4）填土施工过程中应检查排水措施、每层填筑厚度、含水量控制和压实程度。

（5）填方和柱基、基坑、基槽、管沟的回填等对密实度有要求的填方，在夯实或压实之后，必须按规定分层夯压密实。取样测定压实后，90％以上土的干密度符合设计要求，其余10％的最低值与设计值的差不应大于0.08 g/cm³，且不应集中。

土的实际干密度可用环刀法（或灌砂法）测定，或用小轻便触探仪直接通过锤击数来检验干密度和密实度，符合设计要求后，才能填筑上层。其取样组数：柱基回填取样不少于柱基总数的10％，且不少于5个；基槽、管沟回填每层按长度20～50 m取样一组；基坑和室内填土每层按100～500 m² 取样一组；场地平整填土每层按400～900 m² 取样一组，取样部位应在每层压实后的下半部。用灌砂法取样应为每层压实后的全部深度。

（6）土方工程外形尺寸的允许偏差和检验方法，应符合表1-12的规定。

表1-12　土方开挖工程质量检验标准

项序		项目	允许偏差或允许值/mm					检测方法
			柱基基坑基槽	场地平整		管沟	地（路）面基础层	
				人工	机械			
主控项目	1	标高	−50	±30	±50	−50	−50	水准仪
	2	长度、宽度（由设计中心线向两边量）	+200 −50	+300 −100	+500 −150	+100	—	经纬仪，用钢尺检查
	3	边坡	按设计要求					观察或用坡度尺检查
一般项目	1	表面平整度	20	20	50	20	20	用2 m靠尺和模型塞尺检查
	2	基底土性	按设计要求					观察或土样分析

注：地（路）面基层的偏差只适用于直接在挖、填方上做地（路）面的基层

（7）填方施工结束后，应检查标高、边坡坡度、压实程度等，检验标准应符合表1-13的规定。

表 1-13 填土工程质量检验标准

项序		检查项目	允许偏差或允许值/mm					检查方法
			桩基基坑基槽	场地平整		管沟	地(路)面基础层	
				人工	机械			
主控项目	1	标高	−50	±30	±50	−50	−50	水准仪
	2	分层压实系数	按设计要求					按规定方法
一般项目	1	回填土料	按设计要求					取样检查或直观鉴别
	2	分层厚度及含水量	按设计要求					水准仪及抽样检查
	3	表面平整度	20	20	30	20	20	用靠尺或水准仪

二、土方工程施工安全检查要求

(1)基坑开挖时,两人操作间距应大于 2.5 m,多台机械开挖,挖土机间距应大于 10 m。挖土应由上而下,逐层进行,严禁采选挖空底脚(挖神仙土)的施工方法。

视频:土方工程
施工安全检查

(2)基坑开挖应严格按要求放坡。操作时应随时注意土壁变动情况,如发现有裂纹或部分坍塌现象,应及时进行支撑或放坡,并注意支撑的稳固和土壁的变化。

(3)基坑(槽)挖土深度超过 3 m 以上,使用吊装设备吊土时,起吊后,坑内操作人员应立即离开吊点的垂直下方,起吊设备距坑边一般不得少于 1.5 m,坑内人员应戴安全帽。

(4)用手推车运土,应先铺好道路。卸土回填,不得放手让车自动翻转。用翻斗汽车运土,运输道路的坡度、转弯半径应符合有关安全规定。

(5)深基坑上下应先挖好阶梯或设置靠梯,或开斜坡道,采取防滑措施,禁止踩踏支撑上下。坑四周应设安全栏杆或悬挂危险标志。

(6)基坑(槽)设置的支撑应经常检查是否有松动变形等不安全的迹象,特别是雨后更应加强检查。

(7)基坑(槽)沟边 1 m 以内不得堆土、堆料和停放机具,1 m 以外堆土,其高度不宜超过 1.5 m;坑(槽)、沟与附近建筑物的距离不得小于 1.5 m,危险时必须加固。

特别提示

土方工程施工质量验收必须符合规范要求,深基坑施工,特别应防止土壁坍塌,必须进行深基坑支护,掌握各种支护的特点及适用范围,保证土方工程施工安全。

【实践教学】

请同学们根据项目案例要求,结合实际,利用所学知识,完成本项目案例中土方工程施工方案的制定。

1. 分析项目案例中的土质情况,属于哪种类型的土质?哪种土质能够承载建筑物?采用哪种机械能够更好地开挖基坑?

2. 开挖基坑的过程中,分析不同的土层性质,采用什么支护结构能够支撑基坑土壁?分析案例中的支护结构的特点并分析支撑坍塌的原因。

3. 请思考:在以后的工作中如何将项目案例中发生的问题消灭在萌芽状态?

【建筑大师】

土木工匠始祖鲁班

鲁班,姓公输,名班。又称公输子、公输盘、班输、鲁般。鲁国人(都城山东曲阜,故里山东州），"般"和"班"同音，古时通用，故人们常称他为鲁班。大约生于周敬王十三年（公元前507年），卒于周贞定王二十五年（公元前444年），生活在春秋末期到战国初期，出身于世代工匠的家庭，从小就跟随家里人参加过许多土木建筑工程劳动，逐渐掌握了生产劳动的技能，积累了丰富的实践经验。鲁班是我国古代的一位出色的发明家，2 000多年以来，他的名字和有关他的故事，一直在广大人民群众中流传。我国的土木工匠们都尊称他为祖师。

【榜样引领】

大国工匠周子璐：用热爱书写工匠精神

今天，就让我们走进这位80后巾帼工匠，感受她的技术人生。

中建四局六公司总工程师周子璐，从一名普通技术员到全国建设工程QC小组活动优秀推进者，从中建四局最年轻女性总工程师到全国五一巾帼标兵。周子璐凭借精湛的技术、钻研的精神，在建筑行业摸爬滚打，日夜兼程，十年如一日，默默坚守着她的科技梦想。

将简单做到极致

2005年7月从烟台大学土木工程系毕业之后，成绩优异的周子璐被推荐到中粮集团，一年之后转战中建，成了一名技术员。周子璐参与第一个施工项目的时候，师傅告诉她，所谓技术就是把一张简单的图纸看明白。把图纸"看明白"，在周子璐的理解中，就是把图纸刻进脑子里。"每天早上6点多去到办公室，不停地研究它，了解它，跟设计院不停地碰，不断提问，一直到凌晨两点钟才离开。"她每天看图不下10小时，仅一周左右时间，她就把300多张图纸刻进脑海里，并逐一标记了200多个技术要点，一套8本的《钢筋图集》，她硬是咬牙背了下来。各种规范、图集皆成竹在胸的她，现场解决各种技术难题，犹如"活字典"。到了工地上，工人们有问题，她脱口即可回答，不必再对照着图纸。什么地方该用什么型号的钢筋，电梯井的坡面怎么施工，她都可以随问随答，甚至在设计图纸不明晰的地方，也能立即与业主、设计师沟通并达到优化目的。

短短三年时间，她不仅熟读各种施工规范、方案，指导现场施工，还通过不断总结提炼，独立编写工法和方案。其中，她编写的蜂巢芯空心楼盖施工工法，先后被评为安徽省省级工法和国家二级工法。她也一路由技术员、技术负责人升任分公司技术总工，并被破格评为工程师。

将不可能变成可能

2014年，中建四局承建深圳地铁9号线部分标段。当时比预定时间延迟了3个月动工。偏偏在这个时候，周子璐和她的团队遇到了一个棘手的难题。施工现场正在做基坑支护，采用的是地下连续墙工艺，没想到地下藏着一大块极其难啃的骨头——基岩突起，若采用"死磕"的方法，62天才能做好一面墙。

经过细致研判之后，她决定大胆使用德国的铣槽机。虽然这种铣槽机装的是金刚石钻头，但如果跟130 MPa的硬岩死磕，预计也得10天才能完成一面墙，这仍然无法赶在工期前完工，要提前完成，做一面墙的时间只有3天。

她带领团队，头脑风暴，大胆逆向思维，拒绝跟硬岩"死磕"，直接把硬岩做成支护墙，与基坑支护墙体合二为一，共同形成支护体系。在她的超前引领和指导下，通过技术创新，曾经拖延了3个月，排名倒数第一的项目起死回生，并在随后创下了连续4个月在深圳9号线各标段月度综合评比中勇夺第一名、主体提前46天封顶的奇迹。

将生命融入使命

除了参与一个又一个充满挑战的项目外，身为工程师的周子璐还有一次非同寻常的难忘经历。2015年12月，深圳发生山体滑坡事件，多间工厂和许多工人被掩埋。周子璐临危受命，代表中建四局赶赴滑坡现场参与救援。

"我们四局被安排在滑坡的制高点上，到现场看了之后，我们认为还有二次滑坡的风险，因为从坡顶上看下去，还有几十万方土堆积坡顶，并且正在开裂，每天观测都发现裂缝在变大，而下面全是救援人员，万一这些松土再次奔泻而下，后果不堪设想。我们的任务就是绝对保障下面救援人员的安全，要是再滑坡，一个也逃不掉。"

周子璐顿时觉得压力巨大，除了第一步启动实时监控之外，她和团队立即采取第二步，对已滑坡的位置进行放缓坡度的处置——采用高边坡分级开挖的施工方式。

"当时山体里的裂隙水、山坡上的水都在向下倾泻，我们就果断截流。"周子璐回忆说，"当时一直在山上守着，熬了几个通宵。"她顶着暴风雨日夜坚守在滑坡的制高点指导施工，历经五天六夜成功解除滑坡源头两次滑坡危险。

"尽我所能，不负初心，做好每个细节。"在周子璐看来，中建人的工匠精神有三重含义：他们精益求精，将简单做到极致；他们矢志不渝，将不可能变为可能；他们匠者仁心，在危难当头，毫不犹豫将个体生命融入大爱使命。

复习思考题

一、选择题

1. 在土方填筑时，常以土的（　　）作为土的夯实标准。

    A. 可松性　　　　　B. 天然密度　　　　　C. 干密度　　　　　D. 含水量

2. 将土分为松软土、普通土、坚土、砂砾坚土、软石等的根据是（　　）。

    A. 颗粒级配　　　　B. 塑性指数　　　　　C. 抗剪强度　　　　D. 开挖难易程度

3. 土的含水量是指土中的（　　）。

    A. 水与湿土的质量之比的百分数　　　B. 水与干土的质量之比的百分数

    C. 水质量与孔隙体积之比的百分数　　D. 水与干土的体积之比的百分数

4. 土方边坡坡度以（　　）来表示。

    A. 其挖方深度 H 与边坡底宽 B 之比　　B. 其边坡底宽 B 与挖方深度 H 之比

    C. 以深度 H 与宽度 B 之比　　　　　　D. 以宽度 B 与深度 H 之比

5. 施工高度是指（　　）。

    A. 角点自然标高与设计标高之差　　　B. 角点设计标高与自然标高之差

    C. 角点标高与设计标高之差　　　　　D. 角点设计标高与初步设计标高之差

6. 填方出现沉陷现象的原因有（　　）。

    A. 填方基底上的草皮、淤泥、杂物和积水未经清除便填土

    B. 槽边松土落入基坑，夯填前未认真进行处理

    C. 回填土料中夹有大量干土块

    D. 土质松软，开挖次序、方法不当

    E. 采用含水量大的黏性土、淤泥质土、碎块草皮作为土料

7. 基坑开挖，多台机械开挖时，挖土机间距应( )m。

    A. >2.5   B. >5   C. >7.5   D. >10

8. 土的实际干密度可用( )测定。

    A. 灌砂法   B. 夯实法   C. 碾压法   D. 钎探法

9. 基坑(槽)沟边( )m 以内不得堆土、堆料和停放机具。

    A. 0.8   B. 1   C. 1.5   D. 1.8

10. 一般项目填方工程质量检验标准包括( )。

    A. 标高   B. 分层压实系数   C. 回填土料   D. 分层厚度及含水量

    E. 表面平整度

二、判断题

1. 铲运机的施工特点是可独立完成铲土、运土、卸土。( )

2. 正铲的挖土特点是"前进向上"，而反铲的挖土特点是"后退向下"。( )

3. 在填土压实施工中，适用填料为爆破石碴、碎石类土、杂填土等非黏性土回填压实的方法是羊足碾碾压。( )

4. 土方回填时，透水性大的土层应在透水性小的土层之上。( )

5. 土方施工中的地面水的排除通常采用排水沟，排水沟内的纵向坡度根据地形确定。( )

6. 深基坑开挖的原则是"分层开挖，先撑后挖"。( )

7. 集水井深度是随着挖土的加深而加深的，但始终要保证低于挖土面 0.8～1.0 m。( )

8. 当基坑宽度小于 6 m，水位降低值不大于 5 m 时，可采用双排井点。( )

三、简答题

1. 简述土的基本物理性质对土方施工的影响。

2. 简述基坑及基槽土方量的计算方法。

3. 简述场地平整土方量计算的步骤和方法。

4. 土方调配应遵循哪些原则？调配区如何划分？

5. 简述土方边坡的表示方法及影响边坡的因素。

6. 常用的深基坑支护有哪些？各适用什么样的地质情况？

7. 简述土层锚杆支护结构的施工工艺。

8. 分析流砂形成的原因以及防治流砂的途径和方法。

9. 简述人工降低地下水水位的方法及适用范围。

10. 如何进行轻型井点系统的平面布置与高程布置？

11. 常用的土方机械有哪些？试述其工作特点、适用范围。

12. 正铲、反铲挖土机开挖方式有哪几种？如何选择？

13. 填土压实有哪几种方法？有什么特点？影响填土压实的主要因素有哪些？怎样检查填土压实的质量？

14. 深基坑土方开挖的方法有哪些？

15. 简述土方工程常见的质量事故及处理方法。

16. 试述土方工程质量标准与安全技术。

模块二 地基与基础工程施工

知识目标

1. 了解地基处理常用的方法；
2. 了解地基局部处理的施工工艺；
3. 掌握预制桩施工的制作、起吊、运输、堆放；
4. 掌握预制桩沉桩的方法；
5. 掌握灌注桩施工工艺；
6. 掌握软土地基处理的质量要求、检查、质量事故的处理；
7. 掌握预制桩施工的质量要求、检查、质量事故的处理；
8. 掌握灌注桩施工的质量要求、检查、质量事故的处理。

能力目标

1. 能制定地基处理的施工方案；
2. 能制定预制桩沉桩的施工方案；
3. 能制定灌注桩的施工方案；
4. 能分析桩基础工程常见的质量事故原因，提出防止和处理措施。

建筑规范

《建筑地基基础工程施工规范》(GB 51004—2015)
《建筑地基基础工程施工质量验收标准》(GB 50202—2018)

案例引入

某拟建工程项目，地上 6 层，砂石地基，砖混结构，建筑面积为 24 000 m²。砂石地基施工过程中，施工单位采用细砂(掺入 30%的碎石)进行铺填。监理工程师检查发现其分层铺设厚度和分段施工的上下层搭接长度不符合要求，令其整改。

某工程项目基础为预制混凝土桩基础和筏形基础，上部结构为现浇混凝土框架结构，地下 2 层，地上 15 层，基础埋深 8.4 m，地下水水位−2.6 m，现场地坪标高−0.8 m。在施工过程中，基坑按施工方案直接开挖到设计标高后，发现有部分软弱下卧层，于是施工单位针对此问题制定了处理方案并进行了处理。

案例分析

该案例中涉及软弱地基的处理，了解软弱地基的处理方式、预制混凝土桩的施工及常见施工质量问题。

1. 砂石地基采用的原材料是否正确？砂石地基还可以采用哪些原材料？砂石地基施工过程中还应检查哪些内容？
2. 施工单位针对部分软弱地基应如何处理？
3. 预制混凝土桩的施工工艺有哪些？每一种施工工艺的适应范围有哪些？
4. 桩基础施工过程中的质量问题及处理方式有哪些？

所需知识

单元一　地基处理与加固

地基处理就是为提高地基强度，改善其变形性能或渗透性能而采取的技术措施。处理后的地基应满足建筑物地基承载力、变形和稳定性的要求。地基处理的主要对象是软弱地基和特殊土地基。软弱地基是指主要由淤泥、淤泥质土、冲填土、杂填土或其他高压缩性土层构成的地基。特殊土地基大部分带有地区特点，包括软土、湿陷性黄土、膨胀土、红黏土和冻土。常见的地基处理方式有换填地基、预压地基、夯实地基、复合地基等。

一、换填地基

换填地基是指挖除基础底面下一定范围内的软弱土层或不均匀土层，回填其他性能稳定、无侵蚀性、强度较高的材料，并夯压密实形成垫层的地基处理方法。换填地基适用浅层软弱土层或不均匀土层的地基处理。换填地基按其回填的材料不同可分为灰土地基、砂和砂石地基、粉煤灰地基等。换填垫层的厚度应根据置换软弱土的深度以及下卧土层的承载力确定，厚度宜为 0.5～3.0 m。

(一)灰土地基

灰土的土料采用粉质黏土，不宜使用块状黏土和砂质粉土，不得含有松软杂质，并应过筛，其颗粒不得大于 15 mm(图 2-1)。石灰采用新鲜的消石灰，其颗粒不得大于 5 mm。灰土体积配合比宜为 2∶8 或 3∶7。灰土分层(200～300 mm)回填夯实或压实。

(二)砂和砂石地基

砂和砂石地基宜选用碎石、卵石、角砾、圆砾、砾砂、粗砂、中砂或石屑，应级配良好，不含植物根茎、垃圾等杂质(图 2-2)。当使用粉细砂或石粉时，应掺入 25%～35% 的碎石或卵石，砂石的最大粒径不宜大于 50 mm。砂和砂石地基采用砂或砂砾石(碎石)混合物，经分层夯(压)实。

图 2-1　灰土地基

图 2-2　砂和砂石地基

（三）粉煤灰地基

粉煤灰地基最上层宜覆盖土 300～500 mm（图 2-3）。粉煤灰垫层中的金属构件、管网宜采取适当防腐措施。大量填筑粉煤灰时应考虑对地下水和土壤的环境影响。粉煤灰地基可用于道路、堆场和小型建筑、构筑物等的换填垫层。

图 2-3　粉煤灰地基

二、预压地基

预压地基是处理软弱黏性土地基的一种行之有效的方法。该方法是在建筑物施工前，在地基表面分级堆土或其他荷重，使地基土压密、沉降、固结，从而提高地基强度和减少建筑物建成后的沉降量。待达到预定标准后再卸载终止预压，之后建造建筑物。该法具有使用材料、机具方法简单直接，施工操作方便的优点，但堆载预压需要一定的时间，对深厚的饱和软土，排水固结所需的时间很长，同时需要大量堆载材料。该方法适用各类软弱地基，包括天然沉积土层或人工冲填土层，较广泛用于冷藏库、油罐、机场跑道、集装箱码头、桥台等沉降要求较低的地基。实践证明，利用堆载预压法能取得一定的效果，但能否满足工程要求的实际效果，则取决于地基土层的固结特性、土层的厚度、预压荷载的大小和预压时间的长短等因素。因此，该法在使用上受到一定的限制。

三、夯实地基

夯实地基分为强夯处理地基和强夯置换处理地基。

(1)强夯法是利用起重设备将重锤(一般为 8～40 t)提升到较大高度(一般 10～40 m)后,自由落下,将产生的巨大冲击能量和振动能量作用于地基,从而在一定范围内提高地基的强度和降级压缩性,是改善地基抵抗振动液化的能力、消除湿陷性黄土的湿陷性的一种有效的地基加固方法。强夯处理地基适用碎石土、砂土、低饱和度的粉土与黏性土、湿陷性黄土、素填土和杂填土等地基。它具有效果好、速度快、节省材料、施工简便,但施工时噪声和振动大等特点。

(2)强夯置换(或动力置换、强夯挤淤)是指在夯坑内回填块、碎石,将其强行夯入并排开软土,形成砂石桩与软土的复合地基(图 2-4、图 2-5)。强夯置换适用高饱和度的粉土与软塑、流塑的黏性土等地基上变形要求不严格的工程。

图 2-4　强夯置换施工

图 2-5　碎石被夯入深坑

强夯置换处理地基必须通过现场试验确定其适用性和处理效果。强夯和强夯置换施工前,应在施工现场有代表性的场地上选取一个或几个试验区,进行试夯或试验性施工。每个试验区面积不宜小于 20 m×20 m。

强夯处理地基夯锤质量宜为 10～60 t,其底面形式宜为圆形,锤底面面积宜按土的性质确定,锤底静接地压力值宜为 25～80 kPa,单击夯击能高时取高值,单击夯击能低时取低值,对于细颗粒土宜取较低值(图 2-6)。锤的底面宜对称设置若干个上下贯通的排气孔,孔径宜为 300～400 mm。

强夯置换夯锤底面形式宜采用圆形,夯锤底静接地压力值宜大于 80 kPa。

当场地表土软弱或地下水水位较高时,宜进行人工

图 2-6　强夯地基

降水或铺填一定厚度的砂石材料，使地下水水位低于坑底面以下 2 m。

施工前应查明影响范围内地下构筑物和地下管线的位置，并采取必要措施予以保护。

夯实地基施工结束后，应根据地基土的性质和采用的施工工艺，待土层休止期结束后，进行基础施工。

四、复合地基

复合地基是部分土体被增强或被置换，形成的由地基土和增强体共同承担荷载的人工地基。其按照增强体的不同可分为水泥粉煤灰碎石桩复合地基、灰土挤密桩复合地基、振冲碎石桩和沉管砂石桩复合地基、夯实水泥土桩复合地基、水泥土搅拌桩复合地基、旋喷桩复合地基、桩锤扩充桩复合地基和多桩型复合地基等。复合地基处理要求如下。

1. 水泥粉煤灰碎石桩复合地基

水泥粉煤灰碎石桩，简称 CFG 桩，是在碎石桩的基础上掺入适量石屑、粉煤灰和少量水泥，加水拌和后制成的具有一定强度的桩体。CFG 桩适用处理黏性土、粉土、砂土和自重固结完成的素填土地基，根据现场条件可选用下列施工工艺：

(1)长螺旋钻孔灌注成桩：适用地下水水位以上的黏性土、粉土、素填土、中等密实以上的砂土地基；

(2)长螺旋钻中心压灌成桩：适用黏性土、粉土、砂土和素填土地基；

(3)振动沉管灌注成桩：适用粉土、砂土和素填土地基；

(4)泥浆护壁成孔灌注成桩：适用地下水水位以上的黏性土、粉土、砂土、填土、碎石土及风化岩等地基。

CFG 桩施工现场及 CFG 桩破桩头施工现场分别如图 2-7 和图 2-8 所示。

图 2-7　CFG 桩施工现场　　　　图 2-8　CFG 桩破桩头施工现场

2. 灰土挤密桩复合地基

灰土挤密桩复合地基适用处理地下水水位以上的粉土、黏性土、素填土、杂填土和湿陷性黄土等地基，可处理地基的厚度宜为 3～15 m。当以消除土层的湿陷性为目的时，可选用土挤密桩法；以提高地基承载力或增强水稳性为目的时，宜选用灰土挤密桩法。当地基土的含水量大于 24%、饱和度大于 65% 时，应通过现场试验确定其适用性。灰土挤密桩复合地基施工现场如图 2-9 所示。

图 2-9　灰土挤密桩复合地基施工现场

3. 振冲碎石桩和沉管砂石桩复合地基

振冲碎石桩和沉管砂石桩处理地基，适用挤密松散砂土、粉土、粉质黏土、素填土和杂填土等地基，以及用于可液化地基。饱和黏性土地基，如对变形控制不严格，可采用砂石桩做置换处理。

振冲桩桩体材料可采用含泥量不大于 5% 的碎石、卵石、矿渣和其他性能稳定的硬质材料，不宜采用风化易碎的石料。

振冲碎石桩施工工艺如图 2-10 所示。

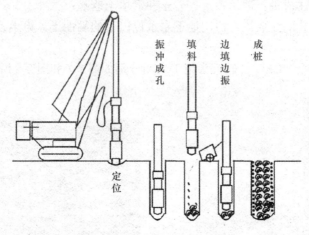

图 2-10　振冲碎石桩施工工艺

4. 夯实水泥土桩复合地基

夯实水泥土桩复合地基适用处理地下水水位以上的粉土、黏性土、素填土和杂填土等地基。土料有机质含量不应大于 5%，不得含有冻土和膨胀土。宜选用机械成孔，处理地基深度不宜大于 15 m，当采用洛阳铲人工成孔时，深度不宜大于 6 m。

五、地基局部处理

1. 松土坑的处理

如图 2-11(a) 所示，当坑的范围较小时，可将松土坑中的软虚土挖除，直到坑底及四周均见天然土为止，然后采用与坑边的天然土层压缩性相近的土料回填。例如，当天然土为砂土时，用砂或级配砂石回填，回填时应分层夯实，或用平板振动器振实，每层厚度不大于200 mm。如天然土为较密实的黏性土，则用3∶7灰土分层夯实；如为中密的可塑的黏性土或新近沉积黏性土，则可用1∶9或2∶8灰土分层夯实。

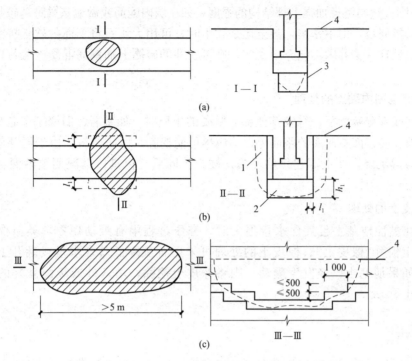

图 2-11　松土坑的处理

(a)坑范围较小；(b)坑范围较大；(c)坑在槽内所占范围较大(长度>5 m)

1—软弱土；2—2∶8灰土；3—松土全部挖除然后填以好土；4—天然地面

如图 2-11(b)所示，当坑的范围较大或因其他条件限制基槽不能开挖太宽，槽壁挖不到天然土层时，应将该范围内的基槽适当加宽，加宽的宽度按下述条件决定：当砂土或砂石回填时，基槽每边均按1∶1坡度放宽；当用1∶9或2∶8灰土回填时，按宽∶高＝0.5∶1坡度放宽；当用3∶7灰土回填时，如坑的长度不大(长度≤2 m，且为具有较大刚度的条形基坑)，基槽可不放宽，但需将灰土与松土壁接触处紧密夯实。

如图 2-11(c)所示，如坑在槽内所占的范围较大(长度在5 m以上)，且坑底土质与一般槽底土质相同，也可将地基落深，做1∶2踏步与两端相接，踏步多少应根据坑深而定，但每步高不大于0.5 m，长不小于1.0 m。

在独立基础下，如松土坑的深度较浅，可将松土坑内松土全部挖除，将柱基落深；如松土坑较深，可将一定范围内的松土挖除，然后用与坑边的天然土压缩性相近的土料回填。至于换土的具体深度，则应视柱基荷载和松土密实度而定。

以上几种情况，如遇到地下水水位较高，或坑内积水无法夯实时，也可用砂石或混凝土代替灰土。寒冷地区冬期施工时，槽底换土不能使用冻土。

对于较深的松土坑(如坑深大于槽宽或大于1.5 m)，槽底处理后，还应当考虑是否需要加强上部结构的强度，以抵抗由于可能发生的不均匀沉降而引起的内力。具体需要根据设计要求进行施工。

2. 砖井或土井的处理

如砖井在基槽中间，井内填土已经较密实，则应将井的砖圈拆除至槽底以下 1 m(或更多一些)，在此拆除范围内用 2：8 灰土或 3：7 灰土分层夯实至槽底，当井的直径大于 1.5 m 时，则应适当考虑加强上部结构的强度，如在墙内配筋或做地基梁跨越砖井。

当井已经回填，但不密实，甚至还是软土时，可用大块石将下面的软土挤密，再用上述方法回填处理。若井内不能夯填密实，则可在井的砖圈上加钢筋混凝土盖封口，上部再回填处理。

3. 局部范围内硬土的处理

当柱基或部分基槽下，有较其他部分坚硬的土质时，如基岩、旧墙基、老灰土、化粪池、大树根、砖窑底、压实的路面等，均应尽可能挖除，以防建筑物由于局部落于较硬物上造成不均匀沉降，使上部建筑物开裂。硬土挖除后，视具体情况回填砂混合物或落深基础。

4. 橡皮土的处理

当遇到黏性地基土且其含水量很大时，夯压过程中有颤动现象，类似橡皮无法夯实，这种土俗称"橡皮土"。橡皮土的处理可采用石灰降低其含水量或翻开土晾晒，然后夯实。如果地基土已经发生颤动，则将橡皮土挖除，填入砂或级配良好的砂石或良好的黏性土。

特别提示

地基处理的目的是加强地基的强度、稳定性，减少不均匀沉降等。随着我国地基处理设计水平的提高、施工工艺的不断改进和施工设备的更新，各种不良地基经过地基处理后，一般均能满足建造大型、重型或高层建筑的需求。通过对地基处理的学习，学生应能够选择适当的地基处理方法从而使地基满足工程的需求。

单元二　预制桩施工

桩基础是高层建筑、工业厂房和软弱地基上的多层建筑常用的一种基础形式。桩基础是由桩身和承台两部分组成的一种深基础。当天然地基上的浅基础沉降量过大或地基的承载力不满足设计要求时，为保证建筑物的安全常采用桩基础。

桩按传力和作用性质不同，分为端承桩和摩擦桩两类(图 2-12)。端承桩是指穿过软土层并将建筑物的荷载直接传给桩端的坚硬土层的桩。摩擦桩是指沉入软土层一定深度，将建筑物的荷载传到四周的土中和桩端下的土中，主要是靠桩身侧面与土之间的摩擦力承受上部结构荷载的桩。

桩按施工方法不同分为预制桩和灌注桩两类。预制桩是在工厂或施工现场制作成桩，然后用沉桩设备将桩沉入土中。预制桩按沉桩的方法不同分为锤击沉桩、振动沉桩、静力压桩、水冲沉桩等。灌注桩是在桩位上直接成孔，然后在孔内安放钢筋笼，再浇筑混凝土成桩。按成孔方法的不同，灌注桩可分为钻孔灌注桩、套管成孔灌注桩、人工挖孔桩及爆扩桩等。

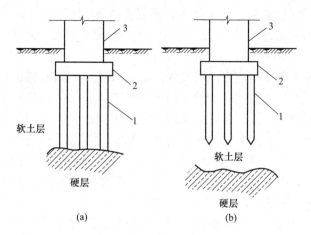

图 2-12　端承桩与摩擦桩

(a)端承桩；(b)摩擦桩

1—桩；2—承台；3—上部结构

一、预制桩施工的准备工作

视频：预制桩
施工的准备工作

预制桩包括钢筋混凝土方桩、管桩、钢管桩和锥形桩，其中以钢筋混凝土方桩和钢管桩应用较多。其沉桩方法有锤击沉桩、振动沉桩和静力沉桩等，其中又以锤击沉桩应用较为普遍。本处以钢筋混凝土桩为例介绍钢筋混凝土预制桩的制作、起吊、运输和堆放。

1. 桩的制作

常用的桩有混凝土实心方桩[图 2-13(a)]和预应力混凝土空心管桩[图 2-13(b)]。混凝土方桩的截面边长多为 250～550 mm，单根桩或多节桩的单节长度，应根据桩架高度、制作场地、运输和装卸能力而定。多节桩如用电焊或法兰接桩，节点的竖向位置还应避开土层中的硬夹层。如在工厂制作，长度不宜超过 12 m；如在现场预制，长度不宜超过 30 m。桩的接头不宜超过两个。混凝土强度等级不宜低于 C30(静压法沉桩时不宜低于 C20)。桩身配筋与沉桩方法有关。锤击沉桩的纵向钢筋配筋率不宜小于 0.8%，压入桩不宜小于 0.4%，桩的纵向钢筋直径不宜小于 14 mm，桩身宽度或直径大于或等于 350 mm 时，纵向钢筋不应少于 8 根。桩顶一定范围内的箍筋应加密，并设置钢筋网片。

图 2-13　预制桩的制作

(a)实心方桩；(b)空心管桩

混凝土管桩是用离心法在工厂生产的,通常都施加预应力,直径多为 400~600 mm,壁厚 80~100 mm,每节长度 8~10 m,用法兰连接,桩的接头不宜超过 4 个,下节桩底端可设桩尖,也可以是开口的。

混凝土预制方桩多数是在打桩现场或附近就地预制,较短的桩也可在预制厂生产,预应力管桩则均在工厂生产。预制场地的地面要平整、夯实,并防止浸水沉陷。对于两个吊点以上的桩,现场预制时,要根据打桩顺序来确定桩尖的朝向,因为桩吊升就位时,桩架上的滑轮组有左右之分,若桩尖的朝向不恰当,则临时调头是很困难的。预制桩叠浇预制时,桩与桩之间要做隔离层(可涂皂脚、废机油或黏土石灰膏),以保证起吊时不互相粘结。叠浇层数,应由地面允许荷载和施工要求而定,一般不超过 4 层,上层桩必须在下层桩的混凝土达到设计强度等级的 30% 以后,方可进行浇筑。

预制桩的混凝土浇筑,应由桩顶向桩尖连续进行,严禁中断。桩顶和桩尖处不得有蜂窝、麻面、裂缝和掉角,桩的制作偏差应符合规范的规定。钢筋混凝土预制桩的钢筋骨架的主筋连接宜采用对焊。主筋接头配置在同一截内的数量,当采用闪光对焊和电弧焊时,不得超过 50%;同一根钢筋两个接头的距离应大于 $30d$(d 为钢筋直径),且不小于500 mm。预制桩的混凝土浇筑工作应由桩顶向桩尖连续浇筑,严禁中断,制作完成后,应洒水养护不少于 7d。

预制桩制作质量还应符合下列规定:

(1)桩的表面应平整、密实,掉角深度小于 10 mm,且局部蜂窝和掉角的缺损总面积不得超过该桩表面全部面积的 0.5%,同时不得过分集中。

(2)由于混凝土收缩产生的裂缝,深度小于 20 mm,宽度小于 0.25 mm;横向裂缝长度不得超过边长的一半。

特别提示

预制桩的浇筑混凝土的顺序对预制桩的质量影响较大,应该严格按照要求制作。

2. 桩的起吊、运输和堆放

当桩的混凝土强度达到设计强度的 70% 方可起吊;达到 100% 方可运输和打桩。如提前起吊,必须采取措施并经验算合格方可进行。

桩在起吊和搬运时,必须平稳,并且不得损坏。吊点应符合设计要求,一般吊点的设置如图 2-14 所示。

打桩前,桩从制作处运到现场以备打桩,并应根据打桩顺序随打随运以避免二次搬运。桩的运输方式,在运距不大时,可用起重机吊运;当运距较大时,可采用轻便轨道小平台车运输。

堆放桩的地面必须平整、坚实,垫木间距应与吊点位置相同,各层垫木应位于同一垂直线上,堆放层数不宜超过 4 层。不同规格的桩,应分别堆放(图 2-15)。

预应力管桩在运输过程中应满足两点起吊法的要求,并垫以楔形垫木防止滚动,严禁层间垫木出现错位。

特别提示

预制桩起吊的吊点要严格按照计算要求确定。运输过程中要保证桩受力均匀。

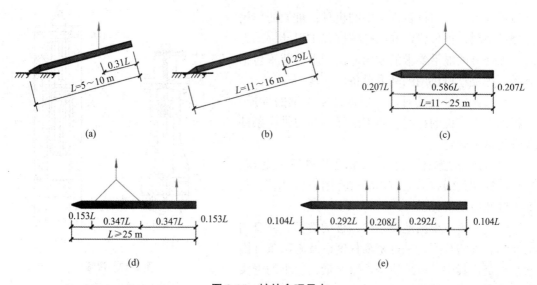

图 2-14　桩的合理吊点

(a)一点吊法 1；(b)一点吊法 2；(c)二点吊法；(d)三点吊法；(e)四点吊法

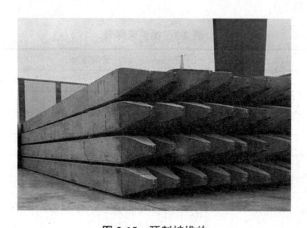

图 2-15　预制桩堆放

视频：锤击沉桩

二、预制桩的施工方法

(一)锤击沉桩

锤击沉桩就是利用各种桩锤(包括落锤、蒸汽锤、柴油锤、液压锤和振动锤等)的反复跳动冲击力和桩体的自重，克服桩身的侧壁摩阻力和桩端土层的阻力，将桩体沉到设计标高的一种施工方法。在多种桩锤中，筒式柴油锤是使用最为广泛的一种，它以轻质柴油为燃料，利用冲击部分的冲击力和燃烧压力，引起锤头跳动夯击桩顶(图 2-16)。

1. 打桩机具

打桩机具主要包括桩锤、桩架和动力装置三个部分。桩锤是对

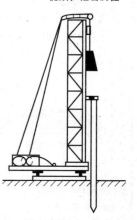

图 2-16　锤击沉桩施工

桩施加冲击力，将桩打入土中的机具；桩架的作用是将桩吊到打桩位置，并在打桩过程中引导桩的方向，保证桩锤能沿要求的方向冲击；动力装置包括驱动桩锤及卷扬机用的动力设备。

在选择打桩机具时，应根据地基土壤的性质、工程的大小、桩的种类、施工期限、动力供应条件和现场情况确定。

（1）桩锤的选择。施工中常见的桩锤有落锤、单动汽锤[图 2-17(a)]、双动汽锤[图 2-17(b)]、柴油汽锤和振动桩锤。

选择桩锤应根据地质条件、桩的类型、桩身结构强度、桩的长度、桩群密集程度以及施工条件因素来确定，其中尤以地质条件影响最大。土的密实程度不同所需桩锤的冲击能量可能相差很大。实践证明：当桩锤质量大于桩质量的 1.5 倍～2 倍时，能取得较好的效果(表 2-1)。

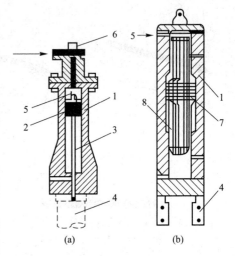

图 2-17 汽锤

(a)单动汽锤；(b)双动汽锤

1—汽缸；2—活塞；3—活塞杆；4—桩；5—活塞上部；6—换向阀门；7—锤的垫座；8—冲击部分

表 2-1 锤重选择表

锤型		柴油锤/t					
		20	25	35	45	60	72
锤的动力性能	冲击部分质量/t	2.0	2.5	3.5	4.5	6.0	7.2
	总质量/t	4.5	6.5	7.2	9.6	15.0	18.0
	冲击力/kN	2 000	2 000～2 500	2 500～4 000	4 000～5 000	5 000～7 000	7 000～10 000
	常用冲程/m	1.8～2.3					
桩的边长或直径	预制方桩、预应力管桩的边长或直径/cm	25～35	35～40	40～45	45～50	50～55	55～60
	钢管桩直径/cm	40			60	90	90～100
持力层	黏性土、粉土 一般进入深度/m	1～2	1.5～2.5	2～3	2.5～3.5	3～4	3～5
	黏性土、粉土 静力触探比贯入阻力 P_s 平均值/MPa	3	4	5	>5	>5	>5
	砂土 一般进入深度/m	0.5～1	0.5～1.5	1～2	1.5～2.5	2～3	2.5～3.5
	砂土 标准贯入击数 N (未修正)	15～25	20～30	30～40	40～45	45～50	50
锤的常用控制贯入度/(cm·10 击$^{-1}$)			2～3		3～5	4～8	
设计单桩极限承载力/kN		400～1 200	800～1 600	2 500～4 000	3 000～5 000	5 000～7 000	7 000～10 000

（2）桩架的选择。目前，国内以履带式打桩架（图2-18）为主，它是以起重机为主机的一种多功能打桩机，可悬挂筒式柴油锤、液压锤、振动锤及长螺旋钻孔机，以分别施打各种类型的桩基及钻孔等。桩架的选择应考虑桩锤的类型、桩的长度和施工现场的条件等因素。

桩架高度＝桩长＋桩锤高度＋滑轮组高＋起锤移位高度＋安全工作间隙

（3）动力装置的选择。打桩机械的动力装置是根据所选桩锤而定的。当采用空气锤时，应配备空气压缩机；当选用蒸汽锤时，则要配备蒸汽锅炉和绞盘。

2. 打桩前的准备工作

打桩前应处理地上、地下障碍物，对场地进行平整压实，放出桩基线并定出桩位，并在不受打桩影响的适当位置设置水准点，以便控制桩的入土标高；接通现场的水、电管线，准备好施工机具；做好对桩的质量检验。

正式打桩前，还应进行打桩试验，以便检验设备和工艺是否符合要求。按照规范的规定，试桩不得少于2根。

3. 打桩顺序

打桩顺序是否合理，直接影响打桩进度和施工质

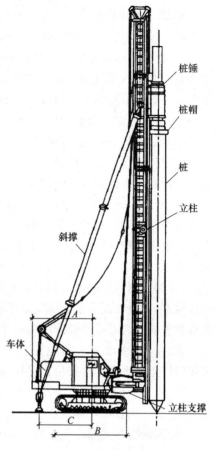

图 2-18　履带式桩架

量。在确定打桩顺序时，应考虑桩对土体的挤压位移对施工本身及附近建筑物的影响。一般情况下，桩的中心距小于4倍桩的直径时，就要拟订打桩顺序，桩距大于4倍桩的直径时打桩顺序与土壤挤压情况关系不大。打桩顺序一般分为逐排打桩、自中间向两侧打桩[图2-19（a）]、自中部向四周打桩[图2-19（b）]等。逐排打桩，桩架单向移动，桩的就位与起吊均很方便，故打桩效率较高。但它会使土壤向一个方向挤压，导致土壤挤压不均匀，后面桩的打入深度将因而逐渐减小，最终会引起建筑物的不均匀沉降。自边缘向中央打桩，则中间部分土壤挤压较密实，不仅使桩难以打入，而且在打中间桩时，还有可能使外侧各桩被挤压而浮起，因此上述两种打法均适用桩距较大(≥4倍直径)即桩不太密集时施工。自中央向边缘打桩、分段打桩是比较合理的施工方法，一般情况下均可采用。

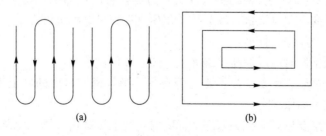

图 2-19　打桩顺序

(a)自中间向两侧打桩；(b)自中部向四周打桩

4. 施工及操作要点

打桩过程包括桩架移动和定位、吊桩和定桩、打桩、截桩和接桩等。其操作要点如下：

(1)打桩场地首先要求平整，其次场地要有一定的承载力，能够承受打桩机的压力。通常达到 0.2 MPa 以上即可满足要求。当原地基的承载能力低于 0.3 MPa 时，应先进行地基加固。一般可采用填土、铺砂石、钢道板、枕木等施工措施，也可同时采用其中多种方法。

(2)预制桩强度与龄期均达到要求后，方可锤击。

(3)沉桩前，要先进行桩位探摸，确定桩位下无障碍物时方可插桩。

(4)在市区施工或周围建筑物及管线较复杂时，应先采取一定的环保措施，确保周围环境不受影响。如控制打桩时间及打桩速率、钻打结合、开挖防震沟、打应力消散孔等。

(5)合理安排沉桩流水，避免向单一方向推进。当桩距小于 3.5 倍桩径(桩宽)时，打桩顺序应符合规定：对于密集桩群，自中间向两个方向或向四周对称施打；当一侧毗邻建筑物时，由建筑物一侧向另一侧施打；应严格遵守"先密后稀、先深后浅、先长后短"三原则施打。

(6)如为钢筋混凝土预制桩，当其经过起吊运输，达到打桩位置时，对桩的外观要进行一次检查(一般在混凝土表面浇水后，裂缝暴露较明显)。如裂缝不大，可用角铁局部加固，如有贯通横向裂缝或较长的纵向裂缝，则应将该桩剔除不用。

(7)在开始锤击时，落距宜小些，或采用"冷锤"。当入土一定深度，并待桩稳定且经纬仪双向校正其垂直度合格后，再按正常的落距沉桩。在沉桩过程中，注意桩身是否发生位移或倾斜，若有不正常，应及时纠正，并同时做好沉桩记录。

(8)如打钢管桩，焊接宜采用多层焊，且每层焊缝的接头应错开，焊渣应清除。

(9)钢管桩焊接时，气温低于 0 ℃或雨雪天，无可靠措施确保焊接质量时，不得焊接。

(10)如打钢筋混凝土预制桩，则焊接用的角钢宜用低碳钢，焊条宜用 E43。

(11)接桩时，上下桩的中心线偏差不得大于 5 mm，节点弯曲矢高不得大于桩长的0.5%，且不大于 20 mm。

(12)预制桩焊接时，预埋件应保持清洁，上下节桩之间若有间隙应用楔形铁片填实焊牢。

(13)预制桩焊接时，宜采用对角同时焊接。焊缝要求连续饱满，符合技术规范要求。

(14)焊接完毕后，应会同有关工程各方检查焊缝质量。经检验合格后继续沉桩。

(15)送桩帽内的缓冲弹性衬垫应平整，且应经常更换，以免打坏桩头。

(16)送桩时，记录员应根据设计桩顶高程及水准仪的高度，计算出送桩深度，并经复核无误后，在送桩器上做出深度标记，将桩送至设计标高。

(17)打桩过程中如发现打桩的贯入度突然过小，有严重回弹、发生倾斜或位移时，应立即停锤，并及时向有关方汇报，经有关单位研究后方可继续沉桩。

(18)桩基施工中的停打标准：

1)桩尖位于软土层时，以标高控制为主，贯入度仅做参考。

2)当桩尖位于坚硬、硬塑的黏性土、碎石土、中等密实以上的砂土等土层时，以贯入度控制为主，桩端标高做参考。

3)贯入度已满足要求，而桩尖未到达标高时，应继续锤击 3 阵，每阵为 10 击，平均贯入度不大于设计规定的数量，必要时施工控制贯入度应通过试验与有关单位会商确定。

4)当地基土质变化较复杂时，有时还可以"桩的总锤击数控制"法和"最后 5 m 锤击数控制"法作为判定桩是否停打的辅助标准，以避免桩身锤击数过多和锤击应力过大而产生疲劳破损现象。

特别提示

桩锤的选择应根据地质条件、桩的类型、桩身结构强度、桩的长度、桩群密集程度以及施工条件因素来确定。打桩顺序是否合理，直接影响打桩进度和施工质量。

5. 打桩过程中常遇到的问题

由于桩要穿过构造复杂的土层，所以在打桩过程中要随时注意观察，凡发生贯入度突变、桩身突然倾斜、移位或有严重回弹、桩顶或桩身出现严重裂缝或破碎等应暂停施工，及时与有关单位研究处理。

施工中常遇到的问题如下：

(1)桩顶、桩身被打坏：与桩头钢筋设置不合理、桩顶与桩轴线不垂直、混凝土强度不足、桩尖通过过硬土层、锤的落距过大、桩锤过轻等有关。

(2)桩位偏斜：当桩顶不平、桩尖偏心、接桩不正、土中有障碍物时都容易发生桩位偏斜，因此，施工时应严格检查桩的质量并按施工规范的要求采取适当措施，保证施工质量。

(3)桩打不下：施工时，桩锤严重回弹，贯入度突然变小，则可能与土层中夹有较厚砂层或其他硬土层以及钢渣、孤石等障碍物有关。当桩顶或桩身已被打坏，锤的冲击能不能有效传给桩时，也会发生桩打不下的现象。有时因特殊原因，停歇一段时间后再打，则由于土的固结作用，桩也往往不能顺利地被打入土中。所以，打桩施工中，必须在各方面做好准备，保证施打的连续进行。

(4)一桩打下邻桩上升：桩贯入土中，使土体受到急剧挤压和扰动，其靠近地面的部分将在地表隆起和水平移动，当桩较密，打桩顺序又欠合理时，土体被压缩到极限，就会发生一桩打下，周围土体带动邻桩上升的现象。

(二)静力压桩

静力压桩(图2-20)是在均匀软弱土中利用压桩架(型钢制作)的自重和配重，通过卷扬机的牵引传到桩顶，将桩逐节压入土中的一种沉桩方法。这种沉桩方法无振动、无噪声、对周围环境影响小，适合在城市中施工。

视频：静力压桩

1. 静力压桩的施工工艺

静力压桩施工程序：测量定位→压桩机就位→吊桩、插桩→桩身对中调直→静压沉桩→接桩→静压沉桩→送桩→终止压桩→截桩。

压桩施工一般采取分节压入、逐段接长的施工方法。

接桩的方法目前有焊接法(图2-21)、法兰螺栓连接法、硫黄浆锚法(图2-22)三种。

2. 施工注意事项

(1)压桩施工时应随时注意使桩保持轴心受压，接桩时也应保证上下接桩的轴线一致，并使接桩时间尽可能缩短，否则，间歇时间过长会由于压桩阻力过大导致发生压不下去的事故。当桩接近设计标高时，不可过早停压，否则，在补压时也会发生压不下去或压入过少的现象。

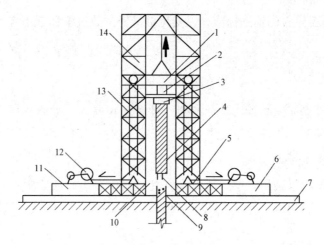

图 2-20 静力压桩机

1—活动压梁；2—油压表；3—桩帽；4—上段桩；5—加重物仓；6—底盘；7—轨道；8—上段接桩锚筋；
9—下段桩；10—桩身孔隙；11—底盘；12—卷扬机；13—加压钢绳滑轮组；14—桩架导向笼

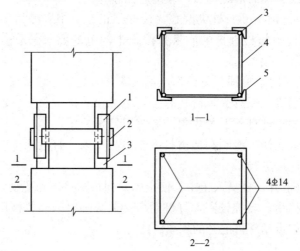

图 2-21 焊接法接桩节点构造

1—竖向连接角钢；2—水平连接钢板；3—预埋钢板；4—箍筋；5—主筋

（2）压桩过程中，当桩尖碰到夹砂层时，压桩阻力可能突然增大，甚至超过压桩能力而使桩机上抬。这时可以最大的压桩力作用在桩顶，采取停车再开、忽停忽开的办法，使桩有可能缓慢下沉穿过砂层。如果工程中有少量桩确实不能压至设计标高而相差不多时，可以采取截去桩顶的办法。

压桩与打桩相比，由于避免了锤击应力，桩的混凝土强度及其配筋只要满足吊装弯矩和使用期受力要求就可以，因而桩的断面和配筋可以减小，同时压桩引起的桩周土体和水平挤动也小得多，因此压桩是软土地区一种较好的沉桩方法。

🔖**特别提示**

静力压桩利用无噪声、无振动的静压力将桩压入土中，常用于土质均匀的软土地基的沉桩施工。

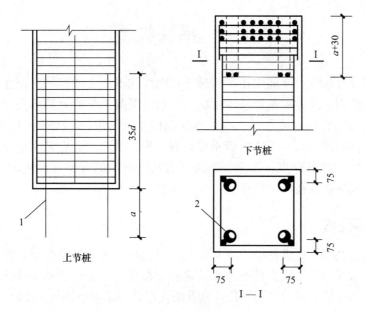

上节桩

下节桩

I — I

图 2-22　硫黄浆锚法接桩节点构造

1—锚筋；2—锚筋孔

(三)预制桩施工对周围环境的影响及预防措施

视频：预制桩施工
对周围环境的影响
及预防措施

预制桩施工时，往往会产生挤土，引起桩区及附近地区的土体隆起和水平位移，由于邻桩相互挤压易导致桩位偏移，会影响工程质量。如临近有建筑物或地下管线等，打桩还会引起邻近建筑物、地下管线及地面道路的损坏。因此，在邻近建筑物(构筑物)打桩时，应采取适当的措施。

为避免或减小沉桩挤土效应及对邻近环境的影响，可采取以下措施：

(1)预钻孔沉桩。可在桩位处预钻直径比桩径小 50～100 mm 的孔，深度视桩距和土的密实度、渗透性确定，一般为 1/3～1/2 桩长，施工时随钻随打。

(2)设置袋装砂井或塑料排水板。设置袋装砂井或塑料排水板排水以清除部分超孔隙水压力，减少挤土现象。袋装砂井的直径一般为 70～80 mm，间距为 1～1.5 m，深度为 10～12 m。如采用塑料排水板，间距及深度也类似。

(3)挖防振沟。在地面开挖防振沟，可以消除部分地面的振动。防振沟一般宽为 0.5～0.8 m，深度根据土质以边坡能自立为妥。该方法可以与其他措施结合使用。

(4)采取合理打桩顺序、控制打桩速度。

(5)设置隔离板桩或地下连续墙。

特别提示

预制桩施工坚固耐久，不受地下水或潮湿环境影响，能承受较大荷载，施工机械化程度高，进度快，能适应不同土层施工。钢筋混凝土预制桩是我国目前广泛采用的一种桩型。

单元三　灌注桩施工

灌注桩是直接在桩位上就地成孔，然后在孔内灌注混凝土或钢筋混凝土的一种成桩方法。与预制桩相比由于灌注桩避免了锤击应力，桩的混凝土强度及配筋只要满足使用要求即可，因而具有节约材料、成本低、施工不受地层变化的限制、无须接桩及截桩等优点。但也存在着技术间隔时间长，不能立即承受荷载，操作要求严，在软土地基中易缩颈、断裂，在冬期施工较困难等缺点。灌注桩的施工方法，常用的有钻孔灌注桩、挖孔灌注桩、套管成孔灌注桩和爆扩成孔灌注桩等。

一、钻孔灌注桩

钻孔灌注桩是利用钻孔机在桩位成孔，然后在桩孔内放入钢筋骨架再灌混凝土而成的就地灌注桩。它能在各种土质条件下施工，具有无振动、对土体无挤压等优点。常用的施工方法根据地质条件的不同可分为干作业成孔灌注桩和泥浆护壁钻孔灌注桩。

(一)干作业成孔灌注桩

干作业成孔灌注桩(图 2-23)适用成孔深度内没有地下水的情况，成孔时不必采取护壁措施而直接取土成孔。

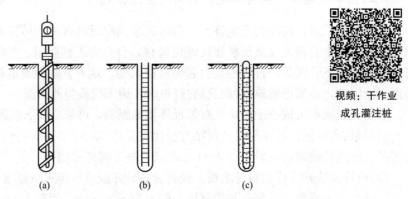

视频：干作业
成孔灌注桩

图 2-23　螺旋钻机钻孔灌注桩施工过程
(a)钻机进行钻孔；(b)放入钢筋骨架；(c)浇筑混凝土

干式成孔一般采用螺旋钻机，它由主机、滑轮组、螺旋钻杆、钻头、滑动支架、出土装置等组成。由螺旋钻头切削土体，切下的土随钻头旋转并沿螺旋叶片上升而排出孔外。

当螺旋钻机钻至设计标高时，在原位空转清土，停钻后提出钻杆弃土，钻出的土应及时清除，不可堆在孔口。钢筋骨架绑好后，一次整体吊入孔内。如过长也可分段吊，两段焊接后再徐徐沉放孔内。钢筋笼吊放完毕，应及时灌注混凝土，灌注时应分层捣实。

螺旋钻机成孔效率高、无振动、无噪声，宜用于匀质黏土层，也能穿透砂层，成孔直径一般为 400～600 mm，成孔深度在 12 m 以内。目前，螺旋钻孔灌注桩在国内外发展很快，除上述施工方法外，还有若干种新的施工工艺，与之相应的成孔桩径和桩深也都有所提高。

（二）泥浆护壁钻孔灌注桩

软土地基的深层钻进，会遇到地下水问题。采用泥浆护壁湿作业成孔能够解决施工中地下水带来的孔壁塌落、钻具磨损发热及沉渣问题。常用的湿作业成孔机械有冲抓锥成孔机、斗式钻头成孔机、冲击式钻孔机、潜水钻机（图2-24）、大直径旋入全套管护壁成孔钻机和工程水文地质回转钻机等。其中，回转钻机是目前灌注桩施工用得最多的施工机械，该钻机配有移动装置，设备性能可靠，噪声和振动小，效率高，质量好。该钻机适用松散土层、黏土层、砂砾层、软岩层等地质条件。

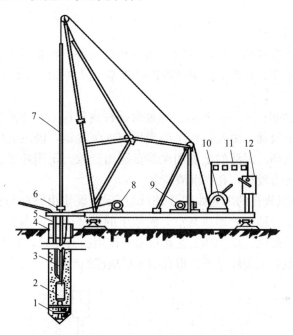

视频：泥浆护壁
成孔灌注桩

图 2-24　潜水钻机钻孔

1—钻头；2—潜水钻机；3—电缆；4—护筒；5—水管；6—滚轮（支点）；7—钻杆；
8—电缆盘；9—5 kN卷扬机；10—10 kN卷扬机；11—电流电压表；12—启动开关

回转钻机钻孔前，应先在孔口处理设护筒，护筒的作用是固定桩孔位置、保护孔口、防止塌孔、增加桩孔内水压。护筒由3～5 mm钢板制成，其内径比钻头直径大100 mm，埋在桩位处，其顶面应高出地面或水面400～600 mm，周围用黏土填实。

1. 泥浆的作用与基本要求

护壁泥浆是高塑性黏土或膨润土和水拌和的混合物，还可在其中掺入其他掺合剂，如加重剂、分散剂、增黏剂及堵漏剂等。护壁泥浆一般在现场专门制备，有些黏性土在钻进过程中可形成适合护壁的浆液，则可利用其作为护壁泥浆，这种方法也称为原土自造泥浆。泥浆的制备应按施工机械、工艺及穿越土层进行配合比设计。

泥浆具有保护孔壁、防止塌孔、排出土渣以及冷却与润滑钻头的作用。

护壁泥浆应达到一定的性能指标，膨润土泥浆的性能指标主要有相对密度、黏度、含砂率等，施工时注入的泥浆相对密度控制在1.1左右，排出泥浆的相对密度宜为1.2～1.4。

在钻孔时，需在孔口埋设护筒，护筒可以起到定位、保护孔口、维持水头等作用。泥浆液面应高出地下水水位1.0 m以上，如受水位涨落影响时，应增至1.5 m以上。钻孔时泥浆不断循环，携带土渣排出桩孔。钻孔完成后应进行清孔，在清孔过程中泥浆不断置换，使孔底沉渣排出。沉渣控制对端承桩不大于 50 mm；对摩擦端承桩及端承摩擦桩不大于 100 mm；对摩擦桩不大于 300 mm。

特别提示

对于原土造浆的钻孔，使转机空转，同时注入清水，当排除泥浆相对密度降至 1.1 左右时合格；对于制备泥浆钻孔，采用换浆法，当排出泥浆相对密度降至 1.15～1.25 时合格。

2. 泥浆循环

泥浆循环根据循环方式的不同，分为正循环和反循环。根据桩型、钻孔深度、土层情况、泥浆排放及处理条件、允许沉渣厚度等进行选择，但对孔深大于 30 m 的端承型桩，宜采用反循环。

(1)正循环的工艺如图 2-25(a)所示。泥浆由钻杆内部注入，并从钻杆底部喷出，携带钻下的土渣沿孔壁向上流动，由孔口将土渣带出流入沉淀池，经沉淀的泥浆流入泥浆池再注入钻杆，由此进行循环。沉淀的土渣用泥浆车运出排放。正循环工艺依靠泥浆向上的流动将土渣提升，其提升力较小，孔底沉渣较多。

(2)反循环回转钻机成孔的工艺如图 2-25(b)所示。泥浆由钻杆与孔壁间的环状间隙流入钻孔，然后由砂石泵在钻杆内形成真空，使钻下的土渣由钻杆内腔吸出至地面而流向沉淀池，沉淀后再流入泥浆池。反循环工艺通过泵吸作用提升泥浆，其泥浆上升的速度较大，排放土渣的能力大，但对土质较差或易塌孔的土层应谨慎使用。

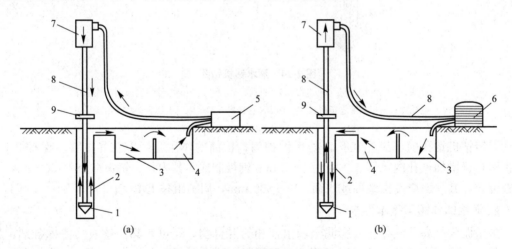

图 2-25　泥浆循环成孔工艺
(a)正循环；(b)反循环
1—钻头；2—泥浆循环方向；3—沉淀池；4—泥浆池；5—泥浆泵；
6—砂石泵；7—水龙头；8—钻杆；9—钻机回转装置

3. 成孔机械

成孔机械有回转钻机、冲击钻机、潜水钻机等，其中以回转钻机应用最多。

(1)回转钻机(图 2-26)。回转钻机由机械动力传动，可多挡调速或液压无级调速，带动置于钻机前端的转盘旋转，方形钻杆通过带方孔的转盘被强制旋转，其下安装钻头钻进成孔。钻头切削土层，切削形成的土渣，通过泥浆循环排出桩孔。

回转钻机设备性能可靠、噪声和振动较小、钻进效率高、钻孔质量好。它适用松散土层、黏土层、砂砾层、软硬岩层等多种地质条件，近几年在我国华东地区已广泛应用。

(2)冲击钻机(图2-27)。冲击钻机是将冲锤式钻头用动力提升，以自由落下的冲击力来掘削岩层，然后排除碎块，钻至设计标高形成桩孔。它适用粉质黏土、砂土及砾石、卵漂石及岩层等。

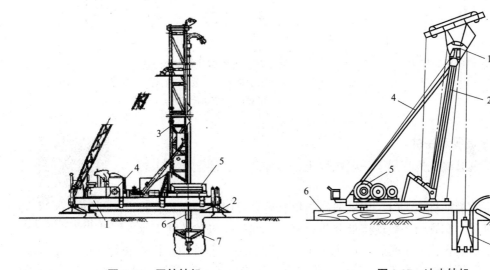

图 2-26　回转钻机

1—底座；2—支腿；3—塔架；4—方形钻杆；

5—转盘；6—电动机；7—钻头刀

图 2-27　冲击钻机

1—滑轮；2—主杆；3—钻头；

4—斜撑；5—卷扬机；6—垫木

冲击钻机施工中需护筒、掏渣筒及打捞工具等辅助作业，其机架可采用井架式、桅杆式或步履式等，一般均为钢结构。

(3)潜水钻机。潜水钻机是一种旋转式钻孔机械，其动力、变速机构和钻头连在一起，加以密封，因而可以下放至孔中地下水水位以下进行切削土层成孔。用循环工艺输入泥浆，进行护壁和排渣。

特别提示

回转钻机的钻孔速度，根据土层的类别、钻孔的深度和供水量确定。钻孔过程应检测成孔孔径、孔深、孔斜、沉渣厚度等指标。

二、沉管灌注桩

沉管灌注桩是利用锤击打桩法或振动沉管法将带有活瓣的钢制桩尖(图2-28)或混凝土桩尖的钢管沉入水中，然后边拔出钢管边向钢管内灌注混凝土而形成的桩。如桩配有钢筋，则在灌注混凝土前应先吊放钢筋笼。用锤击法沉、拔管的灌注桩称为锤击灌注桩；用激振器沉、拔管的灌注桩称为振动沉管灌注桩。图 2-29 所示为沉管灌注桩的施工过程。

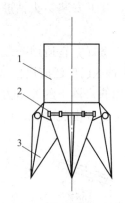

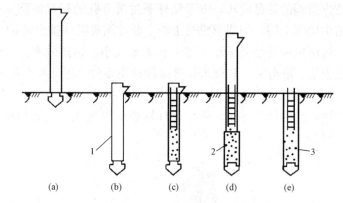

图 2-28　活瓣的钢制桩尖
1—桩管；2—锁轴；3—活瓣

图 2-29　沉管灌注桩的施工过程
(a)就位；(b)沉套管；(c)初凝混凝土；(d)放置钢筋笼、灌注混凝土；(e)拔管成桩
1—钢管；2—混凝土桩靴；3—桩

1. 锤击沉管灌注桩

视频：锤击沉管灌注桩

锤击灌沉管灌注桩宜用于一般黏性土、淤泥质土、砂土和人工填土地基。

锤击沉管灌注桩施工时，用桩架吊起钢套管，关闭活瓣或放置预制混凝土桩靴。套管与桩靴连接处要垫以麻、草绳等，以防止地下水渗入管内。然后缓缓放下套管，压进土中。套管顶端扣上桩帽，检查套管与桩锤是否在一垂直线上，套管偏斜不大于 0.5% 时，即可起锤沉套管。先用低锤轻击，观察后如无偏移，才正常施打，直至施打至符合设计要求的贯入度或标高。检查管内无泥浆或水进入，即可灌筑混凝土。套管内混凝土应尽量灌满，然后开始拔管。拔管要均匀，不宜拔管过高。拔管时应保持连续密锤低击不停。拔管浇筑混凝土时，应控制拔管速度，对一般土层，以不大于 1 m/min 为宜；在软弱土层及软硬土层交界处，应控制为 0.3~0.8 m/min。

在管底未拔到桩顶设计标高之前，倒打或轻击不得中断。拔管时还要经常探测混凝土落下的扩散情况，注意使管内的混凝土保持略高于地面，一直到全管拔出为止。桩的中心距小于 5 倍桩管外径或小于 2 m 时，均应跳打。中间空出的桩须待邻桩混凝土达到设计强度的 50% 以后方可施打，以防止因挤土而使前面的桩发生桩身断裂。

施工中应做好施工记录，包括：每米的锤击数和最后 1 m 的锤击数；最后 3 阵，每阵 10 击的贯入度及落锤高度。

锤击沉管灌注桩机械设备如图 2-30 所示。

为了提高沉管灌注桩的质量和承载能力，常采用复打扩大灌注桩。全长复打法的施工顺序：在第一次灌注桩施工完毕，拔出套管后，应及时清除管外壁上的污泥和桩孔周围地面的浮土，立

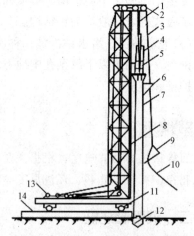

图 2-30　锤击沉管灌注桩机械设备
1—桩锤钢丝绳；2—桩管滑轮组；3—吊斗钢丝绳；
4—桩锤；5—桩帽；6—混凝土漏斗；7—桩管；
8—桩架；9—混凝土吊斗；10—回绳；
11—行驶用钢管；12—预制桩靴；
13—卷扬机；14—枕木

即在原桩位吊升第二次复打沉套管(同样应安放桩靴或活瓣),使未凝固的混凝土向四周挤压扩大桩径,然后第二次灌筑混凝土。拔管方法与初打时相同。复打施工时要注意:前后两次沉管的轴线应重合;复打施工必须在第一次灌注的混凝土初凝之前进行。复打法第一次灌筑混凝土前不能放置钢筋笼,如配有钢筋,应在第二次灌筑混凝土前放置。

2. 振动沉管灌注桩

振动沉管灌注桩的适用范围除与锤击沉管灌注桩相同外,还适用稍密及中密的碎石土地基。

振动沉管灌注桩采用振动锤或振动冲击锤沉管。施工前,先安装好桩机,将桩管下端活瓣合起来或套入桩靴,对准桩位,徐徐放下套管,压入土中,即可开动激振器沉管。桩管受振后与土体之间摩阻力减小,同时利用振动锤自重在套管上加压,套管即能沉入土中。

振动沉管灌注桩桩机如图 2-31 所示。

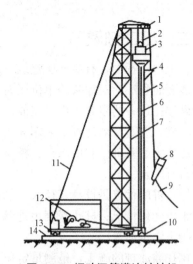

图 2-31 振动沉管灌注桩桩机

1—导向滑轮;2—滑轮组;3—激振器;
4—混凝土漏斗;5—桩管;6—加压钢丝绳;
7—桩架;8—混凝土吊斗;9—回绳;
10—活瓣桩靴;11—缆风绳;12—卷扬机;
13—行驶用钢管;14—枕木

沉管时,必须严格控制最后的贯入速度,其值按设计要求,或根据试桩和当地的施工经验确定。

振动灌注桩可采用单打法、反插法或复打法施工。

单打法施工时,在沉入土中的套管内灌满混凝土,开动激振器,振动 $5\sim10$ s,开始拔管,边振边拔。每拔 $0.5\sim1$ m,停拔振动 $5\sim10$ s,如此反复,直到套管全部拔出。在一般土层内拔管速度宜为 $1.2\sim1.5$ m/min,在较软弱土层中,宜控制为 $0.6\sim0.8$ m/min。

视频:振动沉管
灌注桩

反插法施工时,在套管内灌满混凝土后先振动再开始拔管,每次拔管高度 $0.5\sim1.0$ m,向下反插深度 $0.3\sim0.5$ m。如此反复进行并始终保持振动,直至套管全部拔出地面。在拔管过程中,应分段添加混凝土,保持管内混凝土面高于地表面或高于地下水水位 $1.0\sim1.5$ m。拔管速度应小于 0.5 m/min。反插法能使桩的截面增大,从而提高桩的承载能力,宜在较差的软土地基上应用。

复打法施工时,在同一桩孔内进行两次单打,即按单打法制成桩后,再在混凝土桩内成孔并灌注混凝土。第一次灌注混凝土应达到自然地面,前后两次沉管的轴线重合;复打施工必须在第一次灌注的混凝土初凝之前进行。复打法可扩大桩径,大大提高桩的承载力。

特别提示

沉管灌注桩在桩尖与桩管接口处应垫麻(或草绳)垫圈,以防地下水渗入管内和作为缓冲层。沉管时先用低锤锤击,观察无偏移后,才正常施打。

拔管前,应先锤击或振动套管,在测得混凝土确已流出套管时方可拔管。

三、人工挖孔桩

在土木工程中，有些高层建筑、大型桥梁、重要的水利工程由于自重大、底面面积小，对地基的单位压力很高，需要大直径的桩来承受，但往往受到钻孔设备的限制而难以完成。在这种情况下，人们较多地采用了挖孔灌注桩。大直径灌注桩是采用人工挖掘方法成孔，放置钢筋笼，浇筑混凝土而成的桩基础，也称为墩基础。它由承台、桩身和扩大头组成，穿过深厚的软弱土层而直接坐落在坚硬的岩石层上。

挖孔桩的优点是桩身直径大，承载能力高；施工时可在孔内直接检查成孔质量，观察地质土质变化情况；桩孔深度由地基土层实际情况控制，桩底清孔除渣彻底、干净，易保证混凝土浇筑质量。

挖孔灌注桩的施工，是测量定位后开挖工人下到桩孔，在井壁护圈的保护下，直接进行开挖，待挖到设计标高，桩底扩孔后，对基底进行验收，验收合格后下放钢筋笼，浇筑混凝土成桩。挖孔时如遇地下水，可使用潜水泵随时将水排除。挖孔桩的桩径一般为 1~3 m，桩深 20~40 m，最深可达 60~80 m。每根桩的承载力为 10 000~40 000 kN，甚至可达 60 000~70 000 kN。

常用的井壁护圈有下列几种。

1. 混凝土护圈

采用混凝土护圈进行挖孔桩施工，应分段开挖，分段浇筑混凝土护圈，既能防止孔壁坍塌，又能起到防水作用。到达井底设计标高后，将钢筋笼放入，再浇筑桩基混凝土(图 2-32)。

桩孔采取分段开挖，每段高度取决于土壁直立状态的能力，一般 0.5~1.0 m 为一施工段，开挖井孔直径为设计桩径加混凝土护壁厚度。

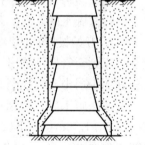

护壁施工段，支设护壁内模板(工具式活动钢模板)后浇筑混凝土，其强度一般不低于 C15，护壁混凝土要振捣密实；当混凝土强度达到 1 MPa(常温下约 24 h)可拆除模板，进入下一施工段。如此循环，直至挖到设计要求的深度。

图 2-32　混凝土护圈挖孔桩

2. 沉井护圈

当桩径较大，挖掘深度大，地质复杂，土质差(松软弱土层)，且地下水水位高时，应采用沉井护壁法挖孔施工。

沉井护壁施工是先在桩位上制作钢筋混凝土井筒，井筒下捣制钢筋混凝土刃脚，然后在筒内挖土掏空，井筒靠其自重或附加荷载来克服筒壁与土体之间的摩擦阻力，边挖边沉，使其垂直地下沉到设计要求深度。

3. 钢套管护圈

钢套管护圈挖孔桩，是在桩位处先用桩锤将钢套管强行打入土层，再在钢套管的保护下，将管内土挖出，吊放钢筋笼，浇筑桩基混凝土。待浇筑混凝土完毕，用振动锤和人字拔杆将钢管立即强行拔出移至下一桩位使用。这种方法使用于流砂地层、地下水丰富的强透水地层或承压水地层，可避免产生流砂和管涌现象，能确保施工安全。

人工挖掘成孔应连续施工，成孔验收后立即进行混凝土浇筑。认真清除孔底浮渣余土，排净积水，浇筑过程中防止地下水流入。在人工挖掘成孔过程中，应严格按操作规程施工。井面应设置安全防护栏，当桩孔净距小于2倍桩径且小于2.5 m时，应间隔挖孔施工。

单元四　桩基础施工质量安全检查验收

一、桩基础施工质量检查验收要求

1. 打(压)预制桩工程

检查预制桩的出厂合格证及进场质量、桩位、打桩顺序、桩身垂直度、接桩、打(压)桩的标高或贯入度等是否符合设计和规范要求。桩竣工位置偏差、桩身完整性检测和承载力检测必须符合设计要求和规范规定。

2. 混凝土灌注桩基础

检查桩位偏差、桩顶标高、桩底沉渣厚度、桩身完整性、承载力、垂直度、桩径、原材料、混凝土配合比及强度、泥浆配合比及性能指标、钢筋笼制作及安装、混凝土浇筑等是否符合设计要求和规范规定。

桩基础施工质量检查应注意的要点。

二、桩基础施工安全检查要求

1. 预制桩沉桩施工安全要点

(1)打(沉)桩施工前，应编制专项施工方案，对邻近的原有建筑物、地下管线等进行全面检查，对有影响的建筑物或地下管线等，应采取有效的加固措施或隔离措施，以确保施工安全。

视频：桩基工程施工
质量安全检查验收

(2)桩机行走道路必须保持平整、坚实，保证桩机移动时的安全。场地的四周应挖排水沟用于排水。桩机爬坡或在松软场地与坚硬场地之间过渡时，严禁横向行走。

(3)在施工前应先对机械进行全面的检查，发现有问题时应及时解决。对机械全面检查后要进行试运转，严禁机械带病作业。

(4)在吊装就位作业时，起吊速度要慢，并要拉住溜绳。在打桩过程中遇有地坪隆起或下陷时，应随时调平机架及路轨。

(5)静压桩发生浮机时，应停止作业，采取措施后，方可继续作业。起拔送桩器不得超过压桩机起重能力。压桩机上的吊机只能喂桩，不得卸放工程桩。

(6)机械操作人员在施工时要注意机械运转情况，发现异常要及时进行纠正。要防止机械倾斜、倾倒、桩锤突然下落等事故、事件的发生。打桩时桩头垫料严禁用手进行拨正。

(7)钻孔灌注桩在已钻成的孔尚未浇筑混凝土前，必须用盖板封严。钢管桩打桩后必须及时加盖临时桩帽。预制混凝土桩送桩入土后的桩孔，必须及时用砂或其他材料填灌，以免发生人身伤害事故。

(8)在进行冲抓钻或冲孔锤操作时，任何人不准进入落锤区事故范围。在进行成孔钻机操作时，钻机要安放平稳，要防止钻架突然倾倒或钻具突然下落而发生事故。

(9)施工现场临时用电设施的安装和拆除必须由持证电工操作。机械设备电器必须按规定做好接零或接地，正确使用漏电保护装置。

2. 灌注桩施工安全要点

(1)灌注桩施工前应编制专项施工方案，严格按方案规定的程序组织施工。开挖深度超过 16 m 的人工挖孔桩工程还需对专项施工方案进行专家论证。

(2)灌注桩在已成孔未浇筑前，应用盖板封严或沿四周设安全防护栏杆，以免掉土或发生人身安全事故。

(3)人工挖孔灌注桩孔内必须设置应急软爬梯供人员上下井，使用的电动葫芦、吊笼等应安全可靠，并配有自动卡紧保险装置。所有的设备电路应架空设置，不得使用不防水的电线或绝缘层有损坏的电线。电器必须有接地、接零和漏电保护装置。

(4)每日开工前必须对井下有毒有害气体成分和含量进行检测，并应采取可靠的安全防护措施。桩孔开挖深度超过 10 m 时，应配置专门向井下送风的设备。

(5)孔口内挖出的土石方应及时运离孔口，不得堆放在孔口四周 1 m 范围内。机动车通行应远离孔口。

(6)现场施工人员必须戴安全帽，拆除串筒时上空不得进行作业。严禁酒后操作机械和上岗作业。

(7)混凝土浇筑完毕后，及时抽干空桩部分泥浆，用素土回填，以免发生人、物陷落事故。

特别提示

桩基础施工时安全事项。

三、预制桩施工中常见的质量事故及处理

(1)预制桩必须提前订货加工，打桩时预制桩的强度必须达到设计强度的 100%，并应增加养护期一个月后方可施打。

(2)桩身断裂：由桩身弯曲过大、强度不足及地下有障碍物等原因造成，或桩在堆放、起吊、运输过程中产生断裂，没有发现所致，要及时对桩身进行检查。

(3)桩顶碎裂：由桩顶强度不够及钢筋网片不足、主筋距桩顶面太小，或桩顶不平、施工机具选择不当等原因造成，应加强施工准备时对桩顶的检查。

(4)桩身倾斜：由场地不平、打桩机底盘不水平或稳桩不垂直、桩尖在地下遇见硬物等原因造成，要严格按工艺操作规定施工。

(5)接桩处拉脱开裂：由连接处表面不干净、连接铁件不平、焊接质量不符合要求、接桩上下中心线不在同一条线上等原因造成，应保证接桩的质量。

四、灌注桩施工中常见的质量事故及处理

(1)泥浆护壁成孔时，发生斜孔、弯孔、缩孔和塌孔或沿套管周围冒浆以及地面沉陷等情况，要停止钻进，采取措施后，方可继续施工。

(2)钻进速度，要根据土层情况、孔径、孔深、供水或供浆量的大小、钻机负荷以及成孔质量等具体情况确定。

(3)水下混凝土面平均上升速度不小于 0.25 m^3/h。浇筑前，导管中要设置球、塞等物隔水，浇筑时，导管插入混凝土的深度不小于 1 m。

(4)施工中要经常测定泥浆密度，并定期测定黏度、含砂率和胶体率。泥浆黏度 $18\sim22$ s，含砂率不大于 $4\%\sim8\%$，胶体率不小于 90%。

(5)清孔过程中，必须及时补给足够的泥浆，并保持浆面稳定。

(6)钢筋笼变形：钢筋笼在堆放、运输、起吊、入孔等过程中，必须加强对操作工人的技术交底，严格执行加固的技术措施。

(7)混凝土浇到接近桩顶时，随时测量顶部标高，以免过多截桩或补桩。

【实践教学】

请学生根据项目案例要求，结合实际，利用所学知识，完成本项目案例中地基与基础工程施工方案的制定。

1. 分析项目案例中的土质情况，该土质采用何种方式进行处理才能用于承载建筑物的地基？软弱土层的地基有哪些处理方式？各种处理软弱地基的方式都有哪些优点及缺点？

2. 分析混凝土预制桩和混凝土灌注桩的适用范围，并了解你所在学校的地质情况，采用哪种基础更合适？并分析原因。

3. 请思考：在以后的工作中如何将项目案例中发生的问题消灭在萌芽状态？

【建筑大师】

隋代造桥匠师李春

李春是隋代的一位普通工匠，由于史书缺乏记载，他的生平、籍贯及生卒年月已无法得知。隋开皇十五年至大业初(595—605年)建造赵州桥(安济桥)。李春是我国隋代著名的桥梁工匠，他建造了举世闻名的赵州桥，开创了我国桥梁建造的崭新局面，为我国桥梁技术的发展做出了巨大贡献。唐代中书令张嘉贞为赵州桥所写的"铭文"中记载："赵郡洨河石桥，隋匠李春之迹也，制造奇特，人不知其所以为。"从中得知是李春建造了这座有名的大石桥。李春的名字和这座现存世界上最早的石拱桥的名字紧紧地联系在一起。但是无法查考其更多的生平。赵州桥的价值并不在于其是否世界第一，更重要的是它是建筑与科学、建筑与审美、建筑与文化结合的典范作品。

【榜样引领】

大国工匠周予启：新时代的"地下工作者"，8根"定楼神针"插入60 m深处

作为建筑行业岩土专家、中建一局建设发展公司总工程师，周予启用始终如一的精益求精，诠释着"大国工匠"的品质。

城市高楼如雨后春笋般拔地而起，一栋一栋似比高。高楼安全和质量的决定性方面和环

节很多，而基坑工程质量的高低是其中极为关键的环节之一。周予启就是基坑工程的专家。

"万丈高楼平地起，关键在于打地基。"中建一局集团建设发展公司副总经理、总工程师周予启在接受记者采访时说，"总工程师""项目经理""基坑专家""地下工作者"这些头衔都是熟悉他的人给他贴的标签，可他最喜欢的还是"地下工作者"这一称呼。

参加工作以来，一幢幢高楼大厦在周予启亲自打造的地基上拔地而起，包括 660 m 的深圳平安金融中心。周予启也从一线的技术员逐渐成长为基坑专家。

2011 年 4 月 6 日，周予启带领项目团队开始了深圳平安金融中心的基坑桩基施工，就是要把 8 根擎天巨柱打进地下 60 m 深处，竖向支撑起 68 万吨的高楼楼体。每一根巨柱的直径达 8 m、抗压承载力超过 10 万吨。

在打桩过程中，钻机还没到标高就停住了，司机对周予启说："钻杆折了!"周予启判断：这是遇到了微风化花岗岩。他又找来冲击钻机，打了没几个小时，几吨重的钻锤碎了。周予启这次确定：一定是碰到了深圳地下硬度最强的微风化花岗岩。

地质探测仪不能透视地下的结构，一旦遇到复杂的地质情况，只能探索着往深处走。

靠着以往的经验，周予启想起了青藏铁路施工中用到的宝峨旋挖钻机，他马上调来了两台旋挖钻机，向最硬的微风化花岗岩猛攻，8 根巨柱如"定楼神针"般在地下 60 m 处与地壳牢牢长在了一起，托起了稳如泰山的高楼楼体。

项目开工不久就遭遇了一场 9 级台风的袭击。施工现场外面的马路一眨眼积了半米深的水，水位快速上涨，马路上的水倒灌进基坑，就是灭顶之灾。

周予启指挥工人在现场门口堵上了早就准备好的沙袋。水位还没涨到沙袋的中间位置就退了，基坑里的降水也很快用事先备好的几台水泵抽得干干净净。

一位工长对周予启说："周工，您怎么知道基坑要比马路高出 30 厘米就能挡住雨水?"

周予启呵呵一笑："我可不是神，一来深圳，我就查过深圳地下排水管道和最近几年的降雨情况，准备多少沙袋够用我也事先做了精确计算。"

当平安金融中心基坑工程顺利封顶后，周予启登上当时的中国第一高楼，终于放心了。他不止一次地说："只有大楼封顶才能证明基坑是安全的!"

"万丈高楼基坑起"——周予启"上天入地"，深入地下 60 m，用专注敬业和勇于担当的精神，不断超越，征服了中国最深基坑，擎起了中国第一高楼!

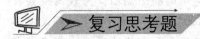 复习思考题

一、选择题

1. 一般当桩的中心距小于或等于四倍桩径或边长时，可采用（　　）的施打顺序。

    A. 由四周向中央施打　　　　　　　　　B. 先浅后深

    C. 由两侧向中间对称施打　　　　　　　D. 由中间向两侧对称施打

2. 钢筋混凝土预制桩桩身的混凝土强度应达到设计强度的（　　）时才能运输。

    A. 75%　　　　　　B. 80%　　　　　　C. 90%　　　　　　D. 100%

3. 正式打桩时，采用（　　）方式，可取得良好的效果。

    A. 重锤低击，低提重打　　　　　　　　B. 轻锤高击，高提重打

    C. 轻锤低击，低提轻打　　　　　　　　D. 重锤高击，高提重打

4. 静力压桩法适用(　　)地基。

  A. 砂土   B. 砾石   C. 砾石   D. 软土

5. (　　)适用地下水水位以上的各种软硬土层，施工中不需设置护壁而直接钻孔取土形成桩孔。

  A. 泥浆护壁成孔灌注桩   B. 干作业成孔灌注桩

  C. 套管成孔灌注桩   D. 人工挖孔灌注桩

6. 钻孔灌注桩一般采用(　　)护壁。

  A. 砌砖   B. 现浇混凝土   C. 钢护筒   D. 泥浆

7. 泥浆护壁灌注桩施工时，混凝土浇筑应保持连续，边浇筑边拔管，拔管速度要慢，拔管过程中应保持导管管在混凝土中(　　)m。

  A. 0.5～1.0   B. 1.0～1.5   C. 1.5～2.0   D. 2～3

8. 人工挖孔桩必须特别注意的井下有害气体不包括(　　)。

  A. 甲烷   B. 二氧化碳   C. 氢气   D. 硫化氢

二、判断题

1. 混凝土预制桩的强度达到设计强度的 100% 后方可起吊。(　　)

2. 在起吊时预制桩混凝土的强度应达到设计强度等级的 50%。(　　)

3. 预制桩采用逐排打的方案时，其桩距应大于 $4d$(d 为桩径)，否则容易造成桩位受水平挤压向一侧偏移。(　　)

4. 预制桩的起吊、运输、施打的混凝土强度均应在设计强度的 75% 以上。(　　)

5. 人工挖孔灌注桩的桩身混凝土可以多次间断浇筑完成。(　　)

三、简答题

1. 灰土地基的施工准备、材料(质量)要求有哪些？

2. 灰土垫层的工艺流程和施工要点是什么？

3. 砂和砂石地基的施工准备、材料(质量)要求有哪些？

4. 砂和砂石地基的工艺流程和施工要点是什么？

5. 简述强夯地基的机具设备、施工要点、质量检查。

6. 简述地基局部处理的方法。

7. 桩基础包括哪几部分？桩如何进行分类？

8. 预制桩的制作、起吊有哪些要求？

9. 简述打桩的施工过程、质量要求及保证措施、确定打桩顺序的方法。

10. 简述灌注桩的不同方法、各种成孔方法的特点及适用范围。

11. 简述护筒的埋设要求及作用、泥浆的作用、正循环与反循环的区别。

12. 预制桩与灌注桩各有何优点及缺点？

13. 套管成孔灌注桩的成孔方法有哪些？易发生哪些质量问题？如何预防与处理？

模块三　砌体工程施工

知识目标

1. 了解脚手架的分类及组成;
2. 掌握扣件式钢管脚手架的搭设要求;
3. 掌握砖砌体砌筑的组砌方式;
4. 掌握砖砌体施工工艺及砌筑要点;
5. 熟悉砌块砌体砌筑的准备工作;
6. 掌握砌块砌体砌筑的施工工艺;
7. 了解砌体工程施工质量验收要求;
8. 了解砌体工程施工安全检查要求。

能力目标

1. 能根据要求制定脚手架搭设施工方案;
2. 能根据要求制定砖砌体砌筑的施工方案;
3. 能根据要求制定砌块砌体砌筑的施工方案;
4. 能分析砌体常见的质量事故原因,提出防止和处理措施。

建筑规范

《建筑施工门式钢管脚手架安全技术标准》(JGJ/T 128—2019)

《建筑施工碗扣式钢管脚手架安全技术规范》(JGJ 166—2016)

《建筑施工扣件式钢管脚手架安全技术规范》(JGJ 130—2011)

《建筑施工脚手架安全技术统一标准》(GB 51210—2016)

《砌体结构工程施工规范》(GB 50924—2014)

《砌体结构工程施工质量验收规范》(GB 50203—2011)

案例引入

某新建站房工程,建筑面积为 56 500 m²,地下 1 层,地上 3 层,框架结构,建筑总高度为 24 m。施工过程中普通混凝土小型空心砌块墙体施工,项目部采用的施工工艺有小砌块施工时充分浇水湿润,砌块底面朝上反砌于墙上;芯柱砌筑完成后立即进行芯柱混凝土浇筑工作;外墙转角处的临时间断处留直槎,砌成阴阳槎,并设拉结筋。监理工程师在现场巡查时,发现第二层框架填充墙砌至接近梁底时留下的适当空隙,间隔了 48 h 即用斜砖补砌挤紧。外墙施工总承包单位搭设双排扣件式钢管脚手架(高度 25 m),在施工过程中有大量材料堆放在脚手架上面，结果发生了脚手架坍塌事故，造成1人死亡，4人重伤，1人轻伤，直接经济损失600多万元。事故调查中发现：双排脚手架连墙件被施工人员拆除了两处；双排脚手架同一区段，上下两层的脚手板堆放的材料质量均超过3 kN/m²。项目部对双排脚手架在基础完成后、架体搭设前，搭设到设计高度后，每次大风、大雨后等情况下均进行了阶段检查和验收，并形成了书面检查记录。

📑案例分析

案例中涉及脚手架搭设需要满足的安全标准，对于钢管脚手架，在施工中必须要检查脚手架搭设的每一步的安全，还需注意脚手架的承重要求。案例中涉及砌块墙体砌筑工艺及质量要求，施工中需要按照砌体结构施工规范来进行施工。

☑问题导向

1. 该事件中脚手架搭设有何不妥之处？此不妥之处应该如何进行处理？
2. 脚手架搭设中还有哪些情况要进行阶段检查和验收？
3. 小砌块砌筑过程中有何不妥之处？应该如何处理？
4. 填充墙施工总承包单位的做法是否妥当？如果不妥，应该如何处理？

📄所需知识

单元一　脚手架工程施工

一、脚手架认知

脚手架是土建工程施工的重要设施，是为保证高处作业安全、顺利进行施工而搭设的工作平台和作业通道（图3-1）。结构施工、装修施工和设备管道的安装施工都需要按照操作要求搭设脚手架。

视频：脚手架工程施工

图3-1　脚手架

1. 脚手架的分类

(1)根据搭设位置不同，脚手架分为外脚手架和里脚手架。

1)外脚手架。外脚手架搭设于建筑物外围，既可用于外墙砌筑，又可用于外装饰施工，其主要形式有多立杆式（主要包括扣件式钢管脚手架、碗扣式钢管脚手架等）、门式和桥式等。其中多立杆式应用最广，门式次之。

①扣件式钢管脚手架[图 3-2(a)]。扣件式钢管脚手架是指为建筑施工而搭设的、承受荷载的、由扣件和钢管等构成的脚手架与支撑架。其包括落地式单、双排扣件式钢管脚手架，满堂扣件式钢管脚手架，型钢悬挑扣件式钢管脚手架，满堂扣件式钢管支撑 5 种类型。其中，单排扣件式钢管脚手架是指只有一排立杆，横向水平杆的一端搁置固定在墙体上的脚手架，简称单排。双排脚手架是指由内外两排立杆和水平杆等构成的脚手架，简称双排架。单排扣件式脚手架搭设高度不应超过 24 m，双排扣件式脚手架搭设高度不应超过 50 m。脚手架搭设高度超过 50 m 时，最适用的是型钢悬挑脚手架。

图 3-2 外脚手架

(a)扣件式钢管脚手架；(b)碗扣式钢管脚手架；(c)门式脚手架

②碗扣式钢管脚手架[图 3-2(b)]。碗扣式钢管脚手架由钢管立杆、横杆、碗扣接头等组成。其基本构造和搭设要求与扣件式钢管脚手架类似，不同之处主要在于碗扣接头。碗扣接头是该脚手架系统的核心部件，它由上碗扣、下碗扣、横杆接头和上碗扣的限位销等组成。下碗扣焊在钢管上，上碗扣对应地套在钢管上，其销槽对准焊在钢管上的限位销即能上下滑动。横杆和立杆牢固地连接在一起，形成框架结构。碗扣式接头可同时连接 4 根横杆，横杆可相互垂直也可组成其他角度，因而可以搭设各种形式脚手架，特别适合搭设扇形表面及高层建筑施工和装饰作用两用外脚手架，还可作为模板的支撑，如图 3-3 所示。

③门式钢管脚手架[图 3-2(c)]。门式脚手架由门式框架、剪刀撑和水平梁架或脚手板构成基本单元。将基本单元连接即构成整片脚手架，门式脚手架的主要部件之间的连接形式为制动片式。

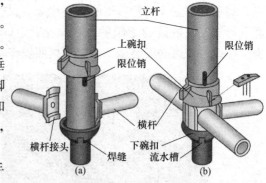

图 3-3 碗扣接头

(a)连接前；(b)连接后

2)里脚手架。里脚手架搭设于建筑物内部，既可用于墙体砌筑，又可用于室内装饰施工，其主要形式有折叠式(图 3-4)、支柱式(图 3-5)和门架式(图 3-6)。

(2)根据搭设的立杆排数不同，脚手架分为单排脚手架、双排脚手架和满堂脚手架。

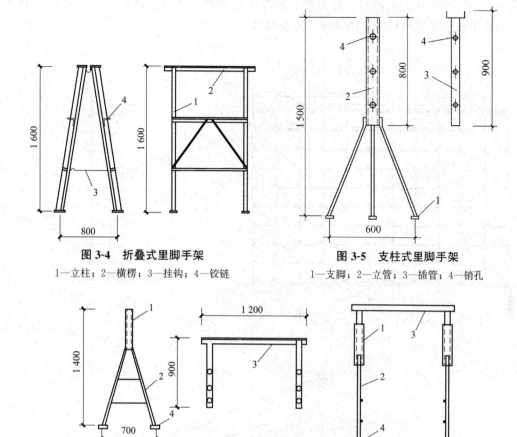

图 3-4 折叠式里脚手架

1—立柱；2—横楞；3—挂钩；4—铰链

图 3-5 支柱式里脚手架

1—支脚；2—立管；3—插管；4—销孔

图 3-6 门架式里脚手架

1—立管；2—支脚；3—门架；4—垫板

（3）根据支固形式的不同，脚手架分为落地式脚手架和非落地式脚手架。其中，非落地式脚手架又包括悬挑式脚手架、附墙悬挂式脚手架、吊篮等。

（4）根据材料的不同，脚手架分为钢管脚手架、木脚手架、竹脚手架。

2. 对脚手架的基本要求

（1）脚手架要有足够的强度、刚度和稳定性，能承受上部的施工荷载和自重，不变形、倾斜或摇晃，确保施工人员的人身安全。

（2）脚手架要有适当的宽度、步架高度，能满足工人操作、材料堆放和运输需要。

（3）脚手架要符合高空作业的要求。对脚手架的绑扎、护栏、挡脚板、安全网等应按有关规定执行。

（4）脚手架要求构造简单，装拆方便，能多次周转施工。

二、钢管脚手架施工

（一）基本组成及其作用

扣件式钢管脚手架包括架体和安全防护设施两大部分，如图 3-7 所示。其中，架体主要包括立杆、大横杆、小横杆、剪刀撑、斜撑、连墙件、扣件、底座、垫板和脚手板等；安全防护设施主要包括栏杆、挡脚板和安全网等。

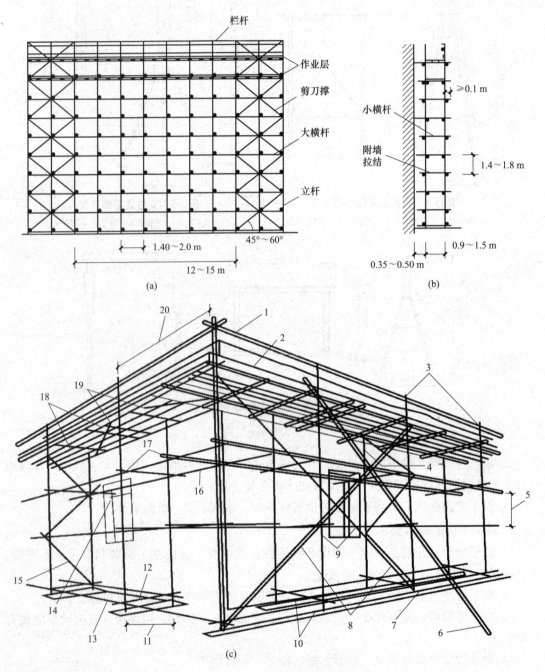

图 3-7 扣件式钢管脚手架

(a)立面图；(b)侧面图；(c)立体图

1—防护栏杆；2—挡脚板；3—外立柱；4—内立柱；5—步距；6—抛撑；7—底座；8—剪刀撑；
9—旋转扣件；10—垫板；11—排距；12—横向扫地杆；13—纵向扫地杆；14—连墙固定件；
15—横向斜撑；16—纵向水平杆；17—直角扣件；18—横向水平杆；19—水平斜撑；20—柱距

(二)构配件的材料要求

1. 钢管

脚手架钢管应采用现行国家规定的 Q235 普通钢管，钢管为 $\phi48$ mm $\times$ 3.5 mm（图 3-8）。

2. 扣件

扣件是钢管与钢管之间的连接件，其形式有旋转扣件、直角扣件、对接扣件，如图 3-9 所示。旋转扣件用于两根任意角度相交钢管的连接；直角扣件用于两根垂直相交钢管的连接，它是依靠扣件与钢管之间的摩擦力来传递荷载的；对接扣件用于两根钢管对接接长的连接。

图 3-8 钢管

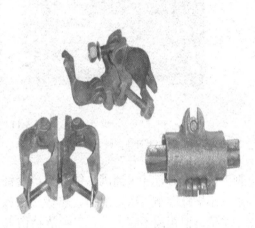

图 3-9 扣件形式

3. 底座

底座一般采用厚 8 mm，边长 150～200 mm 的钢板作为底板，上焊高度为 150 mm 的钢管。底座形式有内插式和外套式两种（图 3-10）。

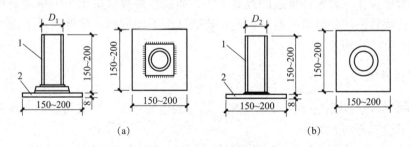

图 3-10 扣件式钢管脚手架底座

(a)内插式底座；(b)外套式底座

1—承插钢管；2—钢板底座

4. 脚手板

脚手板铺在脚手架的小横杆上，用于工人施工活动和堆放材料等，要求其有足够的强度和板面平整度。按其所用材料的不同，脚手板分为木脚手板、竹脚手板、钢脚手板及钢木脚手板等，如图 3-11 所示。

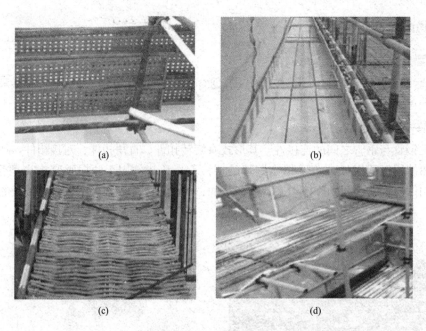

图 3-11　脚手板

(a)冲压钢脚手板；(b)木脚手板；(c)竹笆脚手板；(d)竹串片脚手板

脚手板铺设时，要求铺满、铺稳，严禁铺探头板、弹簧板。钢脚手板在靠墙一侧及端部必须与小横杆绑牢，以防滑出。靠墙一块板离墙面应有 15 cm 的距离，供砌筑过程中检查操作质量。但距离不宜过大，以免落物伤人。

木脚手板可对头铺或搭接铺。对头铺时，在每块板端头下要有小横杆，小横杆距板端≤15 cm。搭接铺时，两块板端头的搭接长度应≥20 cm，如有不平之处要用木板垫起，垫在小横杆与大横杆相交处，使脚手板铺实在小横杆上，但不允许用碎砖块塞垫。

每砌完一步架子要翻脚手板时，应先将板面碎石块和砂浆硬块等杂物扫净，按每挡由里向外翻的顺序操作，即先将里边的板翻上去，而后往外逐块翻上去。板铺好后，再拆移下面的小横杆周转使用，但要与抛撑相连，连墙杆也不能拆掉。此外通道上面的脚手板要保留，以防高空坠物伤人。

（三）搭设要求

（1）脚手架搭设时应注意地基平整坚实，设置底座和垫板，并有可靠的排水措施，防止积水浸泡地基引起不均匀沉陷。

（2）杆件应按设计方案进行搭设，并注意搭设顺序，禁止使用规格和质量不合格的杆配件。

（3）单、双排脚手架必须配合施工进度搭设，一次搭设高度不应超过相邻连墙件以上两步。每搭完一步脚手架后，应校正步距、纵距、横距及立杆的垂直度。

（4）双排脚手架横向水平杆的靠墙一端至墙装饰面的距离不应大于 100 mm。

（5）连墙件的安装应随脚手架搭设同步进行，不得滞后安装。

（6）脚手架剪刀撑与双排脚手架横向斜撑应随立杆、纵向和横向水平杆等同步搭设，不得滞后安装。

（7）作业层、斜道的栏杆和挡脚板均应搭设在外立杆的内侧，上栏杆上皮高度应为

1.2 m，挡脚板高度不应小于 180 mm，中栏杆应居中设置。

（8）作业层脚手板应铺满、铺稳，离墙面的距离不应大于 150 mm；脚手板应用镀锌铁丝固定在横向水平杆上，防止滑动。

（9）作业层脚手板应用安全网双层兜底。作业层以下每隔 10 m 应用安全网封闭。架体外围应用密目式安全网全封闭，密目式安全网宜设置在脚手架外立杆的内侧，并应与架体绑扎牢固。

（四）脚手架搭设的检查与验收

（1）脚手架搭设完毕必须进行检查验收，合格后方可使用。

（2）脚手架应在下列阶段进行检查与验收：

1）基础完工后及脚手架搭设前；

2）作业层上施加荷载前；

3）每搭设完 6～8 m 高度后；

4）达到设计高度后；

5）遇有 6 级强风及以上风或大雨后、冻结地区解冻后；

6）停用超过一个月。

（3）脚手架检查、验收时，应根据专项施工方案及变更文件、技术交底文件、构配件质量检查表等技术文件进行。

（4）脚手架使用中，应定期检查下列内容：

1）杆件的设置和连接，连墙件、支撑、门洞桁架等的构造应符合《建筑施工扣件式钢管脚手架安全技术规范》(JGJ 130—2011)和专项施工方案的要求；

2）地基应无积水，底座应无松动，立杆应无悬空；

3）扣件螺栓应无松动；

4）高度在 24 m 以上的双排脚手架，其立杆的沉降与垂直度的偏差应符合《建筑施工扣件式钢管脚手架安全技术规范》(JGJ 130—2011)的规定；

5）安全防护措施应符合要求；

6）应无超载使用。

（5）脚手架搭设的技术要求、允许偏差与检验方法，应符合《建筑施工扣件式钢管脚手架安全技术规范》(JGJ 130—2011)的规定。

（6）安装后的扣件螺栓拧紧扭力矩应采用扭力扳手检查，抽样方法应按随机分布原则进行。抽样检查数目与质量判定标准，应按表 3-1 的规定确定。不合格的应重新拧紧至合格。

表 3-1　扣件拧紧抽样检查数目及质量判定标准

项次	检查项目	安装扣件数量/个	抽检数量/个	允许的不合格数量/个
1	连接立杆与纵（横）向水平杆或剪刀撑的扣件；接长立杆、纵向水平杆或剪刀撑的扣件	51～90	5	0
		91～150	8	1
		151～280	13	1
		281～500	20	2
		501～1 200	32	3
		1 201～3 200	50	5

项次	检查项目	安装扣件数量/个	抽检数量/个	允许的不合格数量/个
2	连接横向水平杆与纵向水平杆的扣件(非主节点处)	51~90	5	1
		91~150	8	2
		151~280	13	3
		281~500	20	5
		501~1 200	32	7
		1 201~3 200	50	10

(五)扣件式钢管脚手架的拆除

(1)架体拆除作业应设专人指挥,当有多人同时操作时,应明确分工、统一行动,且应具有足够的操作面。

(2)单、双排脚手架拆除作业必须由上而下逐层进行,原则上后搭的先拆、先搭的后拆,严禁上下同时作业。

(3)连墙件必须随脚手架逐层拆除,严禁先将连墙件整层或数层拆除后再拆脚手架;分段拆除高差大于两步时,应增设连墙件加固。

(4)当脚手架拆至下部最后一根长立杆的高度(约6.5 m)时,应先在适当位置搭设临时抛撑加固后,再拆除连墙件。当脚手架采取分段、分立面拆除时,对不拆除的脚手架两端,应先设置连墙件和横向斜撑加固。

(5)所有杆件与扣件,在拆除时应分离,不允许杆件上附着扣件输送地面,或两杆同时拆下输送地面。所有构配件严禁抛掷至地面。

(6)运至地面的构配件应及时检查、整修与保养,并应按品种、规格分别存放。

单元二 砌体工程施工准备

一、砌筑砂浆

1. 预拌砂浆

砌体结构工程使用的预拌砂浆,应符合设计要求及国家现行标准的规定。不同品种和强度等级的产品应分别运输、储存和标识,不得混杂。

湿拌砂浆应采用专用搅拌车运输,湿拌砂浆运至施工现场后,应进行稠度检验,除直接使用外,应储存在不吸水的专用容器内,并应根据不同季节采取遮阳、保温和防雨雪措施。湿拌砂浆在储存、使用过程中不应加水。当存放过程中出现少量泌水时,应拌和均匀后使用。

视频:砌体工程
施工准备

干混砂浆及其他专用砂浆在运输和储存过程中,不得淋水、受潮、靠近火源或高温。袋装砂浆应防止硬物划破包装袋。干混砂浆及其他专用砂浆储存期不应超过3个月;超过3个月的干混砂浆在使用前应重新检验,合格后使用。

优先采用干混砂浆。干混砂浆进场使用前,应分批对其稠度、抗压强度进行复验。

2. 现场拌制砂浆

现场拌制砌筑砂浆时，应采用机械搅拌，搅拌时间自投料完起算，应符合下列规定：

(1)水泥砂浆和水泥混合砂浆不应少于 120 s；

(2)水泥粉煤灰砂浆和掺用外加剂的砂浆不应少于 180 s；

(3)掺液体增塑剂的砂浆，应先将水泥、砂干拌混合均匀后，将混有增塑剂的拌合水倒入干混砂浆中继续搅拌；掺固体增塑剂的砂浆，应先将水泥、砂和增塑剂干拌混合均匀后，将拌合水倒入其中继续搅拌。从加水开始，搅拌时间不应少于 210 s。

现场搅拌的砂浆应随拌随用，拌制的砂浆应在 3 h 内使用完毕；当施工期间最高气温超过 30 ℃时，应在 2 h 内使用完毕。对掺用缓凝剂的砂浆，其使用时间可根据其缓凝时间的试验结果确定。

二、砖、砌块

1. 砖

图 3-12 所示为蒸压灰砂砖和蒸压粉煤灰砖。

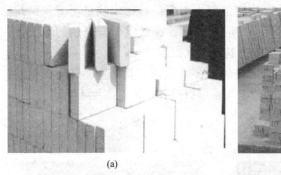

(a)   (b)

图 3-12 砖

(a)蒸压灰砂砖；(b)蒸压粉煤灰砖

(1)砖的品种、强度等级必须符合设计要求，并应规格一致，有出厂合格证、产品性能检测报告。

(2)砌体砌筑时，混凝土多孔砖、混凝土实心砖、蒸压灰砂砖、蒸压粉煤灰砖等块体的产品龄期不应小于 28 d。

(3)有冻胀环境和条件的地区，地面以下或防潮层以下的砌体，不应采用多孔砖。

(4)不同品种的砖不得在同一楼层混砌。

(5)砌筑烧结普通砖、烧结多孔砖、烧结空心砖、蒸压灰砂砖、蒸压粉煤灰砖砌体时，砖应提前 1～2 d 适度湿润；混凝土多孔砖及混凝土实心砖不需浇水湿润。

2. 砌块

图 3-13 所示为普通混凝土小型空心砌块和蒸压加气混凝土砌块。

(1)普通混凝土小型空心砌块、轻集料混凝土小型空心砌块、蒸压加气混凝土砌块的产品龄期不应小于 28 d。

(2)承重墙体使用的小砌块应完整、无破损、无裂缝。

(3)小砌块砌筑时的含水量，对普通混凝土小砌块，宜为自然含水量，不需对小砌块浇水湿润，当天气干燥炎热时，宜在砌筑前对其喷水湿润；不得雨天施工，小砌块表面有浮水时，不得使用。

图 3-13　砌块

(a)普通混凝土小型空心砌块；(b)蒸压加气混凝土砌块

(4)采用普通砌筑砂浆砌筑填充墙时，吸水率较大的轻集料混凝土小型空心砌块应提前1～2 d浇(喷)水湿润。吸水率较小的轻集料混凝土小型空心砌块及采用薄灰砌筑法施工的蒸压加气混凝土砌块，砌筑前不应对其浇(喷)水湿润；在气候干燥炎热的情况下，对吸水率较小的轻集料混凝土小型空心砌块宜在砌筑前喷水湿润。

(5)蒸压加气混凝土砌块、轻集料混凝土小型空心砌块、烧结空心砖等的运输、装卸过程中，严禁抛掷和倾倒；进场后应按品种、规格堆放整齐，堆置高度不宜超过 2 m。

3. 石材

图 3-14 所示为毛石和粗料石。

图 3-14　石材

(a)毛石；(b)粗料石

(1)石砌体采用的石材应质地坚实，无裂纹和无明显风化剥落，一般采用毛石、毛料石、粗料石、细料石等。

(2)用于清水墙、柱的石材外露面，不应存在断裂、缺角等缺陷，并应色泽均匀。

(3)石材的放射性应经检验，其安全性应符合现行国家标准《建筑材料放射性核素限量》(GB 6566—2010)的有关规定。

(4)石材表面的泥垢、水锈等杂质，砌筑前应清除干净。

（5）毛石砌体所用毛石应无风化剥落和裂纹，无细长扁薄片和尖锥，毛石应呈块状，其中部厚度不宜小于 150 mm。

三、砌筑工具和机械

（一）脚手架

一般砌筑高度在 1.2 m 以上时，即需要安装脚手架以便砌筑施工(图 3-15)。脚手架应根据施工进度随砌随搭。外脚手架必须按脚手架专项施工方案搭设，并经检查验收符合安全及使用要求。

图 3-15　脚手架

（二）运输机具

砌筑工程采用的运输机具有手推车、塔式起重机、井架、施工电梯、灰浆泵等。砌筑前应按施工组织设计的要求组织相应的机具进场、安装、调试。大型运输机械，如图 3-16 所示。塔式起重机、井架、施工电梯、灰浆泵等应由具有资质的专业公司、人员进行装拆。

视频：运输机械

(a)　　　　　　　(b)

(c)　　　　　　　(d)

图 3-16　运输机械

(a)塔吊；(b)井架；(c)施工电梯；(d)龙门架

（三）搅拌机械

搅拌机械主要包括砂浆搅拌机和混凝土搅拌机（图3-17）。

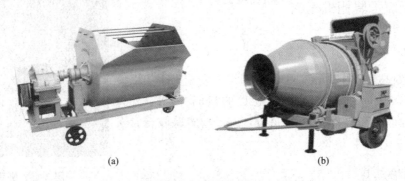

(a)   (b)

图 3-17　搅拌机械

(a)砂浆搅拌机；(b)混凝土搅拌机

（四）砌筑及检测工具

常用的砌筑及检测工具包括瓦刀[图 3-18(a)]、刨锛[图 3-18(b)]、大铲[图 3-18(c)]、铺灰铲、刀锯、手摇钻、平直架、镂槽器、托线板、线坠、小白线、卷尺、2 m 靠尺、楔形塞尺、筛子、水平尺、皮数杆、灰槽、砖夹子、扫帚等。

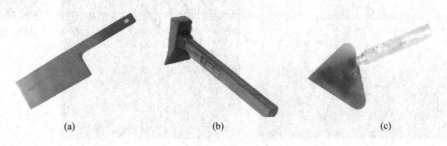

(a)   (b)   (c)

图 3-18　砌筑工具

(a)瓦刀；(b)刨锛；(c)大铲

特别提示

砂浆搅拌机常用卧式强制式砂浆搅拌机，也可使用混凝土自落式搅拌机，常用的型号有 JZ250、JZ350。

单元三　砖砌体工程施工

视频：砖砌体的
组砌方式

一、砖砌体的组砌方式

普通砖墙的砌筑形式主要有一顺一丁、梅花丁和三顺一丁三种。

1. 一顺一丁

一顺一丁是一皮全部顺砖与一皮全部丁砖间隔组砌。上下皮竖缝相互错开 1/4 砖长。这种砌法效率较高，适用砌一砖、一砖半及二砖墙。

2. 梅花丁

梅花丁是每皮中丁砖与顺砖相隔，上皮丁砖坐中下皮顺砖，上下皮间竖缝相互错开 1/4 砖长。这种砌法内外竖缝每皮都能避开，故整体性较好，灰缝整齐，比较美观，但砌筑效率较低，适用砌一砖及一砖半墙。

3. 三顺一丁

三顺一丁是三皮顺砖间隔一皮丁砖的组砌方法。上下皮顺砖搭接半砖长，丁砖与顺砖搭接 1/4 砖长，同时要求山墙与檐墙的丁砖层不在同一皮砖上，以利于错缝搭接。

4. 其他砌法

其他砌法还有全顺砌法、全丁砌法、两平一侧砌法。

墙厚为 3/4 砖时，平砌砖均为顺砖，上下皮平砌顺砖间竖缝相互错开 1/2 砖长；上下皮平砌顺砖与侧砌顺砖间竖缝相互错开 1/2 砖长。当墙厚为 5/4 砖长时，上下皮平砌顺砖与侧砌顺砖间竖缝相互错开 1/2 砖长；上下皮平砌丁砖与侧砌顺砖间竖缝相互错开 1/4 砖长。这种形式适合砌筑 3/4 砖墙及 5/4 砖墙。

为了使砖墙的转角处各皮间竖缝相互错开，必须在外角处砌七分头砖（3/4 砖长）。当采用一顺一丁组砌时，七分头的顺面方向依次砌顺砖，丁面方向依次砌丁砖。

砖墙的丁字接头处，应分皮相互砌通，内角相交处竖缝应错开 1/4 砖长，并在横墙端头处加砌七分头砖。

砖墙的十字接头处，应分皮相互砌通，交角处的竖缝应相互错开 1/4 砖长。

特别提示

砖柱不得采用先砌四周后填心的包心砌法。

二、砖砌体的施工

砖墙的砌筑一般有找平、放线、摆砖、立皮数杆、盘角、挂线、砌筑、勾缝、清理等工序。

视频：砖砌体的施工

1. 找平、放线

建筑底层排轴线时应先定出基准轴线，并从基准轴线开始丈量并复核其他轴线。基准轴线确定后，便以此为始端向另一端推进（如基准轴线在中间部位，则分别向两端推进），用钢尺丈量出各道轴线，并在远端外墙轴线处校核。各楼层排轴线，也应先引测出基准轴线，然后按同样的方向、顺序排出全部轴线。

楼层的轴线引测及复查，可以采用经纬仪观测或垂球吊引的方法。在多层砖混结构施工中以垂球吊引法为多，且简单易行。当各楼层墙体轴线及墙面垂直度发生偏差，不超出质量允许值时，可按逐层分散纠偏原则处理误差。纠察结果必须符合设计及规范规定。

砌墙前先在基础防潮层或楼面上定出各层标高，并用水泥砂浆或 C10 细石混凝土找平，然后根据轴线，弹出墙身轴线、边线及门窗洞口位置。

2. 摆砖

摆砖，又称摆脚，是指在放线的基面上按选定的组砌方式用干砖试摆。目的是校对所放出的墨线在门窗洞口、附墙垛等处是否符合砖的模数，以尽可能减少砍砖，并使砌体灰缝均匀、组砌得当。一般在房屋外纵墙方向摆顺砖，在山墙方向摆丁砖，摆砖由一个大角摆到另一个大角，砖与砖留 10 mm 缝隙。

3. 立皮数杆

皮数杆是指在其上画有每皮砖和灰缝厚度，以及门窗洞口、过梁、楼板等高度位置的一种标杆。砌筑时用来控制墙体竖向尺寸及各部位构件的竖向标高，并保证灰缝厚度的均匀性。

皮数杆一般设置在房屋的四大角以及纵横墙的交接处，如墙面过长，应每隔 10~15 m 立一根。皮数杆需用水平仪统一竖立，使皮数杆上的 ±0.000 与建筑物的 ±0.000 相吻合，以后就可以向上接皮数杆。

4. 盘角、挂线

墙角是控制墙面横平竖直的主要依据，所以，一般砌筑时应先砌墙角，墙角砖层高度必须与皮数杆相符合，做到"三皮一吊，五皮一靠"。墙角必须双向垂直。

墙角砌好后，即可挂小线，作为砌筑中间墙体的依据，以保证墙面平整，一般一砖墙、一砖半墙则应用双面挂线。

5. 砌筑、勾缝

砌筑操作方法各地不一，但应保证砌筑质量要求。通常采用"三一砌砖法"，即一块砖、一铲灰、一揉压，并随手将挤出的砂浆刮去的砌筑方法。这种砌法的优点是灰缝容易饱满、粘结力好、墙面整齐。

勾缝是砌清水墙的最后一道工序，可以用砂浆随砌随勾缝，叫作原浆勾缝；也可砌完墙后再用 1∶1.5 水泥砂浆或加色砂浆勾缝，称为加浆勾缝。勾缝具有保护墙面和增加墙面美观的作用，为了确保勾缝质量，勾缝前应清除墙面粘结的砂浆和杂物，并洒水润湿，在砌完墙后，应画出 10 mm 的灰槽，灰缝可勾成凹、平、斜或凸形状。勾完缝后还应清扫墙面。

砌筑、勾缝如图 3-19 所示。

图 3-19　砌筑、勾缝

三、砖砌体的施工要点及质量标准

1. 施工要点

(1)全部砖墙应平行砌起，砖层必须水平，砖层正确位置用皮数杆控制，基础和每楼层砌完后必须校对一次水平、轴线和标高，在允许偏差范围内，其偏差值应在基础或楼板顶面调整。

(2)砖墙的水平灰缝和竖向灰缝宽度一般为 10 mm，但不小于 8 mm，也不应大于 12 mm。水平灰缝的砂浆饱满度不得低于 80%，竖向灰缝宜采用挤浆或加浆方法，使其砂浆饱满，严禁用水冲浆灌缝。

视频：砖砌体的施工要点及质量标准

(3)砖墙的转角处和交接处应同时砌筑。当不能同时砌筑而又必须留槎时，应砌成斜槎，斜槎长度不应小于高度的 2/3(图 3-20)。

抗震设防及抗震设防烈度为 6 度、7 度地区的临时间断处，当不能留斜槎时，除转角处外，可留直槎，但必须做成凸槎，并加设拉结筋。拉结筋的数量为每 120 mm 墙厚放置 1φ6 拉结钢筋且不得少于两根，拉结钢筋间距沿墙高不应超过 500 mm，埋入长度从留槎处算起每边均不应小于 500 mm，对抗震设防烈度为 6 度、7 度的地区，不应小于 1 000 mm，末端应有 90°弯钩(图 3-21)。抗震设防地区不得留直槎。

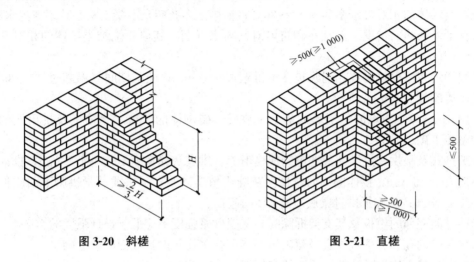

图 3-20 斜槎　　　　　　　　　　　图 3-21 直槎

(4)隔墙与承重墙如不同时砌起而又不留成斜槎时，可于承重墙中引出阳槎，并在其灰缝中预埋拉结筋，其构造与上述相同，但每道不少于 2 根。抗震设防地区的隔墙，除应留阳槎外，还应设置拉结筋。

(5)砖墙接槎时，必须将接槎处的表面清理干净，浇水润湿，并应填实砂浆，保持灰缝平直。

(6)每层承重墙的最上一皮砖、梁或梁垫的下面及挑檐、腰线等处，应是整砖丁砌。填充墙砌至接近梁、板底时，应留一定空隙，待填充墙砌筑完并至少间隔 7 d 后，再将其补砌挤紧。

(7)砖墙中留置临时施工洞口时，其侧边离交接处的墙面不应小于 500 mm，洞口净宽度不应超过 1 m。

(8)砖墙相邻工作段的高度差，不得超过一个楼层的高度，也不宜大于 4 m。工作段的分段位置应设在伸缩缝、沉降缝、防震缝或门窗洞口处。砖墙临时间断处的高度差，不得超过一步脚手架的高度。

(9)在下列墙体或部位中不得留设脚手眼：

1)120 mm 厚墙、料石墙、清水墙、独立柱和附墙柱；

2)过梁上与过梁呈 60°的三角形范围及过梁净跨度 1/2 的高度范围内；

3)宽度小于 1 m 的窗间墙；

4)砌体门窗洞口两侧 200 mm(石砌体为 300 mm)和转角处 450 mm(石砌体为 600 mm)范围内；

5)梁或梁垫下及其左右 500 mm 范围内；

6)设计不允许设置脚手眼的部位。

2. 质量标准

(1)一般规定。

1)用于清水墙、柱表面的砖，应边角整齐，色泽均匀。

2)有冻胀环境和条件的地区，地面以下或防潮层以下的砌体，不宜采用多孔砖。

3)砌筑烧结普通砖、烧结多孔砖、蒸压灰砂砖、蒸压粉煤灰砖砌体时，砖应提前1～2 d适度湿润，严禁采用干砖或处于吸水饱和状态的砖砌筑，块体湿润程度宜符合下列规定：烧结类块体的相对含水率为60%～70%；混凝土多孔砖及混凝土实心砖不需浇水湿润，但在气候干燥炎热的情况下，宜在砌筑前对其喷水湿润。其他非烧结类块体的相对含水率为40%～50%。

4)采用铺浆法砌筑砌体，铺浆长度不得超过750 mm；施工期间气温超过30 ℃时，铺浆长度不得超过500 mm。

5)240 mm厚承重墙的每层墙的最上一皮砖、砖砌体的阶台水平面上及挑出层的外皮砖，应整砖丁砌。

6)弧拱式及平拱式过梁的灰缝应砌成楔形缝，拱底灰缝宽度不宜小于5 mm，拱顶灰缝宽度不应大于15 mm，拱体的纵向及横向灰缝应填实砂浆；平拱式过梁拱脚下面应伸入墙内不小于20 mm；砖砌平拱过梁底应有1%的起拱。

7)砖过梁底部的模板及其支架拆除时，灰缝砂浆强度不应低于设计强度的75%。

8)多孔砖的孔洞应垂直于受压面砌筑。半盲孔多孔砖的封底面应朝上砌筑。

9)竖向灰缝不应出现瞎缝、透明缝和假缝。

10)砌体砌筑时，混凝土多孔砖、混凝土实心砖、蒸压灰砂砖、蒸压粉煤灰砖等块体的产品龄期不应小于28 d。

11)砖砌体施工临时间断处补砌时，必须将接槎处表面清理干净，洒水湿润，并填实砂浆，保持灰缝平直。

(2)主控项目。

1)砖和砂浆的强度等级必须符合设计要求。

2)砌体灰缝砂浆应密实饱满，砖墙水平灰缝的砂浆饱满度不得低于80%，砖柱水平灰缝和竖向灰缝的饱满度不得低于90%。

3)砖砌体的转角处和交接处应同时砌筑，严禁无可靠措施的内外墙分砌施工。在抗震设防烈度为8度及8度以上地区，对不能同时砌筑而又必须留置的临时间断处应砌成斜槎，普通砖砌体斜槎水平投影长度不应小于高度的2/3，多孔砖砌体的斜槎长高比不应小于1/2。斜槎高度不得超过一步脚手架的高度。

4)非抗震设防及抗震设防烈度为6度、7度地区的临时间断处，当不能留斜槎时，除转角处外，可留直槎，但直槎必须做成凸槎，且应加设拉结钢筋，拉结钢筋的数量为每120 mm墙厚放置1φ6拉结钢筋(120 mm厚墙放置2φ6拉结钢筋)，间距沿墙高不应超过500 mm，且竖向间距偏差不应超过100 mm；埋入长度从留槎处算起每边均不应小于500 mm，对抗震设防烈度6度、7度的地区，不应小于1 000 mm；末端应有90°弯钩。

(3)一般项目。

1)砖砌体组砌方法应正确，内外搭砌，上、下错缝。砖柱不得采用包心砌法。清水墙、窗间墙无通缝；混水墙中不得有长度大于300 mm的通缝，长度200～300 mm的通缝每间不超过 3 处，且不得位于同一面墙体上。

2)砖砌的灰缝应横平竖直，厚薄均匀。水平灰缝厚度及竖向灰缝宽度宜为 10 mm，但不应小于 8 mm，也不应大于 12 mm。

3)砖砌体尺寸、位置的允许偏差及检验应符合表 3-2 的规定。

表 3-2　砖砌体尺寸、位置的允许偏差及检验

项次	项目			允许偏差 /mm	检验方法	抽检数量
1	轴线位移			10	用经纬仪和尺或用其他测量仪器检查	承重墙、柱全部数量
2	基础、墙、柱顶面标高			±15	用水准仪和尺检查	不应少于 5 处
3	墙面垂直度	每层		5	用 2 m 托线板检查	不应少于 5 处
		全高	≤10 m	10	用经纬仪、吊线和尺或用其他测量仪器检查	外墙全部阳角
			>10 m	20		
4	表面平整度	清水墙、柱		5	用 2 m 靠尺和楔形塞尺检查	不应少于 5 处
		混水墙、柱		8		
5	水平灰缝平直度	清水墙		7	用 5 m 线和尺检查	不应少于 5 处
		混水墙		10		
6	门窗洞口高、宽(后塞口)			±10	用尺检查	不应少于 5 处
7	外墙上下窗口偏移			20	以底层窗口为准，用经纬仪或吊线检查	不应少于 5 处
8	清水墙游丁走缝			20	以每层第一皮砖为准，用吊线和尺检查	不应少于 5 处

单元四　砌块砌体工程施工

一、砌块砌体的施工

砌块砌体的砌筑一般有墙体放线、制备砂浆、砌块排列、铺砂浆、砌块就位、校正、砌块浇水、砌筑镶砖、竖缝灌砂浆、勾缝等工序。砌块砌体施工如图 3-22 所示。

视频：砌块砌体
工程施工

1. 墙体放线

砌体施工前，应将基础面或楼层结构面按标高找平，依据砌筑图放出第一皮砌块的轴线、砌体边线和洞口线。

2. 砌块排列

按砌块排列图在墙体线范围内分块定尺、画线。

图 3-22　砌块砌体施工

排列砌块的方法和要求如下：

（1）砌块砌体在砌筑前，应根据工程设计施工图，结合砌块的品种、规格，绘制砌体砌块的排列图，经审核无误，按图排列砌块。

（2）砌块排列应从地基或基础面、±0.00 面排列，排列时尽可能采用主规格的砌块，砌体中主规格砌块应占总量的 75%～80%。

（3）砌块排列上、下皮应错缝搭砌，搭砌长度一般为砌块的 1/2，不得小于砌块高的1/3，也不应小于 150 mm，如果搭错缝长度满足不了规定的压搭要求，应采取压砌钢筋网片的措施，具体构造按设计规定。

（4）外墙转角及纵横墙交接处，应将砌块分皮咬槎，交错搭砌，如果不能咬槎时，按设计要求采取其他的构造措施；砌体垂直缝与门窗洞口边线应避开同缝，且不得采用砖镶砌。

（5）砌体水平灰缝厚度一般为 15 mm，如果是加钢筋网片的砌体，水平灰缝厚度为 20～25 mm，垂直灰缝宽度为 20 mm。大于 30 mm 的垂直缝，应用 C20 的细石混凝土灌实。

（6）砌块排列尽量不镶砖或少镶砖，必须镶砖时，应用整砖平砌，且尽量分散，镶砌砖的强度不应小于砌块强度等级。

（7）砌块墙体与结构构件位置有矛盾时，应先满足构件布置。

3. 制配砂浆

按设计要求的砂浆品种、强度制配砂浆，配合比应由试验室确定，采用质量比，计量精度为水泥±2%，砂、灰膏控制在±5% 以内，应采用机械搅拌，搅拌时间不少于1.5 min。

4. 铺砂浆

将搅拌好的砂浆，通过吊斗、灰车运至砌筑地点，在砌块就位前，用大铲、灰勺进行分块铺灰，较小的砌块铺灰长度不得超过 1 500 mm。

5. 砌块就位与校正

砌块砌筑前一天应进行浇水湿润，冲去浮尘，清除砌块表面的杂物后方可吊、运就位。砌筑就位应先远后近、先下后上、先外后内；每层开始时，应从转角处或定位砌块处开始；应吊砌一皮、校正一皮，皮皮拉线控制砌体标高和墙面平整度。

砌块安装时，起吊砌块应避免偏心，使砌块底面能水平下落；就位时由人手扶控制，对准位置，缓慢地下落，经小撬棒微撬，用托线板挂直、核正为止。

6. 砌筑镶砖

用烧结普通砖镶砌前后一皮砖，必须选用无横裂的整砖，顶砖镶砌（图 3-23），不得使用半砖。

图 3-23　顶砖镶砌

7. 竖缝灌砂浆

每砌一皮砌块，就位校正后，用砂浆灌垂直缝，随后进行灰缝的勾缝（原浆勾缝），深度一般为 3～5 mm。

二、砌块砌体的施工要点及质量标准

（一）施工要点

（1）砌块墙体所采用的砂浆，应具有良好的和易性，其稠度以 50～70 mm 为宜，铺灰应平整饱满，每次铺灰长度一般不超过 5 m，炎热天气及严寒季节应适当缩短。

（2）砌块安装通常采用两种方案：一种是以轻型塔式起重机进行砌块、砂浆的运输，以及楼板等预制构件的吊装，由台灵架吊装砌块；另一种是以井架进行材料的垂直运输、杠杆车进行楼板吊装，所有预制构件及材料的水平运输则用砌块车和劳动车，台灵架负责砌块的吊装。前者适用工程量大或两幢房屋对翻流水的情况，后者适用工程量小的房屋。

砌块的吊装一般按施工段依次进行，其次序为先外后内，先远后近，先下后上，在相邻施工段之间留阶梯形斜槎。吊装时应从转角处或砌块定位处开始，采用摩擦式夹具，按砌块排列图将所需砌块吊装就位。

（3）砌块吊装就位后，用托线板检查砌块的垂直度，拉准线检查水平度，并用撬棍、楔块调整偏差。

（4）竖缝可用夹板在墙体内外夹住，然后灌砂浆，用竹片插或铁棒捣，使其密实。当砂浆吸水后用刮缝板把竖缝和水平缝刮齐。灌缝后，一般不应再撬动砌块，以防损坏砂浆粘结力。

（5）当砌块间出现较大竖缝或过梁找平时，应镶砖。镶砖砌体的竖直缝和水平缝应控制在 15～30 mm 以内。镶砖工作应在砌块校正后即刻进行，镶砖时应注意使砖的竖缝灌密实，如图 3-24 所示。

图 3-24　砌块施工镶砖

(二)质量标准

1. 一般规定

(1)施工时所用的小砌块的产品龄期不应小于 28 d。

(2)砌筑小砌块时,应清除表面污物和芯柱用小砌块孔洞底部的毛边,剔除外观质量不合格的小砌块。

(3)施工时所用的砂浆,宜选用专用的小砌块砌筑砂浆。

(4)底层室内地面以下或防潮层以下的砌体,应采用强度等级不低于 C20(或 Cb20)的混凝土灌实小砌块的孔洞。

(5)小砌块砌筑时,在天气干燥炎热的情况下,可提前洒水湿润小砌块;对轻集料混凝土小砌块,可提前浇水湿润。小砌块表面有浮水时,不得施工。

(6)承重墙体严禁使用断裂小砌块。

(7)小砌块墙体应对孔错缝搭砌,搭接长度不应小于 90 mm。墙体的个别部位不能满足上述要求时,应在灰缝中设置拉结钢筋或钢筋网片,但竖向通缝仍不得超过两皮小砌块。

(8)小砌块应底面朝上反砌于墙上。

(9)浇灌芯柱的混凝土,宜选用专用的小砌块灌孔混凝土,当采用普通混凝土时,其坍落度不应小于 90 mm。

(10)填充墙砌体砌筑前块材应提前 2 d 浇水湿润。

2. 主控项目

(1)小砌块和砂浆的强度等级必须符合设计要求。

(2)小型砌块砌体水平灰缝的砂浆饱满度,应按净面积计算不得低于 90%;竖缝凹槽部位应用砌筑砂浆填实;不得出现瞎缝、透明缝。

(3)小型砌块砌体墙体转角处和纵横交接处应同时砌筑。临时间断处应砌成斜槎,斜槎水平投影长度不应小于斜槎的高度。施工洞口可预留直槎,但在洞口砌筑和补砌时,应在直槎上下搭砌的小砌块空洞内用强度等级不低于 C20 的混凝土灌实。

(4)小砌块砌体的芯柱混凝土在楼盖处应贯通,不得削弱芯柱截面尺寸;芯柱混凝土不得漏灌。

3. 一般项目

(1)砌体的水平灰缝厚度和竖向灰缝宽度宜为 10 mm，不应小于 8 mm，但不应大于 12 mm。

(2)小砌块砌体尺寸、位置的允许偏差同表 3-3 中 1～5 项。

表 3-3　砖砌体一般尺寸允许偏差

项次	项目			允许偏差/mm	检验方法	抽检数量
1	轴线位移			10	用经纬仪和尺或用其他测量仪器检查	承重墙、柱全数检查
2	基础、墙、柱顶面标高			±15	用水准仪和尺检查	不应少于 5 处
3	墙面垂直度	每层		5	用 2 m 托线板检查	不应少于 5 处
		全高	≤10 mm	10	用经纬仪、吊线和尺或用其他测量仪器检查	外墙全部阳角
			>10 mm	20		
4	表面平整度	清水墙、柱		5	用 2 m 靠尺和楔形塞尺检查	不应少于 5 处
		混水墙、柱		8		
5	水平灰缝平直度	清水墙		7	拉 5 m 线和尺检查	不应少于 5 处
		混水墙		10		
6	门窗洞口高、宽(后塞口)			±10	用尺检查	不应少于 5 处
7	外墙上、下窗口偏移			20	以底层窗口为准，用经纬仪或吊线检查	不应少于 5 处
8	清水墙游丁走缝			20	以每层第一皮砖为准，用吊线和尺检查	不应少于 5 处

(3)填充墙砌体一般尺寸的允许偏差应符合表 3-4 的规定。

(4)蒸压加气混凝土砌块砌体和轻集料混凝土小型空心砌块砌体不应与其他块材混砌。

表 3-4　填充墙砌体一般尺寸允许偏差

项次	项目		允许偏差/mm	检验方法
1	轴线位移		10	用尺检查
	垂直度(每层)	≤3 m	5	用 2 m 托线板或吊线、尺检查
		>3 m	10	
2	表面平整度		8	用 2 m 靠尺和楔形塞尺检查
3	门窗洞口高、宽(后塞口)		±10	用尺检查
4	外墙上、下窗口偏移		20	用经纬仪或吊线检查

(5)填充墙砌体的砂浆饱满度及检验方法应符合表 3-5 的规定。

表 3-5　填充墙砌体的砂浆饱满度及检验方法

砌体分类	灰缝	饱满度及要求	检验方法
空心砖砌体	水平	≥80%	采用百格网检查块材底面砂浆的粘结痕迹面积
	垂直	填满砂浆，不得有透明缝、瞎缝、假缝	
蒸压加气混凝土砌块和轻集料混凝土小型空心砌块砌体	水平	≥80%	
	垂直	≥80%	

（6）填充墙砌体留置的拉结钢筋或网片的位置应与块体皮数相符合。拉结钢筋或网片应置于灰缝中，埋置长度应符合设计要求，竖向位置偏差不应超过 1 皮高度。

（7）填充墙砌筑时应错缝搭砌，蒸压加气混凝土砌块搭砌长度不应小于砌块长度的 1/3；轻集料混凝土小型空心砌块搭砌长度不应小于 90 mm；竖向通缝不应大于 2 皮。

填充墙的水平灰缝厚度和竖向灰缝宽度应正确，烧结空心砖、轻集料混凝土小型空心砌块砌体的灰缝应为 8～12 mm；蒸压加气混凝土砌块砌体当采用水泥砂浆、水泥混合砂浆或蒸压加气混凝土砌块砌筑砂浆时，水平灰缝厚度和竖向灰缝宽度不应超过 15 mm；当蒸压加气混凝土砌块砌体采用蒸压加气混凝土砌块粘结砂浆时，水平灰缝厚度和竖向灰缝宽度宜为 3～4 mm。

单元五　砌筑工程的质量安全检查验收

一、砌体工程施工质量验收要求

（1）砌体材料：主要检查产品的品种、规格、型号、数量、外观状况及产品的合格证、性能检测报告等是否符合设计标准和规范要求。块材、水泥、钢筋、外加剂等还应检查产品主要性能的进场复验报告。

视频：砌筑工程施工
安全检查要求

（2）砌筑砂浆：主要检查配合比、计量、搅拌质量（包括稠度、保水性等）、试块（包括制作、数量、养护和试块强度等）等是否符合设计标准和规范要求。

（3）砌体：主要检查砌筑方法、皮数杆、灰缝（包括宽度、瞎缝、假缝、透明缝、通缝等）、砂浆饱满度、砂浆粘结状况、块材的含水量、留槎、接槎、洞口、脚手眼、标高、轴线位置、平整度、垂直度、封顶及砌体中钢筋品种、规格、数量、位置、几何尺寸、接头等是否符合设计和规范要求。

（4）其他：砌体施工时，楼面和屋面堆载不得超过楼板的允许荷载值。

二、砌体工程施工安全检查要求

（1）在砌筑操作前，必须检查施工现场各项准备工作是否符合安全要求，如道路是否畅通，机具是否完好牢固，安全设施和防护用品是否齐全，经检查符合要求后才可施工。

（2）施工人员进入现场必须戴好安全帽。砌筑基础时，应检查和注意基坑土质的变化情况。堆放砖石材料应离开坑边 1 m 以上。砌墙高度超过地坪 1.2 m 以上时，应搭设脚手架。架上堆放材料不得超过规定荷载值，堆砖高度不得超过三皮侧砖，同一块脚手板上的操作人员不应超过两人。按规定搭设安全网。

（3）不准站在墙顶上做画线、刮缝及清扫墙面或检查大角垂直等工作。不准用不稳固的工具或物体在脚手板上垫高操作。

（4）工作完毕应将脚手板和砖墙上的碎砖、灰浆清扫干净，防止掉落伤人。不准站在墙上做画线、刮缝、吊线等工作。山墙砌完后，应立即安装桁条或临时支撑，防止倒塌。

（5）雨天或每日下班时，应做好防雨准备，以防雨水冲走砂浆，致使砌体倒塌。冬期施工时，脚手板上如有冰霜、积雪，应先清除后才能上架子进行操作。

（6）砌石墙时不准在墙顶或架上修石材，以免振动墙体影响质量或石片掉下伤人。不准勉强在超过胸部的墙上进行砌筑，以免将墙体碰撞倒塌或上石时失手掉下造成安全事故。运石上下时，脚手板要钉装牢固，并钉防滑条及扶手栏杆。

（7）对有部分破裂和脱落危险的砌块，严禁起吊；起吊砌块时，严禁将砌块停留在操作人员的上空或在空中整修；砌块吊装时，不得在下一层楼面上进行其他任何工作；卸下砌块时应避免冲击，砌块堆放应尽量靠近楼板两端，不得超过楼板的承重能力；砌块吊装就位时，应待砌块放稳后，方可松开夹具。

（8）凡脚手架、龙门架搭设好后，须经专人验收合格后方准使用。

【实践教学】

请学生根据项目案例要求，结合实际，利用所学知识，完成本项目案例中砌筑工程施工方案的制定。

1. 分析项目案例中的脚手架搭设发生安全事故的原因，应该如何处理？对于高层和超高层建筑，竖向施工采用何种施工机械更合适？

2. 砖砌体施工的施工过程中，墙体施工材料的选择对墙体质量有哪些影响？砖砌体的组砌方式对砖墙的质量有哪些影响？

3. 请思考：在以后的工作中如何将项目案例中发生的问题消灭在萌芽状态？

【建筑大师】

建筑宗师李诚

李诚（？—1110年），字明仲，郑州管城（今河南新郑）人。北宋著名土木建筑师。很早就做了曹州济阴县县尉。哲宗元祐七年（1092年）被调到东京任将作监主簿，营建了不少宫廷建筑。精巧华丽者如五王邸、朱雀门、太庙等；规模宏大者如辟雍、尚书省、开封府廨等。政府决定编写一部建筑工程施工和标准化的法典，于是李诚受哲宗之命开始编著《营造法式》，总结前人成果，吸取工匠技艺，应用自己实践，于元符三年（1100年）定稿。徽宗崇宁二年（1103年）由政府颁行全国。李诚博学多艺，然大部分精力用在治学著书方面。《营造法式》是我国古代一部最全面、最科学的建筑手册，也是世界最早、最完备的建筑学著作。

【榜样引领】

95后砌筑大师、人大代表——邹彬：奋斗的人生才精彩!

邹彬是个地道的农家子弟，1995年出生在湖南新化一个农村家庭。

初中没毕业，邹彬就辍学跟着父亲在建筑工地上干泥瓦匠，邹彬不甘于平庸，他用一把小泥刀"玩"出了新境界。

邹彬砌墙，从不放松对自己的要求，每次都认认真真，发扬"匠人精神"，把每一堵墙都砌得横平竖直、美观好看。有时，为砌好一面墙，邹彬会反复练习很多次。看到好的"作品"，就主动上门请教，甚至将墙绘成草图带回家反复研究、琢磨。

在邹彬眼里，砌墙看似是不起眼的活儿，却是每一栋建筑的安全所在。只有把墙体砌筑好，才能让人住得安心。

邹彬一门心思地钻研砌墙技术，手艺日益娴熟精湛。他只要半天就能砌筑好一面 12 m² 的 24 墙，墙体的垂直平整度的误差不到 2 mm，砖面清清澈澈、干干净净。

2014 年，邹彬从中建五工会组织的"超英杯"劳动技能竞赛中脱颖而出。

2014 年 7 月，邹彬代表中建集团参加第 43 届世界技能大赛中国选拔赛，以第一名的成绩进入国家集训队。

2015 年，过五关斩六将的邹彬，凭着不服输、不放弃的"拼劲"，最终赢得了第 43 届世界技能大赛唯一一个中国参赛名额，并获得优胜奖，实现中国在砌筑组"零"的突破。

2016 年，在湖南"十行状元、百优工匠"砌筑工竞赛中，邹彬又获得桂冠。

2018 年 1 月，23 岁的邹彬，当选为第十三届全国人大代表。

2018 年 6 月 9 日，邹彬又当选为湖南省直工会兼职副主席，成为省直工会最年轻的领导班子成员。

邹彬一直在努力，即使是当选为全国人民代表，他依然没有放弃对梦想的追求。

2020 年，邹彬又一次作为人大代表，走进了人民大会堂。

这一次，他为"农民工"代言。

他说："我希望把我的故事告诉更多人，只要肯努力，总能走出困境，一步步实现自己的梦想。"

无奋斗，不青春。

人生因为奋斗而精彩，正是他不断拼搏、奋斗，才一步步走向成功！

以梦为马、不负韶华。

愿每一个平凡的我们，因为奋斗而精彩，因为奋斗而升华！

➤ 复习思考题

一、选择题

1. 砂浆应随拌随用。当温度超过 30 ℃时，水泥混合砂浆拌成后（   ）h 使用完毕。
   A. 1   B. 2   C. 3   D. 4

2. 砂浆强度等级以标准养护[温度为（20±3）℃及正常湿度条件下的室内不通风处养护]龄期为（   ）d 的试块抗压强度为准。
   A. 7   B. 14   C. 15   D. 28

3. 皮数杆用来控制门窗、过梁、楼板等的（   ）、砖的皮数、砂浆厚度、层高、墙体垂直度及表面平整度等。
   A. 水平标高   B. 位置   C. 平整度   D. 垂直度

4. 钢管扣件式脚手架连接时，用于连接扣紧两根互相垂直相交的钢管的扣件是（   ）。
   A. 直角扣件   B. 旋转扣件   C. 对接扣件   D. 任意扣件

5. 为了防止脚手架内外倾覆，还必须设置（   ）。
   A. 剪刀撑   B. 横向斜撑   C. 抛撑   D. 连墙杆

6. 碗扣式钢管脚手架的碗扣式接头可以同时连接( )横杆，横杆可相互垂直或偏转一定的角度。

   A. 2 根   B. 3 根   C. 4 根   D. 6 根

7. 脚手架必须按楼层与结构拉接牢固，拉接点垂直距离和水平距离不得超过( )。

   A. 3 m 和 4 m   B. 4 m 和 5 m   C. 5 m 和 6 m   D. 4 m 和 6 m

8. 梅花丁适用砌一砖及( )。

   A. 24 砖墙   B. 49 砖墙   C. 37 砖墙   D. 18 砖墙

9. 砖墙的转角处和交接处应( )砌筑。

   A. 同时砌筑   B. 错缝搭接   C. 相互通砌   D. 丁砌

10. 对于不能同时砌筑而又必须留槎时，应砌成斜槎，斜槎长度不应小于高度的( )。

   A. 四分之一   B. 三分之一   C. 二分之一   D. 三分之二

11. 抗震设防及抗震设防烈度为 6 度、7 度地区临时间断处，当不能留斜槎时，除转角处外，可留直槎，但必须做成凸槎，并加设( )。

   A. 错缝搭接   B. 拉结筋   C. 钢筋网片   D. 整砖丁砌

12. 砌体砌块应分皮错缝搭砌，上下皮搭砌长度不得小于( )mm。

   A. 50   B. 90   C. 120   D. 150

二、判断题

1. 当有 5 级及以上大风和雾、雪天气时应停止脚手架搭设与拆除作业，雪后应有防滑措施。( )

2. 雨后继续施工，须复核已完工砌体的垂直度和标高。( )

3. 砌体的水平灰缝应平直，灰缝厚度一般为 10 mm。( )

4. 构造柱与墙体，应沿柱高每隔 500 mm 放 2φ6 钢筋，且每边伸入墙内不少于 500 mm。( )

5. 当砌块间出现较大竖缝或过梁找平时，应镶砖。( )

6. 砌块砌筑时必须整块使用，不能随意砍折。( )

7. 小砌块应将生产时的顶面朝上砌于墙上。( )

8. 临时间断处应砌成斜槎，斜槎水平投影长度不应小于斜槎高度。( )

9. 砌体工程施工中，水平灰缝的砂浆饱满度不得小于 70%。( )

三、简答题

1. 砌筑用砂浆有哪些种类？适用在什么场合？

2. 脚手架有哪些？各适用哪些情况？

3. 垂直运输工具有哪些？各适用哪些情况？

4. 砖砌筑时砌筑的形式有哪些？具体施工工艺是什么？

5. 简述砖墙砌筑的施工工艺和施工要点。

6. 皮数杆有何作用？如何布置？

7. 何谓"三一砌砖法"？其优点是什么？

8. 如何绘制砌块排列图？简述砌块的施工工艺。

9. 简述砌体工程材料质量验收要求。

10. 简述砌筑砂浆质量验收要求。

11. 砌筑工程中的安全防护措施有哪些？

模块四 钢筋混凝土工程施工

案例引入

某工程为 6 层现浇钢筋混凝土框架结构工程，建筑平面基本呈横向一字形布置，总建筑面积为 6 700 m²；建筑物南北方向的宽度为 21 m，东西方向的最大长度为 52 m；1 层层高为 4.20 m，2~5 层层高为 3.6 m，6 层层高为 4.2 m；最大高度为 22.8 m。抗震设防烈度为 8 度，框架抗震等级为二级。框架柱主要截面尺寸 600 mm×600 mm、500 mm×500 mm；框架梁最大断面尺寸为 300 mm×750 mm；楼板厚度为 100 mm。基础及框架柱、梁、板混凝土为 C30；其他均为 C20。请组织该工程的施工方案。

案例分析

在该案例中涉及的钢筋混凝土工程中，应如何支设模板？框架结构梁板柱中的钢筋如何进行施工？混凝土的制作、运输、浇筑、养护等施工过程是怎样的？

问题导向

1. 工程中常用的模板有哪些？如何保证模板的施工质量？
2. 阐述梁板柱模板的施工顺序及拆模顺序，并说明这样做的理由。

3. 钢筋的连接方式有哪些？各有什么特点？

4. 钢筋在什么情况下可以代换？钢筋代换应注意哪些问题？

5. 混凝土运输有哪些要求？有哪些机械运输工具？各适用何种情况？

6. 什么是混凝土的自然养护？自然养护有哪些方法？具体做法怎样？混凝土拆模强度怎样？

7. 如何进行混凝土工程的质量检查？

8. 混凝土工程中常见的质量事故主要有哪些？如何防治？

📄 所需知识

钢筋混凝土结构工程是目前我国房屋建筑工程中应用最广的结构形式。它由钢筋工程（图 4-1）、模板工程（图 4-2）、混凝土工程（图 4-3）等多个分项工程组成，其施工流程如图 4-4 所示。由于其施工过程多，因而要加强施工管理，统筹安排，合理组织，以保证质量，缩短工期和降低造价。

图 4-1　钢筋工程

图 4-2　模板工程

图 4-3　混凝土工程

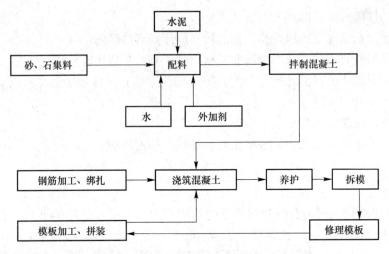

图 4-4　钢筋混凝土结构工程施工流程

钢筋混凝土结构工程按施工方法分为现浇钢筋混凝土结构工程和装配式钢筋混凝土结构工程，以下重点介绍现浇钢筋混凝土结构工程的施工。

单元一　模板工程

一、模板的构造与施工

模板工程的施工工艺包括模板的选材、选型、设计、制作、安装、拆除和周转等过程。模板工程是钢筋混凝土结构工程的重要组成部分，特别是在现浇钢筋混凝土结构工程施工中占有主导地位，其决定施工方法和施工机械的选择，直接影响工期和造价。

(一)模板的组成和基本要求

模板的种类很多，按材料可分为木模板、钢木模板、胶合板模板、钢竹模板、钢模板、塑料模板、玻璃钢模板、铝合金模板等；按结构的类型可分为基础模板、柱模板、楼板模板、楼梯模板、墙模板、壳模板和烟囱模板等；按施工方法可分为现场装拆式模板、固定式模板和移动式模板。随着新结构、新技术、新工艺的采用，模板工程也在不断发展，其发展方向是构造由不定型向定型发展；材料由单一木模板向多种材料模板发展；功能由单一功能向多功能发展。

模板系统包括模板、支架和紧固件三个部分。它能保证混凝土在浇筑过程中保持正确的形状和尺寸，是混凝土在硬化过程中进行防护和养护的工具。为此，模板和支架必须符合下列要求：保证工程结构和构件各部位形状尺寸和相互位置的正确；具有足够的承载能力、刚度和稳定性，能可靠地承受新浇混凝土的自重和侧压力以及施工荷载；构造简单、装拆方便，便于钢筋的绑扎、安装和混凝土的浇筑、养护；模板的接缝严密，不得漏浆；能多次周转使用。

模板要构造简单、装拆方便、接缝严密，不得漏浆、周转使用；具有足够的强度、刚度和稳定性。

(二)模板的分类、构造及施工

1. 木模板

木模板及其支架系统一般在加工厂或现场木工棚制成基本元件(拼板)，然后在现场拼装。拼板(图 4-5)的长短、宽窄可以根据混凝土构件的尺寸，设计出几种标准规格，以便组合使用。拼板的板条厚度一般为 25～50 mm，宽度不宜超过 200 mm，以保证干缩时缝隙均匀，浇水后易于密封，受潮后不易翘曲。但梁底板的板条宽度不受限制，以减少拼缝、防止漏浆为原则。拼条截面尺寸为(25～50 mm)×(40～70 mm)。梁侧板的拼条一般立放，如图 4-5(b)所示，其他则可平放。拼条间距决定于所浇筑混凝土侧压力的大小及板条的厚度，多为 400～500 mm。

(1)柱模板。柱子的断面尺寸不大但比较高。因此，柱子模板的构造和安装主要考虑保证垂直度及抵抗新浇混凝土的侧压力，与此同时，也要便于浇筑混凝土、清理垃圾与钢筋绑扎等。

柱模板由两块相对的内拼板夹在两块外拼板之间组成，如图 4-6(a)所示。也可用短横板(门子板)代替外拼板钉在内拼板上，如图 4-6(b)所示。有些短横板可先不钉上，作为混凝土的浇筑孔，待混凝土浇至其下口时再钉上。

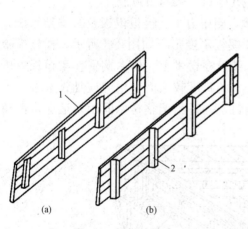

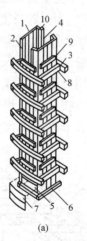

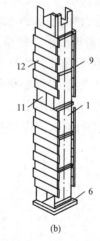

图 4-5　拼板的构造

(a)一般拼板；(b)梁侧板的拼板

1—板条；2—拼条

图 4-6　柱模板

(a)拼板柱模板；(b)短横板柱模板

1—内拼板；2—外拼板；3—柱箍；4—梁缺口；
5—清理孔；6—木框；7—盖板；8—拉紧螺栓；
9—拼条；10—三角木条；11—浇筑孔；12—短横板

柱模板底部开有清理孔。沿高度每隔 2 m 开有浇筑孔。柱底部混凝土上的木框内一般有一个钉，用来固定柱模板的位置。为承受混凝土侧压力，拼板外要设柱箍，柱箍可为木制、钢制或钢木制。柱箍间距与混凝土侧压力大小、拼板厚度有关，由于侧压力是下大上小，因而柱模板下部柱箍较密。柱模板顶部根据需要开有与梁模板连接的缺口。

安装柱模前，应先绑扎好钢筋，测出标高并标在钢筋上，同时在已浇筑的基础顶面或楼面上固定好柱模板底部的木框，在内外拼板上弹出中心线，根据柱边线及木框位置竖立内外拼板，并用斜撑临时固定，然后由顶部用垂球校正，使其垂直。检查无误后，即用斜撑钉牢固定。同在一条轴线上的柱，应先校正两端的柱模板，再从柱模板上口中心线拉一铁丝来校正中间的柱模。柱模之间还要用水平撑及剪刀撑相互拉结。

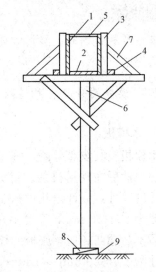

图 4-7　单梁模板

1—侧模板；2—底模板；3—侧模拼条；
4—夹木；5—水平拉条；6—顶撑（支架）；
7—斜撑；8—木楔；9—木垫板

(2)梁模板。梁的跨度较大而宽度不大。梁底一般是架空的，混凝土对梁侧模板有水平侧压力，对梁底模板有垂直压力，因此，梁模板及其支架必须能承受这些荷载而不致发生超过规范允许的过大变形。

梁模板（图 4-7）主要由底模、侧模、夹木及其支架系统组成，底模板承受垂直荷载，一般较厚，下面每隔一定间距（800～1 200 mm）有顶撑支撑。顶撑可以用圆木、方木或钢管制成。顶撑底应加垫一对木楔块以调整标高。为使顶撑传下来的集中荷载均匀地传给地面，在顶撑底加铺垫板。在多层建筑施工中，应使上、下层的顶撑在一条竖向直线上。侧模板承受混凝土侧压力，应包在模板的外侧，底部用夹木固定，上部由斜撑和水平拉条固定。

如梁跨度等于或大于 4 m，应使梁底模起拱，防止新浇筑混凝土的荷载使跨中模板下挠。如设计无规定时，起拱高度宜为全跨长度的 1/1 000～3/1 000。

(3)楼板模板。楼板的面积大而厚度比较薄，侧压力小。楼板模板及其支架系统，主要承受钢筋混凝土的自重及其施工荷载，保证模板不变形。如图 4-8 所示，楼板模板的底模用木板条或用定型模板或用胶合板拼成，铺设在楞木上。楞木搁置在梁模板外侧托木上，若楞木面不平，可以加木楔调平。当楞木的跨度较大时，中间应加设立柱。立柱上钉通长的杠木。底模板应垂直于楞木方向铺钉，并适当调整楞木间距来适应定型模板的规格。

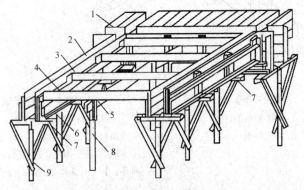

图 4-8　有梁楼板模板

1—楼板模板；2—梁侧模板；3—楞木；4—托木；
5—杠木；6—夹木；7—短撑木；8—立柱；9—顶撑

2. 组合钢模板

组合钢模板通过各种连接件和支承件可组合成多种尺寸和几何形状，以适应各种类型建筑物捣制钢筋混凝土梁、柱、板、墙、基础等施工所需要的模板，也可用其拼成大模板、滑模、筒模和台模等。施工时可在现场直接组装，也可预拼装成大块模板或构件模板用起重机吊运安装。

（1）组合钢模板的组成。组合钢模板由模板、连接件和支承件组成。模板包括平面模板（P）、阴角模板（E）、阳角模板（Y）、连接角模板（J），此外还有一些异型模板，如图 4-9 所示。钢模板的厚度为 2～3 mm，钢模板的宽度有 100 mm、150 mm、200 mm、250 mm、300 mm 五种规格，其长度有 450 mm、600 mm、750 mm、900 mm、1 200 mm、1 500 mm 六种规格，可适应横竖拼装。

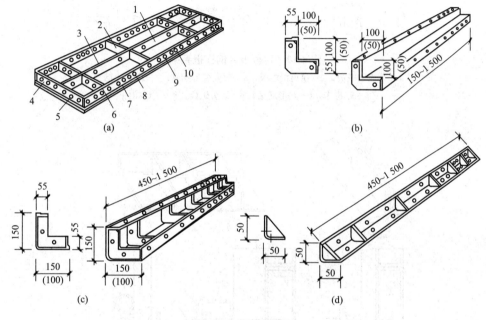

图 4-9　钢模板类型

(a)平面模板；(b)阳角模板；(c)阴角模板；(d)连接角模板

1—中纵肋；2—中横肋；3—面板；4—横肋；5—插销孔；

6—纵肋；7—凸棱；8—凸鼓；9—U 形卡孔；10—钉子孔

组合钢模板的连接件包括 U 形卡、L 形插销、钩头螺栓、对拉螺栓、紧固螺栓和扣件等，如图 4-10 和图 4-11 所示。U 形卡用于相邻模板的拼接，其安装距离不大于 300 mm，即每隔一孔卡插一个，安装方向一顺一倒相互错开，以抵消因打紧 U 形卡可能产生的位移。L 形插销插入钢模板端部横肋的插销孔，以加强两相邻模板接头处的刚度和保证接头处板面平整。钩头螺栓用于钢模板与内外钢楞的加固，安装间距一般不大于 600 mm，长度应与采用的钢楞尺寸相适应。紧固螺栓用于紧固内外钢楞，长度应与采用的钢楞尺寸相适应。对拉螺栓用于连接墙壁两侧模板，保持模板与模板之间的设计厚度，并承受混凝土侧压力及水平荷载，使模板不变形。扣件用于钢楞与钢楞或钢楞与钢模板之间的扣紧，按钢楞的不同形状，分别采用蝶扣件和 3 形扣件。

组合钢模板的支承件包括柱箍、钢楞、支架、斜撑、钢桁架等。

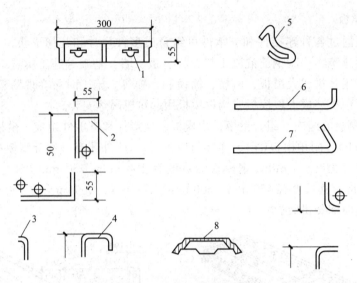

图 4-10 定型组合钢模板系列

1—平面钢模板；2—拐角钢模板；3—薄壁矩形钢管；4—内卷边槽钢；

5—U 形卡；6—L 形插销；7—钩头螺栓；8—蝶形扣件

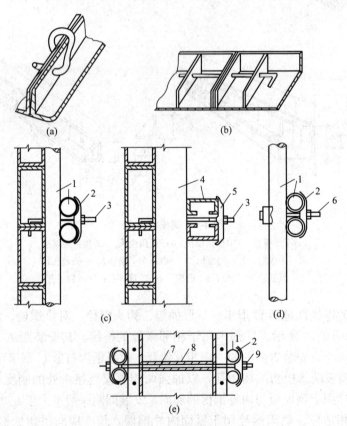

图 4-11 钢模板连接件

(a)U 形卡连接；(b)L 形插销连接；(c)钩头螺栓连接；

(d)紧固螺栓连接；(e)对拉螺栓连接

1—圆钢管楞；2—3 形扣件；3—钩头螺栓；4—内卷边槽钢钢楞；

5—蝶形扣件；6—紧固螺栓；7—对拉螺栓；8—塑料套管；9—螺母

钢桁架(图4-12)两端可支承在钢筋托具、墙、梁侧模板的横挡以及柱顶梁底横挡上，用以支承梁或板的底模板。图4-12(a)所示为整榀式；图4-12(b)所示为组合式桁架，可调范围为25～35 m。钢支架[图4-13(a)]用于支承由桁架、模板传来的垂直荷载。它由内外两节钢管制成，支架底部除垫板外，均用木楔调整，以利于拆卸。另一种钢管支架本身装有调节螺杆，能调节一个孔距的高度，使用方便，但成本略高，如图4-13(b)所示。当荷载较大，单根支架承载力不足时，可用组合钢支架或钢管井架，如图4-13(c)所示。还可用扣件式钢管脚手架、门型脚手架作为支架，如图4-13(d)所示。

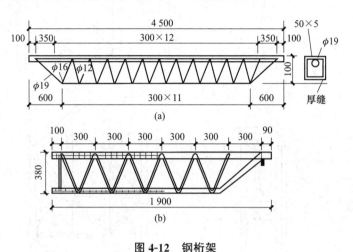

图4-12　钢桁架

(a)整榀式；(b)组合式

钢楞即模板的横挡和竖挡，分内钢楞和外钢楞。内钢楞配置方向一般应与钢模板垂直，直接承受钢模板传来的荷载，间距一般为700～900 mm。外钢楞承受内钢楞传来的荷载，或用来加强模板结构的整体刚度和调整平直度。钢楞一般采用圆钢管、矩形钢管、槽钢或内卷边槽钢，其中钢管用得较多。

梁卡具，又称梁托具，用于固定矩形梁、圈梁等构件的侧模板，可节约斜撑等材料。也可用于侧模板上口的卡固定位，其构造如图4-14所示。

(2)钢模配板。采用组合钢模板时，同一构件的模板展开可用不同规格的钢模做多种方式的组合排列，因而形成不同的配板方案。合理的配板方案应满足以下原则：

1)木材拼镶补量最少。

2)支承件布置简单，受力合理。

3)合理使用转角模板。对于构造上无特殊要求的转角，可不用阳角模板，一般可用连接角模代替。阴角模板宜用于长度大的转角处，柱头、梁口及其他短边转角部位，如无合适的阴角模板，也可用55 mm的方木条代替。

4)尽量采用横排或竖排，尽量不用横竖兼排的方式，因为这样会使支承系统布置困难。组合钢模板的配板，应绘制配板图。在配板图上应标出钢模板的位置、规格型号和数量。对于预组装的整体模板，应标绘出其分界线。有特殊构造时，应加以标明。预埋件和预留孔洞的位置，应在配板图上标明，并注明其固定方法。模板放线图是模板安装完毕后的平面图和剖面图，是根据施工模板需要将有关图纸中对模板施工有用的尺寸综合起来，绘在同一个平、剖面图中。

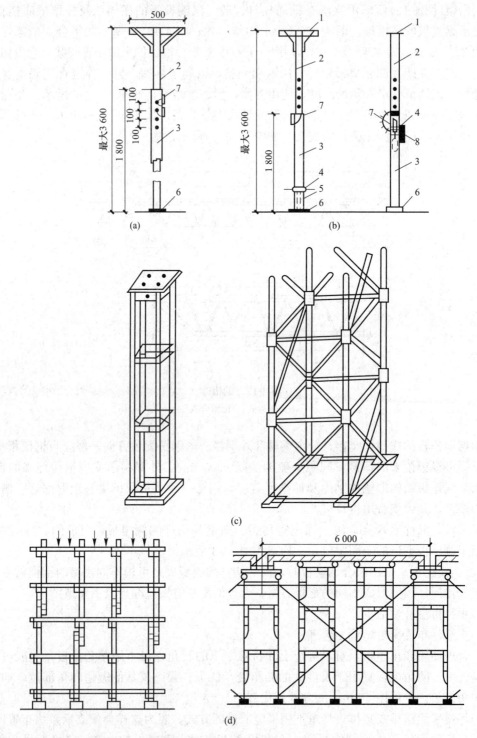

图 4-13 钢支架

(a)钢管支架；(b)调节螺杆钢管支架；

(c)组合钢支架和钢管井架；(d)扣件式钢管和门型脚手架支架

1—顶板；2—插管；3—套管；4—转盘；5—螺杆；6—底板；7—插销；8—转动手柄

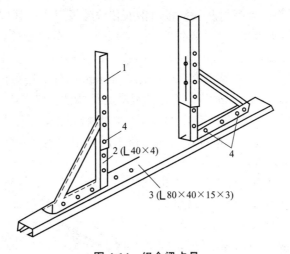

图 4-14　组合梁卡具

1—调节杆；2—三脚架；3—底座；4—螺栓

3. 胶合板模板

胶合板模板种类很多，此处主要介绍钢框胶合板模板和钢框竹胶板模板。

(1)钢框胶合板模板。钢框胶合板模板由钢框和防水胶合板组成，防水胶合板平铺在钢框上，用沉头螺栓与钢框连接牢固，构造如图 4-15 所示。这种模板在钢边框上可钻连接孔，用连接件纵横连接，组装成各种尺寸的模板，它也具备定型组合钢模板的一些优点，而且重量比组合钢模板轻，施工方便。

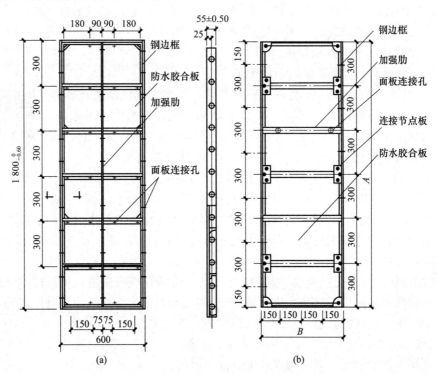

图 4-15　钢框胶合板模板

(a)轻型钢框胶合板模板；(b)重型钢框胶合板模板

（2）钢框竹胶板模板。钢框竹胶板模板由钢框和竹胶板组成，其构造与钢框胶合板模板相同，用于面板的竹胶板是用竹片（或竹帘）涂胶粘剂，纵横向铺放，组坯后热压成型的。为使竹胶板板面光滑平整，便于脱模和增加周转次数，一般板面采用涂料复面处理或浸胶纸复面处理。钢框竹胶板模板的宽度有 300 mm、600 mm 两种，长度有 900 mm、1 200 mm、1 500 mm、1 500 mm、2 400 mm 等，可作为混凝土结构柱、梁、墙、楼板的模板。

钢框竹胶板模板特点：不仅富有弹性，而且耐磨耐冲击，能多次周转使用，寿命长，降低工程费用，强度、刚度和硬度都比较高；在水泥浆中浸泡，受潮后不会变形，模板接缝严密，不易漏浆；重量轻，可设计成大面模板，减少模板拼缝，提高装拆工效，加快施工进度；竹胶板模板加工方便，可锯刨、打钉，可加工成各种规格尺寸，适应性强；竹胶板模板不会生锈，能防潮，能露天存放。

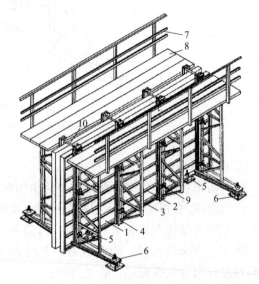

4. 大模板

大模板是一种大尺寸的工具式定型模板，如图 4-16 所示。一般一块墙面用 1～2 块大模板，因其重量大，安装时需要起重机配合装拆施工。

大模板由面板、加劲肋、竖楞、支撑结构及附件组成。

（1）面板要求表面平整、刚度好，平整度按中级抹灰质量要求确定。面板一般用钢板和多层板制成，其中以钢板最多。用 4～6 mm 厚钢板做面板（厚度根据加劲肋的布

图 4-16　大模板构造

1—面板；2—水平加劲肋；3—支撑桁架；4—竖楞；
5—调整水平度的螺旋千斤顶；6—调整垂直度的螺旋千斤顶；
7—栏杆；8—脚手板；9—穿墙螺栓；10—固定卡具

置确定），其优点是刚度大、强度高，表面平滑，所浇筑的混凝土墙面外观好，不需再抹灰，可以直接粉面。缺点是耗钢量大、自重大、易生锈、不保温、损坏后不易修复。用 12～18 mm 厚多层板做的面板，重量轻，制作安装更换容易、规格灵活，对于非标准尺寸的大模板工程更为适用。

视频：大模板

（2）加劲肋是大模板的重要构件。其作用是固定面板，阻止其变形并把混凝土传来的侧压力传递到竖楞上。加劲肋可用 6 号或 8 号槽钢，间距一般为 300～500 mm。

（3）竖楞是与加劲肋相连接的竖直部件。它的作用是加强模板刚度，保证模板的几何形状，并作为穿墙螺栓的固定支点，承受由模板传来的水平力和垂直力。竖楞多采用 6 号或 8 号槽钢制成，间距一般为 1～1.2 m。

（4）支撑结构主要承受风荷载和偶然的水平力，为防止模板倾覆，用螺栓或竖楞连接在一起，以加强模板的刚度。每块大模板采用 2～4 榀桁架作为支撑机构，兼作搭设操作平台的支座，承受施工活荷载，也可用大型型钢代替桁架结构。

（5）大模板的附件有穿墙螺栓、固定卡具、操作平台及其他附属连接件。大模板面板也可用组合钢模板拼装而成，其他构件及安装方法同前。

5. 滑升模板

滑升模板是一种工具式模板，最适合现场浇筑高耸的圆形、矩形、筒壁结构。如筒仓、

贮煤塔、竖井等。随着滑升模板施工技术的进一步的发展，它不但适用浇筑高耸的变截面结构，如烟囱、双曲线冷却塔，而且适用剪力墙、筒体结构等高层建筑的施工。

(1)滑升模板施工工艺。滑升模板施工时，在建筑物或构筑物底部，沿其墙、柱、梁等构件的周边组装高1.2 m左右的模板，在模板内不断浇筑混凝土和不断向上绑扎钢筋的同时，利用一套提升设备，将模板装置不断向上提升，使混凝土连续成型，直到达到需要浇筑的高度为止。

(2)滑升模板的优点、缺点。滑升模板施工可以节约大量的模板和脚手架，节省劳动力，施工速度快，工程费用低，结构整体性好；但模板一次投资多，耗钢量大，对建筑的立面和造型有一定的限制。

(3)滑升模板的构造组成。滑升模板由模板系统、操作平台系统和提升机具系统三部分组成。模板系统包括模板、围圈和提升架等，它的作用主要是成型混凝土。操作平台系统包括操作平台、辅助平台和外吊脚手架等，是施工操作的场所。提升机具系统包括支承杆、千斤顶和提升操纵装置等，是滑升的动力。这三部分通过提升架连成整体，构成整套滑升模板装置，如图4-17所示。

(4)滑升模板的滑升设备。滑升模板装置的全部荷载通过提升架传递给千斤顶，再由千斤顶传递给支承杆。

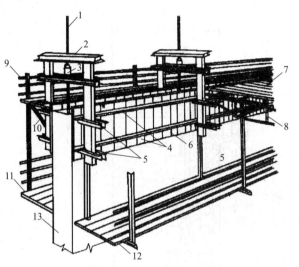

图 4-17　滑升模板组成
1—支承杆；2—提升架；3—液压千斤顶；4—围圈；
5—围圈支托；6—模板；7—操作平台；8—平台桁架；
9—栏杆；10—外排三脚架；11—外吊脚手架；
12—内吊脚手架；13—混凝土墙体

千斤顶是使滑升模板装置沿支承杆向上滑升的主要设备，形式很多，千斤顶主要由活塞、缸筒、底座、上卡头、下卡头和排油弹簧等部件组成(图4-18)。

6. 爬升模板

爬升模板是依附在建筑结构上，随着结构施工而逐层上升的一种模板，当结构工程混凝土达到拆模强度而脱模后，模板不落地，依靠机械设备和支承物将模板和爬模装置向上爬升一层，定位紧固，反复循环施工，爬模是适用高层建筑或高耸构造物现浇钢筋混凝土竖直或倾斜结构施工的先进模板工艺。爬升模板有手动爬模、电动爬模、液压爬模、吊爬模等。

(1)液压爬模的主要构造。模板系统由定型组合大钢模板、全钢大模板或钢框胶合板模板、调节缝板、角模、钢背楞及穿墙螺栓、铸钢垫片等组成。

液压提升系统由提升架立柱、横梁、活动支腿、滑道夹板、围圈、千斤顶、支承杆、液压控制台、各种孔径的油管及阀门、接头等组成。当支承杆设在结构顶部时，增加导轨、防坠装置、钢牛腿、挂钩等。

操作平台系统由操作平台、吊平台、中间平台、上操作平台、外挑梁、外架立柱、斜撑、栏杆、安全网等组成，如图4-19所示。

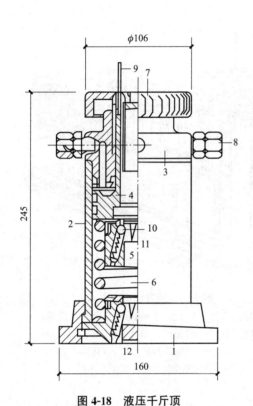

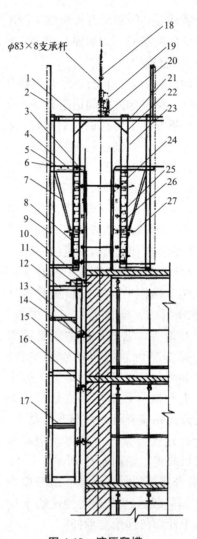

图 4-18 液压千斤顶

1—底座；2—缸筒；3—缸盖；
4—活塞；5—上卡头；6—排油弹簧；
7—行程调整帽；8—油嘴；9—行程指示杆；
10—钢球；11—卡头小弹簧；12—下卡头

图 4-19 液压爬模

1—滑轮；2—栏杆；3—安全网预埋孔模；4—操作平台；
5—外挑梁；6—滑道夹板；7—外架斜撑；8—围圈；
9—外架立柱；10—挂钩；11—支座；12—外架梁；
13—防坠装置；14—导轨滑轮；15—导航；16—钢牛腿；
17—外架梁；18—限位卡；19—100 kN升降千斤顶；
20—主油管；21—横梁；22—斜撑；23—提升架立柱；
24—全钢大模板；25—穿墙螺柱；26—背楞；27—活动支部

（2）液压爬升模板的施工特点。液压爬升模板是滑模和支模相结合的一种新工艺，它吸收了支模工艺，按常规方法浇筑混凝土，劳动组织和施工管理简便，受外输送条件的制约少，混凝土表面质量易于保证，又避免了滑模施工常见的缺陷，施工偏差可逐层消除。在爬升方法上它同滑模工艺一样，提升架、模板、操作平台及吊架等以液压千斤顶为动力自行向上爬升，无需塔式起重机反复装拆，也不需要层层放线和搭设脚手架，钢筋绑扎随升随绑，操作方法安全。一项工程完成后，模板、爬模装置及液压设备可继续在其他工程通用，周转使用次数多。

（3）适用范围。采用液压爬模工艺将立面结构施工简单化，节省了按常规施工所需的大量反复塔式起重机运输，使塔式起重机有更多的时间保证钢筋和其他材料的运输，液压爬模工艺在 N 层安装即可在 N 层实现爬模，爬模可省模板堆放场地，对于在城市中心施工、场地狭窄的项目有明显的优越性，液压爬模的施工现场在工程质量、安全生产、施工进度和经济效益等方面均有良好的保证。

液压爬模适用高层建筑全剪力墙结构、框架结构核心筒、钢结构核心筒、高耸构造物、桥墩、巨型柱等。

7. 台模

台模是一种大型工具模板，用于浇筑楼板。台模是由面板、纵梁、横梁和台架等组成的一个空间组合体。台架下装有轮子，以便移动。有的台模没有轮子，用专用运模车移动。台模尺寸应与房间单位相适应，一般是一个房间一个台模。施工时，先施工内墙墙体，然后吊入台模，浇筑楼板混凝土。脱模时，只需将台架下降，将台模推出墙面放在临时挑台上，用起重机吊至下一单元使用。

国内常用多层板做面板、铝合金型钢加工制成的桁架式台模。用组合钢模板、扣件式钢管脚手架、滚轮组装成的台模，在大型冷库和百货商店的无梁楼盖施工中取得了成功。

利用台模浇筑楼板可省去模板的装拆时间，能节约模板材料和降低劳动消耗，但一次性投资较大，且需大型起重机械配合施工。

8. 隧道模

隧道模是由墙面模板和楼板模板组合成的可以同时浇筑墙体和楼板混凝土的大型工具式模板，能将各开间沿水平方向逐间整体浇筑，故施工的建筑物整体性好、抗震性能好、节约模板材料，施工方便。但由于模板用钢量大、笨重、一次投资大等原因，因此较少采用。

9. 永久性模板

永久性模板在钢筋混凝土结构施工时起模板作用，而当浇筑的混凝土结硬后模板不再取出而成为结构本身的组成部分。将各种形式的压型钢板（波形、密肋形等）、预应力钢筋混凝土薄板作为永久性模板，已在一些高层建筑楼板施工中推广应用。薄板铺设后稍加支撑，然后在其上铺放钢筋，浇筑混凝土形成楼板，施工简便，效果较好。

特别提示

模板对混凝土结构施工的质量、安全有十分重要的影响，它在混凝土结构施工中劳动量大、占施工工期也较长，对施工成本的影响也很显著。根据国外统计，在一般工业与民用建筑中，平均每立方米混凝土需用模板 7.4 m²，模板工程的费用约占混凝土工程费用的34%。因此，在混凝土结构施工中应根据结构状况与施工条件，选用合理的模板形式、模板结构及施工方法，以达到保证混凝土工程施工质量与安全、加快进度和降低成本的目的。

二、模板及支撑的设计

常用模板，不需要进行设计或验算。重要结构的模板、特殊形式的模板、超出适用范围的一般模板应该进行设计或验算，以确保质量和施工安全。现仅就有关模板设计荷载和计算规定做一些简单介绍。

（一）模板荷载计算值

在计算模板及支架时，可采用下列荷载数值：

（1）模板及支架自重可根据模板设计图纸确定。肋形楼板及无梁楼板模板自重，可参考下列数据：

1）平板的模板及小楞：定型组合钢模板 0.5 kN/m²；木模板 0.3 kN/m²。

2）楼板模板（包括梁模板）：定型组合钢模板 0.75 kN/m²；木模板 0.5 kN/m²。

3）楼板模板及支架（楼层高≤4 m）：定型组合钢模 1.1 kN/m²；木模板 0.75 kN/m²。

（2）浇筑混凝土的重量。普通混凝土 24 kN/m³，其他混凝土根据实际重量确定。

（3）钢筋重量根据工程图纸确定。一般梁板结构每立方米钢筋混凝土的钢筋重量：楼板 1.1 kN；梁 1.5 kN。

（4）施工人员及施工设备荷载如下：

1）计算模板及直接支承小楞结构构件时，均布活荷载为 2.5 kN/m²，另以集中荷载 2.5 kN 进行验算，取两者中较大的弯矩值；

2）计算支承小楞的构件时：均布活荷载为 1.5 kN/m²；

3）计算支架立柱及其他支承结构构件时：均布活荷载为 1.0 kN/m²。

（5）振捣混凝土时产生的荷载标准值。水平面模板 2.0 kN/m²；垂直面模板 4.0 kN/m²（作用范围在有效压头高度之内）。

（6）新浇筑混凝土对模板侧面的压力标准值。

新浇混凝土侧压力的影响因素有混凝土的密度 γ、初凝时间 t、浇筑速度 V、坍落度、入模温度 T、加外加剂、浇筑高度等。

我国目前采用的计算公式，当采用内部振动器时，新浇筑的混凝土作用于模板的最大侧压力，按下列两式计算，并取两式中的较小值。

$$F = 0.22\gamma_c t_0 \beta_1 \beta_2 V^{1/2} \tag{4-1}$$
$$F = \gamma_c H \tag{4-2}$$

式中　F——板的最大侧压力（kN/m²）；

γ_c——混凝土的重力密度（kN/m³）；

t_0——新浇混凝土的初凝时间（h），可按实测确定；当缺乏试验资料时，可采用 $t_0 = 200/(T+15)$ 计算（T 为混凝土的温度 ℃）；

V——混凝土的浇筑速度（m/h）；

H——混凝土侧压力计算位置至新浇筑混凝土顶面的总高度（m）；

β_1——外加剂影响修正系数，不掺外加剂时取 1.0，掺具有缓凝作用的外加剂时取 1.2；

β_2——混凝土坍落度影响修正系数，当坍落度小于 30 mm 时，取 0.85；50～90 mm 时，取 1.0；110～150 mm 时，取 1.15。

（7）倾倒混凝土时对垂直面模板产生的水平荷载。用溜槽、串筒或导管向内灌混凝土时为 2 kN/m²；用容积≤2 m³ 的运输器具向模内倾倒混凝土时为 2 kN/m²；用容积为 0.2～0.8 m³ 的运输器具向模内倾倒混凝土时为 4 kN/m²；用容积大于 0.8 m³ 的运输器具向模内倾倒混凝土时为 6 kN/m²。

（8）风荷载按现行《建筑结构荷载规范》（GB 50009—2012）的有关规定计算。

(二)荷载分项系数

计算模板及其支架的荷载设计值时，应采用荷载标准值乘以相应荷载分项系数求得。荷载分项系数如下：

(1)荷载类别为模板及支架自重或新浇筑混凝土自重或钢筋自重时，为1.35。

(2)当荷载类别为施工人员及施工设备荷载或振捣混凝土时产生的荷载时，为1.40。

(3)当荷载类别为新浇筑混凝土对模板的侧压力时，为1.35。

(4)当荷载类别为倾倒混凝土时产生的荷载时，为1.40。

(三)计算规定

(1)模板荷载组合：计算模板和支架时，应根据表4-1的规定进行荷载组合。

表 4-1　计算模板及其支架的荷载组合

项次	项目	荷载类别	
		计算强度用	验算刚度用
1	平板和薄壳模板及其支架	(1)+(2)+(3)+(4)	(1)+(2)+(3)
2	梁和拱模板的底板	(1)+(2)+(3)+(4)	(1)+(2)+(3)
3	梁、拱、柱(边长≤30 mm)、墙(厚≤100 mm)的侧面模板	(6)+(7)	(6)
4	厚大结构，柱(边长>30 mm)、墙(厚>100 mm)的侧面模板	(6)+(7)	(6)

(2)验算模板及支架的刚度时，允许的变形值：结构表面外露的模板，为模板构件跨度的1/400；结构表面隐蔽的模板，为模板构件跨度的1/250，支架压缩变形值或弹性挠度，为相应结构自由跨度的1/1 000。

当验算模板及支架在自重和风荷载作用下的抗倾覆稳定性时，应符合有关的专门规定。滑升模板、爬模等特种模板也应按专门的规定计算。对于利用模板张拉和锚固预应力筋等产生的荷载也应另行计算。

模板系统的设计计算，原则上与永久结构相似，计算时要参照相应的设计规范。

计算模板和支架的强度时，由于是一种临时性结构，钢材的允许应力可适当提高；当木材的含水率小于25%时，容许应力值可提高15%。

特别提示

安全性：模板有足够的承载力、刚度和稳定性。

经济性：要求模板构造简单、可快速装拆、多次周转使用。

三、模板的拆除要求

(一)现浇结构模板的拆除

视频：模板的拆除

模板的拆除日期取决于现浇结构的性质、混凝土的强度、模板的用途、混凝土硬化时的气温。及时拆模，可提高模板的周转率，为后续工作创造条件。但过早拆模，混凝土会因强度不足以承担本身自重，或受到外力作用而变形甚至断裂，造成重大的质量事故。

1. 模板的拆除规定

(1)侧模板的拆除,应在混凝土强度达到能保证其表面及棱角不因拆除模板而受损坏时方可进行。具体时间可参考表 4-2。

表 4-2 侧模板的拆除时间

水泥品种	混凝土强度等级	混凝土凝固的平均温度/℃					
		5	10	15	20	25	30
		混凝土强度达到 2.5 MPa 所需天数					
普通水泥	C10	5	4	3	2	1.5	1
	C15	4.5	3	2.5	2	1.5	1
	≥C20	3	2.5	2	1.5	1.0	1
矿渣及火山灰水泥	C10	8	6	4.5	3.5	2.5	2
	C15	6	4.5	3.5	2.5	2	1.5

(2)底模板的拆除。底模板应在与混凝土结构同条件养护的试件达到表 4-3 时,方可拆除。达到规定强度标准值所需时间可参考表 4-4。

表 4-3 底模板拆除时所需混凝土强度

结构类型	结构跨度/m	按设计的混凝土强度标准值的百分率计/%
板	≤2	≥50
	>2,≤8	≥75
	>8	≥100
梁、拱、壳	≤8	≥75
	>8	≥100
悬臂结构		≥100

表 4-4 拆除底模板的时间参考表   d

水泥的强度等级及品种	混凝土达到设计强度标准值的百分率/%	硬化时昼夜平均温度					
		5 ℃	10 ℃	15 ℃	20 ℃	25 ℃	30 ℃
42.5 级普通水泥	50	10	7	6	5	4	3
	75	20	14	11	8	7	6
	100	50	40	30	28	20	18
32.5 级矿渣或火山灰质水泥	50	18	12	10	8	7	6
	75	32	25	17	14	12	10
	100	60	50	40	28	24	20
42.5 级矿渣或火山灰质水泥	50	16	11	9	7	7	6
	75	30	20	15	13	12	10
	100	60	50	40	28	24	20

2. 拆除模板的顺序及注意事项

(1)拆模时不要用力过猛,拆下来的模板要及时运走、整理、堆放以便再用。

（2）拆模程序一般应是后支的先拆，先拆除非承重部分，后拆除承重部分。重大复杂模板的拆除，事先应制定拆模方案。

（3）拆除框架结构模板的顺序，首先是柱模板，然后是楼板底板、梁侧模板，最后是梁底模板。拆除跨度较大的梁下支柱时，应先从跨中开始，分别拆向两端。

（4）多层楼板支柱的拆除，应按下列要求进行：上层楼板正在浇筑混凝土时，下一层楼板的模板支柱不得拆除，再下一层楼板模板的支柱，仅可拆除一部分；跨度 4 m 及 4 m 以上的梁下均应保留支柱，其间距不大于 3 m。

（5）已拆除模板及其支架的结构，应在混凝土强度达到设计的混凝土强度标准值后，才允许承受全部使用荷载。当承受施工荷载产生的效应比使用荷载更为不利时，必须经过核算，加设临时支撑。

（6）拆模时，应尽量避免混凝土表面或模板受到损坏，注意整块板落下伤人。

（二）早拆模板体系

早拆模板利用柱头、立柱和可调支座组成竖向支撑，支撑于上下层楼板之间，使原设计的楼板跨度处于短跨（立柱间距<2 m）受力状态，混凝土楼板的强度达到规定标准强度的50%（常温下 3~4 d）即可拆除梁、板模板及部分支撑。柱头、立柱及可调支座仍保持支撑状态。当混凝土强度增大到足以在全跨条件下承受自重和施工荷载时，再拆全部竖向支撑。

1. 早拆模板体系构件

（1）柱头。早拆模板体系柱头为铸钢件［图 4-20（a）］，柱头顶板可直接与混凝土接触，两侧梁托可挂住梁头，梁托附着在方形管上，方形管可上下移动 115 mm，方形管在上方时可通过支承板锁住，用锤敲击支承板则梁托随方形管下落。

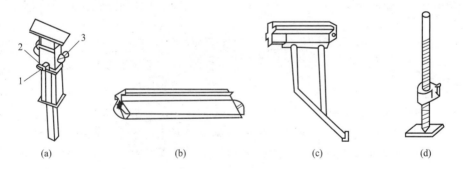

(a)　　　　　　　(b)　　　　　　　(c)　　　　　　　(d)

图 4-20　早拆模板体系构件
(a)早拆柱头；(b)模板主梁；(c)模板悬臂梁；(d)可调支座
1—支承板；2—方形管；3—梁托

（2）主梁。模板主梁是薄壁空腹结构，上端带 70 mm 的凸起，与混凝土直接接触［图 4-20（b）］。当梁的两端梁头挂在柱头的梁托上时，将梁支起，即可自锁而不脱落。模板梁的悬臂部分［图 4-20（c）］挂在柱头的梁托上支起后，能自锁而不脱落。

（3）可调支座。可调支座插入立柱的下端，与地面（楼面）接触，用于调节立柱的高度，可调范围为 0~50 mm［图 4-20（d）］。

（4）其他。支撑可采用碗扣式支撑或钢管扣件式支撑。模板可用钢框胶合板模板或其他模板，模板高度为 70 mm。

2. 早拆模板体系的安装与拆除

先立两根立柱，套上早拆柱头和可调支座，加上一根主梁架起一拱，然后架起另一拱，用横撑临时固定，依次把周围的梁和立柱架起来，再调整立柱高度和垂直度，并锁紧碗扣接头，最后在模板主梁间铺放模板即可。图 4-21 所示为安装好的早拆模板体系。

模板拆除时，只需用锤子敲击早拆柱头上的支承板，则模板和模板梁将随同方形管下落 115 mm，模板和模板梁便可卸下来，保留立柱支撑梁板结构（图 4-22）。当混凝土强度达到要求后，调低可调支座，解开碗扣接头，即可拆除立柱和柱头。

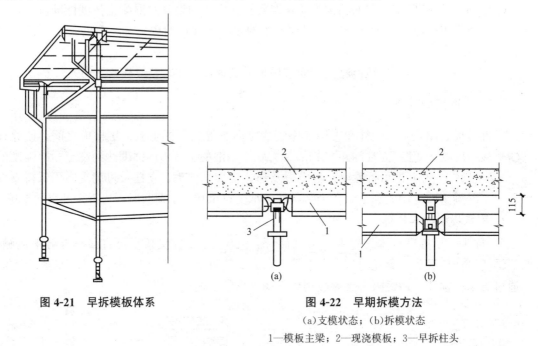

图 4-21　早拆模板体系

图 4-22　早期拆模方法
（a）支模状态；（b）拆模状态
1—模板主梁；2—现浇模板；3—早拆柱头

特别提示

拆模程序一般应是后支的先拆，先拆除非承重部分，后拆除承重部分；重大复杂模板的拆除，事先应制定拆模方案；拆除框架结构模板的顺序，首先是柱模板，然后是楼板底板、梁侧模板，最后是梁底模板；拆除跨度较大的梁下支柱时，应先从跨中开始，分别拆向两端。

单元二　钢筋工程

一、钢筋的进场验收

（一）钢筋的分类

混凝土结构和预应力混凝土结构应用的钢筋有普通钢筋、预应力钢绞线、钢丝和热处理钢筋。后三种用作预应力钢筋。

视频：钢筋的
进场验收

普通钢筋都是热轧钢筋，分 HPB300(Q235)，$d=6\sim14$ mm；HRB335(20MnSi)，$d=6\sim14$ mm；HRB400（20MnSiV，20MnSiNb，20MnTi），$d=6\sim50$ mm 和 RRB400(K20MnSi)，$d=6\sim50$ mm 四种。使用时宜首先选用 HRB400 级和 HRB335 级钢筋。HPB300 为光圆钢筋，其他为带肋钢筋。

（二）钢筋的现场检验

钢筋混凝土结构中所用的钢筋，都应有出厂质量证明书或试验报告单，每捆（盘）钢筋均应有标牌。钢筋进场时应按批号及直径分批验收。验收的内容包括查对标牌、外观检查，并按有关标准的规定抽取试样做力学性能试验，合格后方可使用。

1. 热轧钢筋验收

（1）外观检查。要求钢筋表面不得有裂缝、结疤和折叠，钢筋表面允许有凸块，但不得超过横肋的最大高度。钢筋的外形尺寸应符合规定。

（2）力学性能检验。以同规格、同炉罐（批）号的不超过 60 t 的钢筋为一批，每批钢筋中任选两根，每根取两个试样分别进行拉力试验（测定屈服点、抗拉强度和伸长率三项指标）和冷弯试验（以规定弯心直径和弯曲角度检查冷弯性能）。如有一项试验结果不符合规定，则从同一批中另取双倍数量的试样重做各项试验。如仍有一个试样不合格，则该批钢筋为不合格品，应降级使用。

（3）其他说明。在使用过程中，对热轧钢筋的质量有疑问或类别不明时，使用前应做拉力和冷弯试验（抽样数量应根据实际情况确定），根据试验结果确定钢筋的类别后，才允许使用。热轧钢筋在加工过程中发现脆断、焊接性能不良或力学性能显著不正常等现象时，应进行化学成分分析或其他专项检验。热轧钢筋不宜用于主要承重结构的重要部位。

2. 冷拉钢筋与冷拔钢丝验收

以不超过 20 t 的同级别、同直径的冷拉钢筋为一批，从每批中抽取两根钢筋，每根截取两个试样分别进行拉力和冷弯试验。冷拉钢筋的外观不得有裂纹和局部缩颈。

冷拔钢丝分甲级钢丝和乙级钢丝两种。甲级钢丝逐盘检验，从每盘钢丝上任一端截去不少于 500 mm 后再取两个试样，分别做拉力和冷弯试验。乙级钢丝可分批抽样检验，以同一直径的钢丝 5 t 为一批，从中任取三盘，每盘各截取两个试样，分别做拉力和冷弯试验。钢丝外观不得有裂纹和机械损伤。

3. 冷轧带肋钢筋验收

以不大于 50 t 的同级别、同一钢号、同一规格冷轧带肋钢筋为一批。每批抽取 5%（但不少于 5 盘）进行外形尺寸、表面质量和质量偏差的检查，如其中有一盘不合格，则应对该批钢筋逐盘检查。力学性能应逐盘检验，从每盘任一端截去 500 mm 后取两个试样分别做拉力和冷弯试验，如有一项指标不合格，则该盘钢筋判为不合格。

对有抗震要求的框架结构纵向受力钢筋进行检验，所得的实测值应符合下列要求：

（1）钢筋的抗拉强度实测值与屈服强度实测值的比值不应小于 1.25；

（2）钢筋的屈服强度实测值与钢筋强度标准值的比值，当按一级抗震设计时，不应大于1.25，当按二级抗震设计时，不应大于 1.4。

特别提示

有抗震要求时，不允许用低强度钢筋代替高强度钢筋。

二、钢筋存放

(1)钢筋应分等级、牌号、直径、长度挂牌堆放,不得混淆。

(2)钢筋应尽量堆入仓库或料棚内。条件不具备时,应选择地势较高、土质坚实、较为平坦的露天场地堆放。在仓库或场地周围挖排水沟,以利泄水。堆放时钢筋下面要加垫木,离地不宜少于 20 mm,以防钢筋锈蚀和污染。

(3)钢筋成品要分工程名称和构件名称,按号码顺序堆放。同一项工程与同一构件的钢筋要堆放在一起,按号挂牌排列,牌上注明构件名称、部位、钢筋形式、尺寸、钢筋符号、直径、根数,不能将几项工程的钢筋混放在一起。

(4)钢筋堆放要远离油污和酸性物质,防止钢筋腐蚀或受污。

三、钢筋配料

根据结构施工图,分别计算构件各钢筋的直线下料长度、根数及质量,编制钢筋配料单,作为备料、加工和结算的依据。钢筋配料是钢筋工程施工的重要一环,应由识图能力强,同时熟悉钢筋加工工艺的人员进行。钢筋加工前应根据设计图纸和会审记录按不同构件先编制配料单,见表4-5,然后进行备料加工。

视频:钢筋的配料

表4-5 钢筋配料单

项次	构件名称	钢筋编号	简图	直径/mm	钢筋符号	下料长度/mm	单位根数	合计根数	总质量/kg
1	L_1梁计5根	(1)	4 190	10	Φ	4 315	2	10	26.62
2		(2)	150 265 494 2 960 494 265 150	20	Φ	4 658	1	5	57.43
3	L_1梁计5根	(3)	100 4 190 100	18	Φ	4 543	2	10	90.77
4		(4)	162 362	6	Φ	1 108	22	110	27.05
合计:Φ6:27.05 kg;Φ10:26.62 kg;Φ18:90.77 kg;Φ20:57.43 kg									

结构施工图中所指钢筋长度是钢筋外边缘至外边缘之间的长度,即外包尺寸,这是施工中度量钢筋长度的基本依据。钢筋加工前按直线下料,经弯曲后,外边缘伸长,内边缘缩短,而中心线不变。这样,钢筋弯曲后的外包尺寸和中心线长度之间存在一个差值,称为"量度差值",在计算下料长度时必须加以扣除。

否则下料太长,造成浪费;或弯曲成型后钢筋尺寸大于要求,造成保护层不够;甚至钢筋尺寸大于模板尺寸而造成返工。因此,钢筋下料长度应为各段外包尺寸之和减去各弯曲处的量度差值,再加上端部弯钩的增加值。

(一)钢筋弯曲处量度差值

钢筋弯曲处的量度差值与钢筋弯心直径及弯曲角度有关。

若钢筋直径为 d，90°弯曲时按施工规范有两种情况，即 HPB300 钢筋弯心直径 $D=2.5d$，HRB335、HRB400 钢筋弯心直径 $D=4d$，如图 4-23 所示，其每个 90°弯曲的量度差值为

$$A'C'+C'B'-\overset{\frown}{ACB}=2\left(\frac{D}{2}+d_0\right)-\frac{1}{4}\pi(D+d_0)$$

$$=0.215D+1.215d_0$$

将弯心直径 $D=2.5d$ 代入上式，得量度差值为 $1.75d$；

将弯心直径 $D=4d$ 代入上式，得量度差值为 $2.07d$。

为了计算方便，两者都近似取 $2d$。

同理可得，45°弯曲时的量度差值为 $0.5d$；60°弯曲时的量度差值为 $0.85d$；135°弯曲时的量度差值为 $2.5d$。

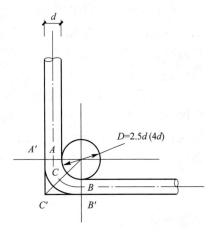

图 4-23　钢筋弯曲 90°尺寸

(二)钢筋弯钩(曲)增加长度

根据《混凝土结构工程施工质量验收规范》(GB 50204—2015)的规定，HPB300 钢筋两端应做 180°弯钩，其弯心直径 $D=2.5d$，平直部分长度为 $3d$，如图 4-24 所示。量度方法以外包尺寸度量，其每个弯钩增加长度为

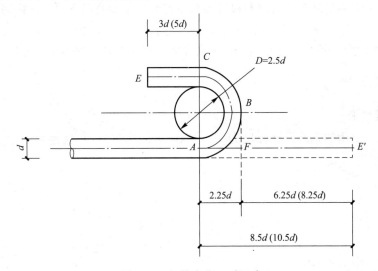

图 4-24　钢筋弯曲 180°尺寸

$$E'F=\overset{\frown}{ACB}+EC-AF=1/2\pi(D+d)+3d-(D/2+d)$$

$$=1/2\pi(2.5d+d)+3d-(2.5d/2+d)=6.25d(已考虑度量差值)$$

即　　　　　　弯钩增加长度 $=0.5\pi(D+d)-(0.5D+d)+$ 平直长度　　　　　(4-3)

同理可以得知：钢筋末端弯曲为 135°及 90°时，其末端弯曲增长值可按下式分别计算：

弯曲 135°时　　弯曲增加长度 $=0.37\pi(D+d)-(0.5D+d)+$ 平直长度　　　　(4-4)

弯曲 90°时　　弯曲增加长度 $=0.25\pi(D+d)-(0.5D+d)+$ 平直长度　　　　(4-5)

(1)HPB300 钢筋末端需做 180°弯钩，普通混凝土中取 $D=2.5d$，平直段长度 $3d$，故每弯钩增长值为 $6.25d$。

（2）HRB335、HRB400钢筋末端做90°或135°弯曲，其弯曲直径D，HRB335钢筋为$4d$；HRB400钢筋为$5d$。其末端弯钩增长值，当弯90°时，HRB335、HRB400钢筋均取$d+$平直段长；当弯135°时，HRB335钢筋取$3d+$平直段长；HRB400钢筋取$3.5d+$平直段长。

（3）箍筋用HPB300钢筋或冷拔低碳钢丝制作时，其末端需做弯钩，有抗震要求的结构应做135°弯钩，无抗震要求的结构可做90°或180°弯钩，弯钩的弯曲直径D应大于受力钢筋的直径，且不小于箍筋直径的2.5倍。弯钩末端平直长度，在一般结构中不宜小于箍筋直径的5倍；在有抗震要求的结构中不小于箍筋直径的10倍。其末端弯曲增长仍可按式(4-3)～式(4-5)进行计算。

特别提示

根据结构施工图，分别计算构件各钢筋的直线下料长度、根数及质量，编制钢筋配料单，作为备料、加工和结算的依据。

四、钢筋代换

（一）代换原则

当施工中遇有钢筋品种或规格与设计要求不符时，可参照以下原则进行钢筋代换：
（1）等强度代换。不同种类的钢筋代换，按钢筋抗拉设计值相等的原则进行。
（2）等面积代换。相同种类和级别的钢筋代换，应按钢筋等面积原则进行。

（二）代换方法

1. 等强度代换

如设计图中所用的钢筋设计强度为f_{y1}，钢筋总面积为A_{s1}，代换后的钢筋设计强度为f_{y2}，钢筋总面积为A_{s2}，则应使

$$A_{s1} \cdot f_{y1} \leqslant A_{s2} \cdot f_{y2} \tag{4-6}$$
$$n_1 \cdot \pi d_1^2/4 \cdot f_{y1} \leqslant n_2 \cdot \pi d_2^2/4 \cdot f_{y2} \tag{4-7}$$
$$n_2 \geqslant n_1 d_1^2 \cdot f_{y1}/(d_2^2 \cdot f_{y2}) \tag{4-8}$$

式中　　n_2——代换钢筋根数；

n_1——原设计钢筋根数；

d_2——代换钢筋直径；

d_1——原设计钢筋直径。

2. 等面积代换

$$A_{s1} \leqslant A_{s2} \tag{4-9}$$

则

$$n_2 \geqslant n_1 d_1^2/d_2^2 \tag{4-10}$$

（1）当构件受裂缝宽度或挠度控制时，钢筋代换后应进行刚度、裂缝验算。

（2）有抗震要求的梁、柱和框架，不宜以强度等级较高的钢筋代换原设计中的钢筋。如必须代换，其代换的钢筋检验所得的实际强度，还应符合抗震钢筋的要求。

（3）预制构件的吊环，必须采用未经冷拉的 HPB300 钢筋制作，严禁以其他钢筋代换。

特别提示

钢筋代换后，钢筋应符合有关的构造要求（如钢筋间距、最小直径、最少根数、钢筋长度等）；纵向钢筋与弯起钢筋应分别代替。

五、钢筋连接

钢筋连接方法有焊缝连接（焊接）、机械连接和绑扎连接。焊缝连接的方法较多，成本较低，质量可靠，宜优先选用。机械连接无明火作业，设备简单，节约能源，不受气候条件影响，可全天候施工，连接可靠，技术

视频：钢筋连接

易于掌握，适用范围广，尤其适用现场焊接有困难的场合。绑扎连接由于需要较长的搭接长度，浪费钢筋，且连接不可靠，故宜限制使用。

（一）焊缝连接

钢筋焊接方法有闪光对焊、电弧焊、电渣压力焊和电阻点焊。此外还有预埋件钢筋和钢板的埋弧压力焊及最近推广的钢筋气压焊。

受力钢筋采用焊接接头时，设置在同一构件内的焊接接头应相互错开。在任一焊接接头中心至长度为钢筋直径 d 的 35 倍，且不小于 500 mm 的区段内，同一根钢筋不得有两个接头；在该区段内有接头的受力钢筋截面面积占受力钢筋总截面面积的百分率，应符合下列规定：非预应力筋受拉区不宜超过 50%；受压区和装配式构件连接处不限制。预应力筋受拉区不宜超过 25%，当有可靠保证措施时，可放宽至 50%；受压区和后张法的螺栓端杆不受限制。

1. 闪光对焊

闪光对焊广泛用于钢筋纵向连接及预应力钢筋与螺栓端杆的焊接。热轧钢筋的焊接宜优先使用闪光对焊，不能使用闪光对焊时才用电弧焊。

钢筋闪光对焊的原理（图 4-25）是将两根钢筋安放成对接形式，利用焊接电流通过钢筋接触点产生的电阻热使接触点金属熔化，产生强烈飞溅，形成闪光，迅速加施顶锻力完成的一种压焊方法。

（1）连续闪光焊。连续闪光焊的工艺过程是待钢筋夹紧在电极钳口上后，闭合电源，使两钢筋端面轻微接触，由于钢筋端部不平，开始只有一点或数点接触，接触面小而电流密度和接触电阻很大，接触点很快熔化并产生金属蒸气飞溅，形成闪光现象。闪光一开始就徐徐移动钢筋，使形成连续闪光，同时接头也被加热。待接头烧平、闪去杂质和氧化膜、白热熔化时，随即施加轴向压力迅速进行顶锻，使两根钢筋焊牢。

连续闪光焊宜用于焊接直径为 25 mm 以内的 HPB300、HRB335、RRB335 级钢筋。焊接直径较小的钢筋最适宜。

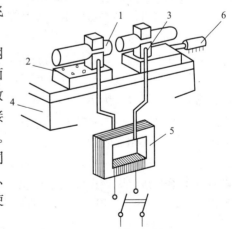

图 4-25　钢筋闪光对焊的原理
1—焊接的钢筋；2—固定电极；3—可动电极；
4—机座；5—变压器；6—手动顶压机构

连续闪光焊的工艺参数为调伸长度、烧化留量、顶锻留量及变压器级数等。

（2）预热闪光焊。预热闪光焊与连续闪光焊不同之处，在于前面增加一个预热时间，先使大直径钢筋预热后再连续闪光烧化进行加压顶锻。钢筋直径较大，端面比较平整时宜用预热闪光焊。

（3）闪光-预热-闪光焊。端面不平整的大直径钢筋连接采用半自动或自动的150型对焊机，这种焊接的工艺过程是进行连续闪光，使钢筋端部烧化平整；再使接头处做周期性闭合和断开，形成断续闪光使钢筋加热；接着是连续闪光，最后进行加压顶锻。焊接大直径钢筋宜采用闪光-预热-闪光焊。

闪光-预热-闪光焊的工艺参数为调伸长度、一次烧化留量、预热留量和预热时间、二次烧化留量、顶锻留量及变压器级数等。

对于 RRB400 级钢筋，因碳、锰、硅含量较高和钛、钒的存在，对氧化、淬火、过热比较敏感，易产生氧化缺陷和脆性组织。为此，应掌握焊接温度，并使热量扩散区加长，以防接头局部过热造成脆断。RRB400 级钢筋是可焊性差的高强度钢筋，宜用强电流进行焊接，焊后再进行通电热处理。通电热处理的目的，是对焊接接头进行一次退火或高温回火处理，以消除热影响区产生的脆性组织，改善接头的塑性。

钢筋闪光对焊后，应对接头进行外观检查，必须满足：无裂纹和烧伤；接头弯折不大于 4°；接头轴线偏移不大于 1/10 的钢筋直径，也不大于 2 mm。另外，还应按同规格接头 6% 的比例，做 3 根拉伸试验和 3 根冷弯试验，其抗拉强度实测值不应小于母材的抗拉强度，且断于接头的外处。

2. 电弧焊

电弧焊利用弧焊机使焊条与焊件之间产生高温电弧，使焊条和电弧燃烧范围内的焊件熔化，待其凝固便形成焊缝或接头。电弧焊广泛用于钢筋接头、钢筋骨架焊接、装配式结构接头的焊接、钢筋与钢板的焊接及各种钢结构焊接。

钢筋电弧焊的接头形式（图 4-26）有搭接焊接头（单面焊缝或双面焊缝）、帮条焊接头（单面焊缝或双面焊缝）、坡口焊接头（平焊或立焊）、熔槽帮条焊接头（用于安装焊接 $d \geqslant 25$ mm 的钢筋）和窄间隙焊（置于 U 形铜模内）。

弧焊机有直流与交流之分，常用的为交流弧焊机。

焊条的种类很多，如 E4303、E5503 等，钢筋焊接根据钢材等级和焊接接头形式选择焊条。焊接电流和焊条直径根据钢筋类别、直径、接头形式和焊接位置进行选择。

搭接接头的长度、帮条的长度、焊缝的长度和高度等，规程都有明确规定。采用帮条或搭接焊时，焊缝长度不应小于帮条或搭接长度，焊缝高度 $h \geqslant 0.3d$，并不得小于 4 mm；焊缝宽度 $b \geqslant 0.7d$，并不得小于 10 mm。电弧焊一般要求焊缝表面平整，无裂纹，无较大凹陷、焊瘤，无明显咬边、气孔、夹渣等缺陷。在现场安装条件下，每一层楼以 300 个同类型接头为一批，每一批选取三个接头进行拉伸试验。如有一个不合格，取双倍试件复验，再有一个不合格，则该批接头不合格。如对焊接质量有怀疑或发现异常情况，还可进行非破损方式（X 射线、γ 射线、超声波探伤等）检验。

3. 电渣压力焊

电渣压力焊在建筑施工中多用于现浇钢筋混凝土结构构件内竖向或斜向（倾斜度在 4∶1 的范围内）钢筋的焊接接长。电渣压力焊分为自动电渣压力焊与手工电渣压力焊。与电弧焊比较，电渣压力焊工效高、成本低，可进行竖向连接，在工程中应用较普遍。

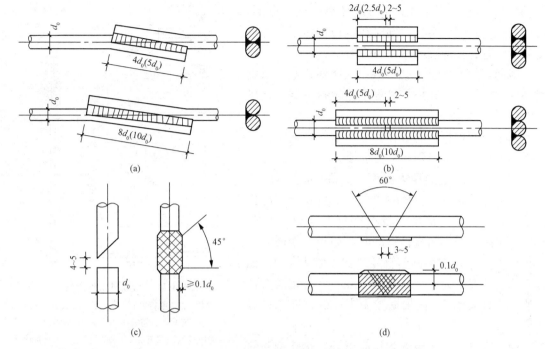

图 4-26　钢筋电弧焊的接头形式

(a)搭接焊接头；(b)帮条焊接头；(c)立焊的坡口焊接头；(d)平焊的坡口焊接头

进行电渣压力焊宜选用合适的变压器，夹具(图 4-27)需灵巧，上下钳口同心，上下钢筋的轴线应尽量一致，其最大偏移不得超过 $0.1d$，同时也不得大于 $2\ mm$。

焊接时，先将钢筋端部约 $120\ mm$ 范围内的铁锈除尽，将夹具夹牢在下部钢筋上，并将上部钢筋扶直夹牢于活动电极中。自动电渣压力焊还在上下钢筋间放引弧用的钢丝圈等。再装上药盒(直径 $90\sim100\ mm$)和装满焊药，接通电路，用手柄使电弧引燃(引弧)。然后稳定一定时间，使之形成渣池并使钢筋熔化(稳弧)，随着钢筋的熔化，用手柄使上部钢筋缓缓下送。当稳弧达到规定时间后，在断电同时用手柄进行加压顶锻，以排除夹渣和气泡，形成接头。待冷却一定时间后，即拆除药盒、回收焊药、拆除夹具和清除焊渣。引弧、稳弧、顶锻三个过程应连续进行。

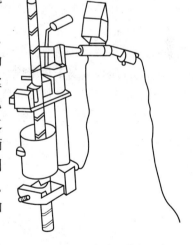

图 4-27　电渣压力焊

电渣压力焊的工艺参数为焊接电流、渣池电压和通电时间，根据钢筋直径选择，钢筋直径不同时，根据较小直径的钢筋选择参数。电渣压力焊的接头，也应按规程规定的方法检查外观质量和进行试件拉伸试验。

4. 电阻点焊

电阻点焊主要用于小直径钢筋的交叉连接，如用来焊接钢筋网片、钢筋骨架等。它生产效率高、节约材料，应用广泛。

电阻点焊的工作原理：当钢筋交叉点焊时，接触点只有一点，且接触电阻较大，在接触的瞬间，电流产生的全部热量都集中在一点上，因而使金属受热而熔化，同时在电极加压下使焊点金属得到焊合，原理如图 4-28 所示。

电阻点焊的主要工艺参数：变压器级数、通电时间和电极压力。在焊接过程中应保持一定的预压和锻压时间。

通电时间根据钢筋直径和变压器级数而定。电极压力则根据钢筋级别和直径选择。

焊点应有一定的压入深度。点焊热轧钢筋时，压入深度为较小钢筋直径的 30%～45%；点焊冷拔低碳钢丝时，压入深度为较小钢丝直径的 30%～35%。电阻点焊不同直径钢筋时，如较小钢筋的直径小于 10 mm，大小钢筋直径之比不宜大于 3；如较小钢筋的直径为12 mm 或 14 mm，大小钢筋直径之比则不宜大于 2。应根据较小直径的钢筋选择焊接工艺参数。

焊点应进行外观检查和强度试验。热轧钢筋的焊点应进行抗剪试验。

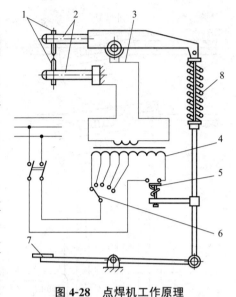

图 4-28　点焊机工作原理

1—电极；2—电极臂；3—变压器的次级线圈；
4—变压器的初级线圈；5—断路器；
6—变压器的调节开关；7—踏板；8—压紧机构

5. 气压焊

气压焊连接钢筋利用乙炔、氧混合气体燃烧的高温火焰对已有初始压力的两根钢筋端面接合处加热，使钢筋端部产生塑性变形，并促使钢筋端面的金属原子互相扩散，当钢筋加热到 1 250 ℃～1 350 ℃（相当于钢材熔点的 80%～90%，此时钢筋加热部位呈橘黄色，有白亮闪光出现)时进行加压顶锻，使钢筋内的原子得以再结晶而焊接在一起。

钢筋气压焊接属于热压焊。在焊接加热过程中，加热温度只为钢材熔点的 80%～90%，钢材未呈熔化液态，且加热时间较短，钢筋的热输入量较少，所以不会出现钢筋材质劣化倾向。另外，它设备轻巧、使用灵活、效率高、节省电能、焊接成本低，可进行全方位(竖向、水平和斜向)焊接，所以在我国逐步得到推广。气压焊接设备主要包括加热系统与加压系统两部分(图 4-29)。

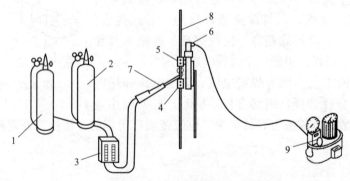

图 4-29　气压焊接设备

1—乙炔；2—氧气；3—流量计；4—固定卡具；5—活动卡具；
6—压接器；7—加热器与焊炬；8—被焊接的钢筋；9—电动油泵

加热系统中的加热能源是氧和乙炔。氧的纯度宜为99.5%，工作压力为0.6～0.7 MPa；乙炔的纯度宜为98.0%，工作压力为0.06 MPa。流量计用来控制氧和乙炔的输入量，焊接不同直径的钢筋要求不同的流量。加热器用来将氧和乙炔混合后，从喷火嘴喷出火焰加热钢筋，要求火焰能均匀加热钢筋，有足够的温度和功率并安全可靠。

加压系统中的压力源为电动油泵(也有手动油泵)，使加压顶锻时压力平稳。压接器是气压焊的主要设备之一，要求它能准确、方便地将两根钢筋固定在同一轴线上，并将油泵产生的压力均匀地传递给钢筋达到焊接的目的。施工时压接器需反复装拆，要求重量轻、构造简单和装拆方便。

气压焊接的钢筋要用砂轮切割机断料，不能用钢筋切断机切断，要求端面与钢筋轴线垂直。焊接前应打磨钢筋端面，清除氧化层和污物，使之现出金属光泽，并即喷涂一薄层焊接活化剂保护端面不再氧化。

钢筋加热前先对钢筋施加30～40 MPa的初始压力，使钢筋端面贴合。当加热到缝隙密合后，上下摆动加热器适当增大钢筋加热范围，促使钢筋端面金属原子互相渗透也便于加压顶锻。加压顶锻时的压应力为34～40 MPa，使焊接部位产生塑性变形。直径小于22 mm的钢筋可以一次顶锻成型，大直径钢筋可以进行二次顶锻。

(二)钢筋机械连接

钢筋机械连接包括套筒挤压连接和螺纹套管连接，是近年来大直径钢筋现场连接的主要方法，它不受钢筋化学成分、可焊性及气候等影响，具有质量稳定、操作简便、施工速度快、无明火等特点。

1. 钢筋套筒挤压连接

钢筋套筒挤压连接将需连接的变形钢筋插入特制钢套筒，利用液压驱动的挤压机进行径向或轴向挤压，使钢套筒产生塑性变形，使套筒内壁紧紧咬住变形钢筋实现连接(图4-30)。它适用竖向、横向及其他方向的较大直径变形钢筋的连接。

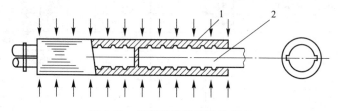

图4-30 钢筋套筒挤压连接原理

1—钢套筒；2—被连接的钢筋

钢筋挤压连接的工艺参数，主要是压接顺序、压接力和压接道数。压接顺序应从中间逐道向两端压接。压接力要能保证套筒与钢筋紧密咬合，压接力和压接道数取决于钢筋直径、套筒型号和挤压机型号。

钢筋套筒挤压连接接头，按验收批次进行外观质量和单向拉伸试验检验。

2. 钢筋螺纹套筒连接

钢筋螺纹套筒连接分为锥螺纹套筒连接和直螺纹套筒连接两种。

用于这种连接的钢套管内壁，用专用机床加工锥螺纹，钢筋的对接端头也在套丝机上加工与套管匹配的锥螺纹。连接时，经对螺纹检查无油污和损伤后，先用手旋入钢筋，然后用扭矩扳手紧固至规定的扭矩即完成连接（图 4-31）。它施工速度快、不受气候影响、质量稳定、对中性好。

锥螺纹套筒连接由于钢筋的端头在套丝机上加工螺纹，截面有所削弱，有时达不到与母材等强度要求。为确保达到与母材等强度，可先把钢筋端部镦粗，然后切削直螺纹，用套筒连接就形成直螺纹套筒连接，或者用冷轧方法在钢筋端部轧制出螺纹。冷强作用也可达到与母材等强度。

钢筋在现场安装时，要特别关注受力钢筋，受力钢筋的品种、级别、规格和数量都必须符合设计要求。钢筋安装位置的允许偏差应参照《混凝土结构工程施工质量验收规范》（GB 50204—2015）。

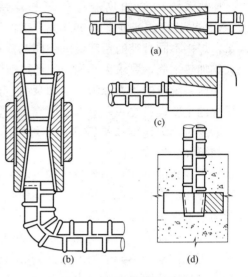

图 4-31　钢筋螺纹套管连接
(a)两根直钢筋连接；
(b)一根直钢筋与一根弯钢筋连接；
(c)在金属结构上接装钢筋；
(d)在混凝土构件中插接钢筋

（三）绑扎连接

钢筋搭接处，应在中心及两端用 20～22 号铁丝扎牢。受拉钢筋绑扎连接的搭接长度，应符合表 4-6 的规定。

表 4-6　受拉钢筋绑扎接头的搭接长度　　　　　　　　　mm

钢筋种类及同一区段内搭接钢筋面积百分率		混凝土强度等级																
		C20	C25		C30		C35		C40		C45		C50		C55		C60	
		$d \leqslant 25$	$d \leqslant 25$	$d > 25$	$d \leqslant 25$	$d > 25$	$d \leqslant 25$	$d > 25$	$d \leqslant 25$	$d > 25$	$d \leqslant 25$	$d > 25$	$d \leqslant 25$	$d > 25$	$d \leqslant 25$	$d > 25$	$d \leqslant 25$	$d > 25$
HPB300	$\leqslant 25\%$	$47d$	$41d$	—	$36d$	—	$34d$	—	$30d$	—	$29d$	—	$28d$	—	$26d$	—	$25d$	—
	50%	$55d$	$48d$	—	$42d$	—	$39d$	—	$35d$	—	$34d$	—	$32d$	—	$31d$	—	$29d$	—
	100%	$62d$	$54d$	—	$48d$	—	$45d$	—	$40d$	—	$38d$	—	$37d$	—	$35d$	—	$34d$	—
HRB335 HRBF335	$\leqslant 25\%$	$46d$	$40d$	—	$35d$	—	$32d$	—	$30d$	—	$28d$	—	$26d$	—	$25d$	—	$25d$	—
	50%	$53d$	$46d$	—	$41d$	—	$38d$	—	$35d$	—	$32d$	—	$31d$	—	$29d$	—	$29d$	—
	100%	$61d$	$53d$	—	$46d$	—	$43d$	—	$40d$	—	$37d$	—	$35d$	—	$34d$	—	$34d$	—
HRB400 HRBF400 RRB400	$\leqslant 25\%$	—	$48d$	$53d$	$42d$	$47d$	$38d$	$42d$	$35d$	$38d$	$34d$	$37d$	$32d$	$36d$	$31d$	$35d$	$30d$	$34d$
	50%	—	$56d$	$62d$	$49d$	$55d$	$45d$	$49d$	$41d$	$45d$	$39d$	$43d$	$38d$	$42d$	$36d$	$41d$	$35d$	$39d$
	100%	—	$64d$	$70d$	$56d$	$62d$	$51d$	$56d$	$48d$	$51d$	$45d$	$50d$	$43d$	$48d$	$42d$	$46d$	$40d$	$45d$
HRB500 HRBF500	$\leqslant 25\%$	—	$58d$	$64d$	$52d$	$56d$	$47d$	$52d$	$43d$	$48d$	$41d$	$44d$	$38d$	$42d$	$37d$	$41d$	$36d$	$40d$
	50%	—	$67d$	$74d$	$60d$	$66d$	$55d$	$60d$	$50d$	$56d$	$48d$	$52d$	$45d$	$49d$	$43d$	$48d$	$42d$	$46d$
	100%	—	$77d$	$85d$	$69d$	$75d$	$62d$	$69d$	$58d$	$64d$	$54d$	$59d$	$51d$	$56d$	$50d$	$54d$	$48d$	$53d$

注：1. 表中数值为纵向受拉钢筋绑扎搭接接头的搭接长度。
2. 两根不同直径钢筋搭接时，表中 d 取较细钢筋直径。
3. 当为环氧树脂涂层带肋钢筋时，表中数据尚应乘以 1.25。
4. 当纵向受拉钢筋在施工过程中易受扰动时，表中数据尚应乘以 1.1。

（1）两根直径不同钢筋的搭接长度，以较细钢筋的直径计算。

（2）当纵向受拉钢筋搭接接头面积百分率＞25％，且＜50％时，其最小搭接长度应按

表 4-6 中的数值乘以 1.2 取用；当接头面积百分率＞50％时，应按表 4-6 中的数值乘以 1.35 取用。

（3）当带肋钢筋的直径大于 25 mm 时，其最小搭接长度按表 4-6 中的相应数值乘以系数 1.1 取用。

（4）对环氧树脂涂层的带肋钢筋，其最小搭接长度按表 4-6 中的相应数值乘以系数 1.25 取用。

（5）当在混凝土凝固过程中受力钢筋易受扰动时（如滑模施工），其最小搭接长度应按相应数值乘以系数 1.1 取用。

（6）当带肋钢筋的混凝土保护层厚度大于搭接钢筋直径的 3 倍且配有箍筋时，其最小搭接长度可按相应数值乘以系数 0.8 取用。

（7）对末端采用机械锚固措施的带肋钢筋，其最小搭接长度按相应的数值乘以系数 0.7 取用。

（8）对有抗震设防要求的结构构件，其受力钢筋的最小搭接长度：对一、二级抗震等级的，应按相应数值乘以系数 1.15 取用；对于三级抗震等级的，应按相应数值乘以系数 1.05 取用。

（9）在任何情况下，受拉钢筋的搭接长度不应小于 300 mm；受压钢筋的搭接长度不应小于 200 mm。

特别提示

钢筋接头连接方法有焊缝连接、机械连接和绑扎连接。焊缝连接的方法较多，成本较低，质量可靠，宜优先选用。机械连接适用范围广，尤其适用于现场焊接有困难的场合。绑扎连接限制使用。

六、钢筋的加工

钢筋的冷加工，有冷拉、冷拔和冷轧，其目的是提高钢筋强度设计值，节约钢材，满足预应力钢筋的需要。

（一）钢筋的冷拉

钢筋的冷拉是在常温下对钢筋进行强力拉伸，拉应力超过钢筋的屈服强度，使钢筋产生塑性变形，以达到调直钢筋、提高强度的目的。冷拉 HPB300 钢筋适用混凝土结构中的受拉钢筋；冷拉 HRB335、HRB400、RRB400 级钢筋适用预应力混凝土结构中的预应力筋。

1. 冷拉原理

在图 4-32 中，$abcde$ 为钢筋的拉伸特性曲线。钢筋冷拉时，拉应力超过屈服点 b 达到 c 点，然后卸荷。由于钢筋已产生了塑性变形，卸荷过程中应力应变沿 co_1 降至 o_1 点。如再立即重新拉伸，应力应变图将沿 o_1cde 变化，并在高于 c 点附近出现新的屈服点，该屈服点明显高于冷拉前的屈服点 b，这种现象称为"变形硬化"。

冷拉后钢筋有内应力存在，内应力会促进钢筋内的晶体组织调整，经过调整，屈服强度又进一步提高。该晶体组织调整过程称为"时效"。钢筋经冷拉和时效后的拉伸特性曲线

即为 $o_1c'd'e'$。HPB300、HRB335 钢筋的时效过程在常温下需 $15\sim20$ d(称自然时效),但温度在 $100\ ℃$ 时只需 2 h 即可完成,因而为加速时效可利用蒸汽、电热等手段进行人工时效。HRB400、RRB400 钢筋在自然条件下一般达不到时效的效果,宜用人工时效。一般通电加热至 $150\ ℃\sim200\ ℃$,保持 20 min 左右即可。

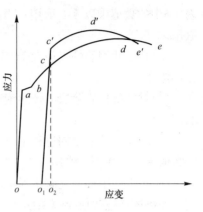

图 4-32　钢筋拉伸曲线图

2. 冷拉控制方法

冷拉钢筋的控制方法有控制应力和控制冷拉率两种。

冷拉率是指钢筋冷拉伸长值与钢筋冷拉前长度的比值。采用冷拉率方法冷拉钢筋时,其最大冷拉率及冷拉控制应力,应符合表 4-7 的规定。

表 4-7　冷拉控制应力及最大冷拉率

项目	钢筋级别	符号	冷拉控制应力 /(N·mm^{-2})	最大冷拉率/%
1	HPB300	Φ	280	10
2	HRB335	Φ	450	5.5
3	HRB400	Φ	500	5

采用控制应力冷拉钢筋时,以表 4-7 规定的控制应力对钢筋进行冷拉,冷拉后检查钢筋的冷拉率,如不超过表 4-7 中规定的冷拉率,认为合格,如超过表 4-7 中规定的数值,则应进行力学性能检验。

例如:一根直径为 18 mm,截面面积为 254.5 mm^2,长度为 30 m 的 HPB300 级钢筋冷拉时,由表 4-7 查出钢筋冷拉控制应力为 280 N/mm^2,最大冷拉率不超过 10%,则该根钢筋冷拉控制拉力为

$$254.5\ mm^2×280\ N/mm^2 = 71\ 260\ N = 71.26\ kN$$

最大伸长量为

$$30\ m×10\% = 3\ m = 3\ 000\ mm$$

冷拉时,当控制力达到 71.26 kN,而伸长量没有超过 3 000 mm,则这根冷拉钢筋为合格品,否则,当控制拉力达到 71.26 kN 而伸长量超过 3 000 mm,或者伸长量达到 3 000 mm 而控制力没达到时,均为不合格,须进行机械性能试验或降级使用。

冷拉率控制值必须由试验确定。对同炉批钢筋测定的试件不宜少于 4 个,每个试件都按表 4-8 规定的冷拉应力值在万能试验机上测定相应的冷拉率,取其平均值作为该炉批钢筋的实际冷拉率。如钢筋强度偏高,平均冷拉率低于 1% 时,仍按 1% 进行冷拉。

表 4-8　测定冷拉率时钢筋的冷拉应力

钢筋级别		冷拉控制应力/(N·mm^{-2})	
HPB300		$d<12$	320
HRB335	$d<25$	480	
	$d=28\sim40$	460	
HRB400	$d=8\sim40$	530	
RRB400	$d=10\sim28$	730	

不同炉批的钢筋，不宜用控制冷拉率的方法进行冷拉。多根连接的钢筋，用控制应力的方法进行冷拉时，其控制应力和每根的冷拉率均应符合表4-7的规定；当用控制冷拉率方法进行冷拉时，实际冷拉率按总长计，但多根钢筋中每根钢筋冷拉率不得超过表4-7规定。

钢筋冷拉速度不宜过快，一般以每秒拉长5 mm或每秒增加5 N/mm² 拉应力为宜。当拉至控制值时，停车2～3 min后，再行放松，使钢筋晶体组织变形较为完全，以减少钢筋的弹性回缩。

预应力钢筋由几段对焊而成时，应在焊接后再进行冷拉，以免因焊接而降低冷拉所获得的强度。

钢筋调直宜用机械方法，也可用冷拉调直。当用冷拉方法调直钢筋时，HPB300级钢筋的冷拉率不宜大于4%，HRB335级、HRB400级和RRB400级钢筋的冷拉率不宜大于1%。

3. 冷拉设备

冷拉设备由拉力设备、承力结构、测量设备和钢筋夹具等部分组成，如图4-33所示，拉力设备可采用卷扬机或长行程液压千斤顶；承力结构可采用地锚；测力装置可采用弹簧测力计、电子秤或附带油表的液压千斤顶。

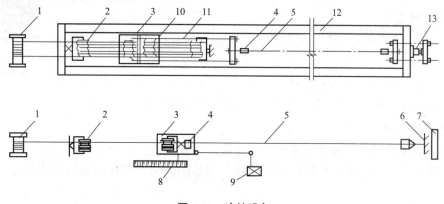

图 4-33 冷拉设备

1—卷扬机；2—滑轮机；3—冷拉小车；4—夹具；5—被冷拉的钢筋；6—地锚；7—防护壁；
8—标尺；9—回程荷重架；10—回程滑轮组；11—传力架；12—槽式台座；13—液压千斤顶

(二)钢筋冷拔

钢筋冷拔利用强力将直径6～10 mm的HPB300级钢筋在常温下通过特制的钨合金拔丝模，多次强力拉拔成比原钢筋直径小的钢丝(图4-34)，使钢筋产生塑性变形。

钢筋经过冷拔后，横向压缩、纵向拉伸，钢筋内部晶格产生滑移，抗拉强度标准值可提高50%～90%，但塑性降低，硬度提高。这种经冷拔加工的钢筋称为冷拔低碳钢丝。冷拔低碳钢丝分为甲级、乙级，甲级钢丝主要用作预应力混凝土构件的预应力筋，乙级钢丝用于焊接网片和焊接骨架、架立筋、箍筋和构

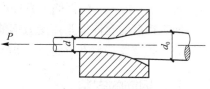

图 4-34 钢筋冷拔

造钢筋。钢筋冷拔的工艺过程：轧头→剥皮→通过润滑剂→进入拔丝模。如钢筋需要连接

则应冷拔前对焊连接。

冷拔总压缩率和冷拔次数对钢丝质量和生产效率都有很大的影响。总压缩率越大，抗拉强度提高越多，但塑性降低也越多。

冷拔钢丝一般要经过多次冷拔才能达到预定的总压缩率。但冷拔次数过多，易使钢丝变脆，且降低生产效率；冷拔次数过少，易将钢丝拔断，且易损坏拔丝模。冷拔速度也要控制适当，过快易造成断丝。

冷拔设备由拔丝机、拔丝模、剥皮装置、轧头机等组成。

冷拔低碳钢丝的质量要求：表面不得有裂纹和机械损伤，并应按施工规范要求进行拉力试验和反复弯曲试验，甲级钢丝应逐盘取样检查，乙级钢丝可以分批抽样检查，其力学性能应符合施工规范的规定。

特别提示

冷拉、冷拔和冷轧，用以提高钢筋强度，节约钢材。抗拉强度提高越多，塑性降低也越多。

（三）钢筋的调直与除锈

1. 钢筋调直

视频：钢筋的
调直与除锈

钢筋调直可利用冷拉进行。采用冷拉方法调直钢筋时，HPB300 钢筋的冷拉率不宜大于 4‰；HRB335、HRB400 钢筋的冷拉率不宜大于 1‰。除利用冷拉调直钢筋外，粗钢筋还可采用锤直和拔直的方法；直径 4～14 mm 的钢筋可采用调直机进行。调直机具有使钢筋调直、除锈和切断三项功能。

2. 钢筋的除锈

钢筋的表面应洁净，油渍、漆污和用锤敲击时能剥落的浮皮、铁锈等应在使用前清除干净。在焊接前，焊点处的水锈应清除干净。钢筋的除锈，宜在钢筋冷拉或钢丝调直过程中进行。

3. 钢筋的切断

钢筋切断可采用钢筋切断机或手动切断器。手动切断器一般只用于直径小于 2 mm 的钢筋；钢筋切断机可切断直径小于 4 mm 的钢筋。切断时根据下料长度统一排料；先断长料，后断短料；减少短头，减少损耗。

4. 钢筋的接长与弯曲

钢筋下料之后，应按钢筋配料单进行画线，以便将钢筋准确地加工成所规定的尺寸。当钢筋的形状比较复杂时，可先放出实样，再进行弯曲。钢筋弯曲宜采用弯曲机，弯曲机可弯直径 6～40 mm 的钢筋，直径小于 25 mm 的钢筋当无弯曲机时，也可采用板钩弯曲。

加工钢筋的允许偏差：受力钢筋顺长度方向全长的净尺寸偏差不应超过±10 mm；弯起筋的弯折位置偏差不应超过±20 mm。

七、钢筋的安装

钢筋安装或现场绑扎应与模板安装相配合。柱钢筋现场绑扎时，一般在模板安装前进行，柱钢筋采用预制安装时，可先安装钢筋骨架，然后安装柱模板，或先安装三面模板，待钢筋骨架安装后，再钉第四面模板。梁的钢筋一般在梁模板安装后，再安装或绑扎；断面高度较大（＞600 mm），或跨度较大、钢筋较密的大梁，可留一面侧模，待钢筋安装或绑扎完后再钉侧模。楼板钢筋绑扎应在楼板模板安装后进行，并应按设计先画线，然后摆料、绑扎。

钢筋保护层应按设计或规范的要求正确确定。工地常用预制水泥垫块垫在钢筋与模板之间，以控制保护层厚度。垫块应布置成梅花形，其相互间距不大于 1 m。上下双层钢筋之间的尺寸，可绑扎短钢筋或设置撑脚来控制。

钢筋工程属于隐蔽工程，在浇筑混凝土前应对钢筋及预埋件进行验收，并按规定记好隐蔽工程记录，以便查验。验收检查包括下列内容：根据设计图纸检查钢筋的钢筋等级、直径、根数、间距是否正确，特别是要注意检查负筋的位置；检查钢筋接头的位置及搭接长度是否符合规定；检查混凝土保护层是否符合要求；检查钢筋绑扎是否牢固，有无变形、松脱和开焊；钢筋表面不允许有油渍、漆污和颗粒状（片状）铁锈；钢筋位置允许偏差，应符合表 4-9 的规定。

表 4-9　钢筋安装及预埋件位置的允许偏差和检验方法

项次	项目		允许偏差/mm	检验方法
1	网的长度、宽度		±10	尺量检查
2	网眼尺寸	焊接	±10	尺量连续三档取其最大值
		绑扎	±20	
3	骨架的宽度、高度		±5	尺量检查
4	骨架的长度		±10	
5	受力钢筋	间距	±10	尺量两端中间各一点取最大值
		排距	±5	
6	箍筋、构造筋间距	焊接	±10	尺量连续三档取其最大值
		绑扎	±20	
7	钢筋弯起点位移		20	尺量检查
8	焊接预埋件	中心位移	5	
		水平高差	±30	
9	受力钢筋保护层	基础	±10	
		梁柱	±5	
		墙板	±3	

特别提示

验收检查下列几方面：根据设计图纸检查钢筋的钢筋等级、直径、根数、间距是否正确，特别是要注意检查负筋的位置；检查钢筋接头的位置及搭接长度是否符合规定；检查混凝土保护层是否符合要求；检查钢筋绑扎是否牢固，有无变形、松脱和开焊；钢筋表面不允许有油渍、漆污和颗粒状（片状）铁锈；钢筋位置允许偏差应符合规定。

单元三　混凝土工程

混凝土工程施工包括混凝土制备、运输、浇筑、养护等施工过程，如图 4-35 所示。各施工过程既紧密联系又相互影响，任何一个施工过程处理不当都会影响混凝土的最终质量。因此，要求混凝土构件不但要有正确的外形，而且要获得良好的强度、密实性和整体性。

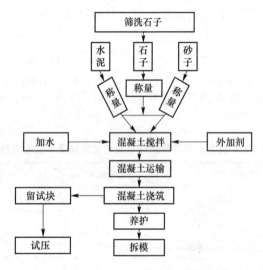

图 4-35　混凝土工程施工过程

一、混凝土的制备

（一）混凝土原材料的选用

结构工程中所用的混凝土是以水泥为胶凝材料，外加粗细集料、水，按照一定配合比拌和而成的混合材料。另外，还可根据需要，向

视频：混凝土的制备

混凝土中掺加外加剂和掺合料以改善混凝土的某些性能。因此，混凝土的原材料除水泥、砂、石、水外，还有外加剂、掺合料（常用的有粉煤灰、硅粉、磨细矿渣等）。

水泥是混凝土的重要组成材料，水泥在进场时必须具有出厂合格证明和试验报告，并对其品种、强度等级、出厂日期等内容进行检查验收。根据结构的设计和施工要求，准确选定水泥品种和强度等级。水泥进场后，应按品种、强度等级、出厂日期不同分别堆放，并做好标记，做到先进先用完，不得将不同品种、强度等级或不同出厂日期的水泥混用。水泥要防止受潮。水泥堆放高度不超过 10 包。水泥存放期自出厂之日算起不得超过 3 个月（快凝水泥为 1 个月），否则，水泥使用前必须重新取样检查试验其实际性能。

砂、石子是混凝土的骨架材料，因此，又称粗、细集料。集料有天然集料、人造集料。在工程中常用天然集料。根据砂的来源不同，砂分为河砂、海砂、山砂。海砂中氯离子对钢筋有腐蚀作用，因此，海砂一般不宜作为混凝土的集料。粗集料有碎石、卵石两种。混凝土集料要质地坚固、颗粒级配良好、含泥量要小（表 4-10），有害杂质含量要满足国家有关标准要求。尤其是可能引起混凝土碱-集料反应的活性硅、云石等含量，必须严格控制。

表 4-10　混凝土集料中含泥量的限值　　　　　　　　　%

集料种类	混凝土强度等级≥C30	混凝土强度等级＜C30
砂子	3	5
石子	1	2

混凝土拌合用水一般可以直接使用饮用水，当使用其他来源水时，水质必须符合国家有关标准的规定。含有油类、酸类(pH 值小于 4 的水)、硫酸盐和氯盐的水不得用作混凝土拌合水。海水含有氯盐，严禁用作钢筋混凝土或预应力混凝土的拌合水。

混凝土工程中已广泛使用外加剂，以改善混凝土的相关性能。外加剂的种类很多，根据其用途和用法不同，总体可分为早强剂、减水剂、缓凝剂、抗冻剂、加气剂、防锈剂、防水剂等。外加剂使用前，必须详细了解其性能，准确掌握其使用方法，要取样实际试验检查其性能，任何外加剂不得盲目使用。

在混凝土加适量的掺合料，既可以节约水泥，降低混凝土的水泥水化总热量，也可以改善混凝土的性能。尤其是高性能混凝土中，掺入一定的外加剂和掺合料，是实现其有关性能指标的主要途径。掺合料有水硬性和非水硬性两种。水硬性掺合料在水中具有水化反应能力，如粉煤灰、磨细矿渣等。而非水硬性掺合料在常温常压下基本上不与水发生水化反应，主要起填充作用，如硅粉、石灰石粉等。掺合料的使用要服从设计要求，掺量要经过试验确定，一般为水泥用量的 5%～40%。

(二)混凝土施工配制强度确定

混凝土配合比应根据混凝土强度等级、耐久性和工作性能等按国家现行标准《普通混凝土配合比设计规程》(JGJ 55—2011)确定，有需要时，还需满足抗渗性、抗冻性、水化热低等要求。

混凝土的强度等级按规范规定为 14 个：C15、C20、C25、C30、C35、C40、C45、C50、C55、C60、C65、C70、C75、C80。C50 及其以下为普通混凝土；C60～C80 为高强度混凝土。混凝土制备之前按下式确定混凝土的施工配制强度，以达到 95% 的保证率：

$$f_{cu,o} = f_{cu,k} + 1.645\sigma$$

式中　$f_{cu,o}$——混凝土的施工配制强度(N/mm^2)；

　　　$f_{cu,k}$——设计的混凝土强度标准值(N/mm^2)；

　　　σ——施工单位的混凝土强度标准差(N/mm^2)。

当施工单位具有近期的同一品种混凝土强度的统计资料时，σ 可按下式计算：

$$\sigma = \sqrt{\frac{\sum_{i=1}^{n} f_{cu,i}^2 - nm_{fcu}^2}{n-1}}$$

式中　σ——混凝土强度标准差；

　　　$f_{cu,i}$——第 i 组混凝土试件强度(N/mm^2)；

　　　m_{fcu}——n 组试件的强度平均值；

　　　n——试件组数。

当混凝土强度等级为 C20 或 C25 时，如计算得到 $\sigma < 2.5\ N/mm^2$，取 $\sigma = 2.5\ N/mm^2$；当混凝土强度等级高于 C25 时，如计算得到的 $\sigma < 3.0\ N/mm^2$ 时，取 $\sigma = 3.0\ N/mm^2$。

对预拌混凝土厂和预制混凝土的构件厂，其统计周期可取为 1 个月；对现场拌制混凝土的施工单位，其统计周期可根据实际情况确定，但不宜超过 3 个月。

施工单位如无近期同一品种混凝土强度统计资料，可按表 4-11 取值。

表 4-11　混凝土强度标准差

混凝土强度等级	低于 C20	C25～C35	高于 C35
$\sigma/(N \cdot mm^{-2})$	4.0	5.0	6.0
注：表中 σ 值，反映我国施工单位的混凝土施工技术和管理的平均水平，采用时可根据本单位情况做适当调整				

(三)混凝土的施工配料

影响混凝土质量的因素主要有两方面：一是称量不准；二是未按砂、石集料实际含水率的变化进行施工配合比的换算。这样必然会改变原理论配合比的水胶比、砂石比（含砂率）及浆集比。当水胶比增大时，混凝土黏聚性、保水性差，而且硬化后多余的水分残留在混凝土中形成水泡，或水分蒸发留下气孔，使混凝土密实性差、强度低。若水胶比减少，则混凝土流动性差，甚至影响成型后的密实，造成混凝土结构内部松散，表面产生蜂窝、麻面现象。同样，含砂率减少时，则砂浆量不足，不仅会降低混凝土流动性，更严重的是将影响其黏聚性及保水性，产生粗集料离析、水泥浆流失，甚至溃散等不良现象。而浆集比反映的是混凝土中水泥浆的用量的多少（即每立方米混凝土的用水量和水泥用量），如控制不准，也直接影响混凝土的水胶比和流动性。所以，为了确保混凝土的质量，在施工中必须及时进行施工配合比的换算和严格控制称量。

1. 施工配合比换算

实验室配合比所确定的各种材料的用量比例，是以砂、石等材料处于干燥状态下为标准的。而在施工现场，砂石材料露天存放，不可避免地含有一定的水，且其含水量随着场地条件和气候而变化，因此，在实际配制混凝土时，就必须考虑砂石的含水量对混凝土的影响，将实验室配合比换算成考虑了砂石含水量的施工配合比，作为混凝土配料的依据。

设实验室配合比为：水泥∶砂子∶石子＝1∶x∶y，水胶比为 W/B，并测得砂子的含水量为 W_x，石子的含水量为 W_y，则施工配合比：$1 \colon x(1+W_x) \colon y(1+W_y)$。

按实验室配合比，1 m^3 混凝土水泥用量为 C，计算时确保混凝土水胶比不变（W 为用水量），则换算后材料用量为

$$水泥：C'=C$$
$$砂子：G'_砂=Cx(1+W_x)$$
$$石子：G'_石=Cy(1+W_y)$$
$$水：W'=W-CxW_x-CyW_y$$

【例 4-1】　设混凝土实验室配合比：1∶2.56∶5.55，水胶比为 0.65，每 1 m^3 混凝土的水泥用量为 275 kg，测得砂子含水量为 3%，石子含水量为 1%，求混凝土的施工配合比。

解：考虑原材料的含水量计算出施工配合比为

$$1 \colon 2.56(1+3\%) \colon 5.55(1+1\%)=1 \colon 2.64 \colon 5.60$$

每 1 m^3 混凝土材料用量为

$$水泥：275 \text{ kg}$$
$$砂子：275 \times 2.64=726(\text{kg})$$

石子：275×5.60＝1 540(kg)

水：275×0.65－275×2.56×3％－275×5.55×1％＝142.4(kg)

2. 施工配料

求出每立方米混凝土材料用量后，还必须根据工地现有搅拌机出料容量确定每次需用几整袋水泥，然后按水泥用量来计算砂石的每次拌用量。如采用JZ250型搅拌机，出料容量为0.25 m³，则上例每搅拌一次的装料数量为

水泥：275×0.25＝68.75(kg)(取用一袋半水泥，即75 kg)

砂子：726×75÷275＝198(kg)

石子：1 540×75÷275＝420(kg)

水：142.4×75÷275＝38.8(kg)

施工现场的混凝土配料要求计算出每一盘(拌)的各种材料下料量，为了便于施工计量，对于袋装水泥，计算出的每盘水泥用量应取半袋的倍数。

为严格控制混凝土的配合比，原材料的数量应采用质量计量，必须准确。其质量偏差不得超过以下规定：水泥、混合材料为±2％；细集料为±3％；水、外加剂溶液为±2％。各种衡量器应定期校验，经常保持准确。集料含水量应经常测定，雨天施工时，应增加测定次数。

特别提示

严格控制混凝土的配合比，原材料的数量应采用质量计量，必须准确，否则影响混凝土的强度。

(四)混凝土的搅拌

1. 混凝土搅拌机选择

混凝土制备是指将各种组成材料拌制成质地均匀、颜色一致、具备一定流动性的混凝土拌合物。由于混凝土配合比是按照细集料恰好填满

视频：混凝土的搅拌

粗集料的间隙，而水泥浆又均匀地分布在粗细集料表面的原理设计的，如混凝土制备得不均匀就不能获得密实的混凝土，影响混凝土的质量，所以制备是混凝土施工工艺过程中很重要的一道工序。混凝土制备的方法，除工程量很小且分散用人工拌制外，皆应采用机械搅拌。

混凝土搅拌机按其搅拌原理分为自落式搅拌机和强制式搅拌机两类。根据其构造的不同，又可分为若干种，见表4-12。

表4-12 混凝土搅拌机类型

自落式			强制式			
鼓筒式	双锥式		立轴式			卧轴式 (单轴、双轴)
	反转出料	倾翻出料	涡浆式	行星式		
				定盘式	盘转式	

(1)自落式搅拌机(图 4-36 和图 4-37)搅拌筒内壁装有叶片,搅拌筒旋转,叶片将物料提升一定高度后自由下落,各物料颗粒分散拌和均匀,属于重力拌和原理,宜用于搅拌塑性混凝土。锥形反转出料和双锥形倾翻出料搅拌机还可用于搅拌低流动性混凝土。

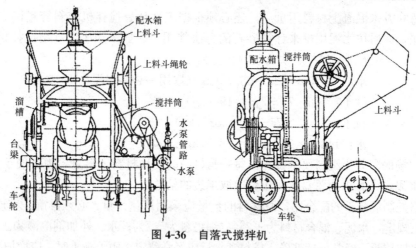

图 4-36 自落式搅拌机

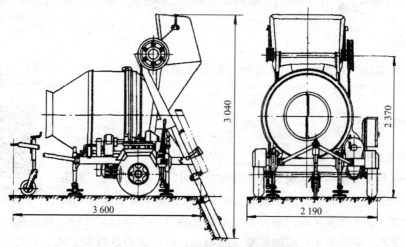

图 4-37 自落式锥形反转出料搅拌机

(2)强制式搅拌机(图 4-38 和图 4-39)分立轴式和卧轴式两类。强制式搅拌机是在轴上安装叶片,通过叶片强制搅拌装在搅拌筒中的物料,使物料沿环向、径向和竖向运动,拌和成均匀的混合物,属于剪切拌和原理。强制式搅拌机拌和强烈,多用于搅拌干硬性混凝土、低流动性混凝土和轻集料混凝土。立轴式强制搅拌机通过底部的卸料口卸料,卸料迅速,但如卸料口密封不好,水泥浆易漏掉,所以不宜用于搅拌流动性大的混凝土。

混凝土搅拌机以其出料容量(m³)×1 000 标定规格。常用规格有 150 L、250 L、350 L、400 L 等。选择搅拌机型号,要根据工程量大小、混凝土的坍落度和集料尺寸等确定。既要满足技术上的要求,又要考虑经济效果和节约能源。

2. 搅拌制度

为了获得质量优良的混凝土拌合物,除正确选择搅拌机外,还必须正确确定搅拌制度,即搅拌时间、投料顺序和进料容量等。

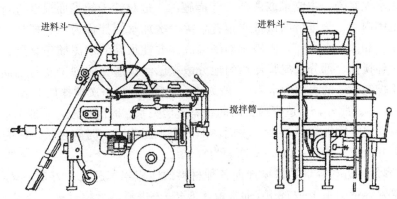

图 4-38　涡浆式强制搅拌机

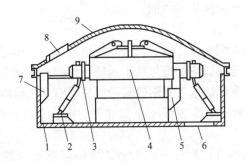

图 4-39　涡浆式强制搅拌机构造

1—搅拌盘；2—搅拌叶片；3—搅拌臂；4—转子；5—内壁铲刮叶片；

6—出料口；7—外壁铲刮叶片；8—进料口；9—盖板

(1)混凝土搅拌时间。搅拌时间是从全部材料投入搅拌筒起，到开始卸料为止所经历的时间。它与搅拌质量密切相关。搅拌时间过短，混凝土不均匀，强度及和易性将下降；搅拌时间过长，不但降低搅拌的生产效率，同时会使不坚硬的粗集料，在大容量搅拌机中因脱角、破碎等而影响混凝土的质量。对于加气混凝土也会因搅拌时间过长而使所含气泡减少。

(2)投料顺序。投料顺序应考虑的因素主要包括提高搅拌质量，减少叶片、衬板的磨损，减少拌合物与搅拌筒的粘结，减少水泥飞扬，改善工作环境，提高混凝土强度，节约水泥等。投料常用一次投料法、二次投料法和水泥裹砂法等。

1)一次投料法。一次投料法是目前最普遍采用的方法。它是将砂、石、水泥和水一起同时加入搅拌筒中进行搅拌。为了减少水泥的飞扬和水泥的粘罐现象，对自落式搅拌机常采用的投料顺序是将水泥夹在砂、石之间，最后加水搅拌。

2)二次投料法。二次投料法又分为预拌水泥砂浆法和预拌水泥净浆法。

①预拌水泥砂浆法是先将水泥、砂和水加入搅拌筒内进行充分搅拌，成为均匀的水泥砂浆后，再加入石子搅拌成均匀的混凝土。

②预拌水泥净浆法是先将水泥和水充分搅拌成均匀的水泥净浆后，再加入砂和石搅拌成混凝土。

二次投料法搅拌的混凝土与一次投料法相比较，混凝土强度可提高约15%。在强度等级相同的情况下，可节约水泥15%～20%。

3)水泥裹砂法。用水泥裹砂法拌制的混凝土称为造壳混凝土。这种混凝土就是在砂子表面造成一层水泥浆壳。主要采取两项工艺措施：一是对砂子的表面湿度进行处理，使其控制在一定范围内。二是进行两次加水搅拌，第一次加水搅拌称为造壳搅拌，即先将处理过的砂子、水泥和部分水搅拌，使砂子周围形成黏着性很高的水泥糊包裹层；第二次再加入水及石子，经搅拌，部分水泥浆便均匀地分散在已经被造壳的砂子及石子周围。这种方法的关键在于控制砂子的表面含水率（一般为 $4\%\sim6\%$）和第一次搅拌加水量（一般为总加水量的 $20\%\sim26\%$）。此外，与造壳搅拌时间也有密切关系。时间过短，不能形成均匀的低水胶比的水泥浆使之牢固地粘结在砂子表面，即形成水泥浆壳；时间过长，造壳效果并不十分明显，强度并无较大提高，以 $45\sim75$ s 为宜。

（3）进料容量。进料容量是将搅拌前各种材料的体积累积起来的容量，又称干料容量。进料容量为出料容量的 $1.4\sim1.8$ 倍（通常取 1.5 倍）。进料容量超过规定容量的 10% 以上，就会使材料在搅拌筒内无充分的空间进行拌和，影响混凝土拌合物的均匀性；反之，如装料过少，则又不能充分发挥搅拌机的效能。

（4）搅拌要求。

1）严格控制混凝土施工配合比。砂、石必须严格过磅，不得随意加减用水量。

2）在搅拌混凝土前，搅拌机应加适量的水运转，使拌筒表面润湿，然后将多余水排干。搅拌第一盘混凝土时，考虑到筒壁上黏附砂浆的损失，石子用量应按配合比规定减半。

3）搅拌好的混凝土要卸尽，在混凝土全部卸出之前，不得再投入拌合料，更不得采取边出料边进料的方法。

4）混凝土搅拌完毕或预计停歇 1 h 以上时，应将混凝土全部卸出，倒入石子和清水，搅拌 $5\sim10$ min，把粘在料筒上的砂浆冲洗干净后全部卸出。料筒内不得有积水，以免料筒和叶片生锈，同时还应清理搅拌筒以外积灰，使机械保持清洁完好。

特别提示

二次投料法搅拌的混凝土与一次投料法相比较，混凝土强度可提高约 15%。在强度等级相同的情况下，可节约水泥 $15\%\sim20\%$。

二、混凝土的运输

（一）对混凝土运输的要求

对混凝土拌合物运输的基本要求如下：

(1)不产生离析现象；

(2)保证混凝土浇筑时具有设计规定的坍落度；

(3)在混凝土初凝之前能有充分时间进行浇筑和捣实；

(4)保证混凝土浇筑能连续进行。

视频：混凝土的运输

（二）混凝土运输的时间

混凝土运输时间有一定限制。混凝土应以最少的转运次数和最短的时间，从搅拌地点运至浇筑地点，并在初凝之前浇筑完毕。普通混凝土从搅拌机中卸出后到浇筑完毕的延续时间不宜超过表 4-13 的规定。如需进行长距离运输可选用混凝土搅拌运输车。

表 4-13　混凝土从搅拌机中卸出到浇筑完毕的延续时间　　　　　　　min

混凝土强度等级	气温/℃	
	不高于 25	高于 25
不高于 C30	120	90
高于 C30	90	60

(三)混凝土运输工具

运输混凝土的工具要不吸水、不漏浆，方便快捷。混凝土运输分为地面运输、垂直运输和楼面运输三种情况。

混凝土地面运输工具有双轮手推车、机动翻斗车、混凝土搅拌运输车和自卸汽车。如采用预拌(商品)混凝土运输距离较远时，多用混凝土搅拌运输车和自卸汽车。混凝土如来自工地搅拌站，则多用载重约 1 t 的小型机动翻斗车，近距离也用双轮手推车，有时还用皮带运输机和窄轨翻斗车。

混凝土搅拌运输车(图 4-40)为长距离运输混凝土的有效工具，它有一搅拌筒斜放在汽车底盘上，在预拌混凝土搅拌站装入混凝土后，在运输过程中搅拌筒可进行慢速转动进行拌和，以防止混凝土离析，运至浇筑地点，搅拌筒反转即可迅速卸出混凝土。搅拌筒的容量为 2~10 m³，搅拌筒的结构形状和其轴线与水平的夹角、螺旋叶片的形状和它与铅垂线的夹角，都直接影响混凝土搅拌运输质量和卸料速度。搅拌筒可用单独发动机驱动，也可用汽车的发动机驱动，以液压传动者为佳。

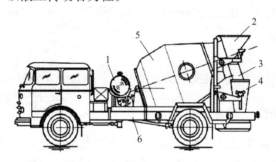

图 4-40　混凝土搅拌运输车
1—水箱；2—进料斗；3—卸料斗；4—活动卸料溜槽；5—搅拌筒；6—汽车底盘

混凝土垂直运输，多用塔式起重机加料斗、混凝土泵、快速提升斗和井架。

混凝土泵是一种有效的混凝土运输和浇筑工具，可以一次完成水平及垂直运输，将混凝土直接输送到浇筑地点。

常用的混凝土输送管为钢管，也有橡胶和塑料软管。直径为 75~200 mm，每段长约 3 m，还配有 45°、90°等弯管和锥形管，弯管、锥形管和软管的流动阻力大，计算输送距离时要换算成水平换算长度。垂直输送时，在立管的底部要增设逆流阀，以防止停泵时立管中的混凝土反压回流。

泵送混凝土工艺对泵送材料的要求：碎石最大粒径与输送管内径之比宜为 1:3，卵石可为 1:2.5，泵送高度在 50~100 m 时宜为 1:3~1:4，泵送高度在 100 m 以上时宜为 1:4~1:5，以免堵塞。如用轻集料则以吸水率小者为宜，并宜用水预湿，以免在压力作用下强烈吸水，使坍落度降低而在管道中形成阻塞。砂宜用中砂，通过 0.315 mm 筛孔的砂应不少于 15%。砂率宜控制为 38%～45%，如粗集料为轻集料还可适当提高。水泥用量不宜过少，否则泵送阻力增大，最小水泥用量为 300 kg/m。水胶比宜为 0.4～0.6。泵送混凝土的坍落度对应不同的泵送高度，入泵时混凝土的坍落度可参考表 4-14 选用。如泵送高强度混凝土，其混凝土配合比宜适当调整。

表 4-14　不同泵送高度入泵时混凝土坍落度选用值

泵送高度/m	30 以下	30～60	60～100	100 以上
坍落度/mm	100～140	140～160	160～180	180～200

混凝土泵宜与混凝土搅拌运输车配套使用，且应使混凝土搅拌站的供应能力和混凝土搅拌运输车的运输能力大于混凝土泵的泵送能力，以保证混凝土泵能连续工作，保证不堵塞。进行输送管线布置时，应尽可能直，转弯要缓，管段接头要严，少用锥形管，以减少压力损失。如输送管向下倾斜，要防止因自重流动使管内混凝土中断、混入空气而引起混凝土离析，产生阻塞。为减小泵送阻力，可先泵送适量的水泥浆或水泥砂浆以润滑输送管内壁，然后进行正常的泵送。在泵送过程中，泵的受料斗内应充满混凝土，防止吸入空气形成阻塞。混凝土泵排量大，在浇筑大面积建筑物时，最好用布料机进行布料。

泵送结束应及时清洗泵体和管道。

用混凝土泵浇筑的结构物，要加强养护，防止因水泥用量较大而引起龟裂。如混凝土浇筑速度快，对模板的侧压力大，模板和支撑应保证稳定和有足够的强度。

特别提示

根据混凝土的初凝时间，确定是否使用混凝土运输设备及混凝土运输的要求和时间。

三、混凝土的浇筑与振捣

混凝土的浇筑与振捣工作包括布料摊平、捣实和抹面修整等工序。它对混凝土的密实性和耐久性、结构的整体性和外形正确性等都有重要影响。混凝土浇筑前应做好必要的准备工作，对模板及其支架、钢筋和预埋件、预埋管线等必须进行检查，并做好隐蔽工程的验收，符合设计要求后方能浇筑混凝土。

(一)混凝土的浇筑

1. 混凝土浇筑的一般规定

(1)混凝土浇筑前不应发生初凝和离析现象，如果已经发生，可以进行重新搅拌，使混凝土恢复流动性和黏聚性后再进行浇筑。混凝土运至现场后，其坍落度应满足表 4-15 的要求。

视频：混凝土的浇筑

(2)为了保证混凝土浇筑时不产生离析现象，混凝土自高处倾落时的自由倾落高度不宜超过 2 m。若混凝土自由下落高度超过 2 m(竖向结构 3 m)，要沿溜槽或串筒下落[图 4-41(a)、图 4-41(b)]。当混凝土浇筑深度超过 8 m 时，则应采用带节管的振动串筒，即在串筒上每隔 2～3 节管安装一台振动器[图 4-41(c)]。

表 4-15　混凝土浇筑时的坍落度

项次	结构种类	坍落度/cm
1	基础或地面等的垫层、无配筋的厚大结构(挡土墙、基础或厚大块体等)或配筋稀疏的结构	1～3
2	板、梁和大型及中型截面的柱子等	3～5
3	配筋密集的结构(薄壁、斗仓、筒仓、细柱等)	5～7
4	配筋特密的结构	7～9

注：1. 本表是指采用机械振捣的坍落度；采用人工捣实时可适当增大；
　　2. 需要配制大坍落度混凝土时，应掺用外加剂；
　　3. 曲面或斜面结构混凝土，其坍落度值，应根据实际需要另行选定；
　　4. 轻集料混凝土的坍落度，宜比表中数值减少 10～20 mm

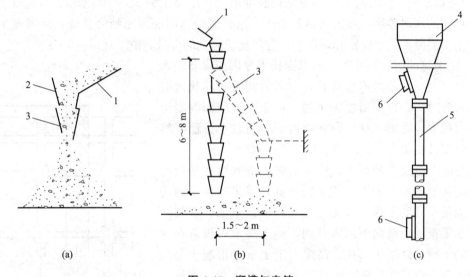

图 4-41　溜槽与串筒
(a)溜槽；(b)串筒；(c)振动串筒
1—溜槽；2—挡板；3—串筒；4—漏斗；5—节管；6—振动器

（3）为了使混凝土振捣密实，必须分层浇筑，每层浇筑厚度与捣实方法、结构的配筋情况有关，应符合表 4-16 的规定。

表 4-16　混凝土浇筑层厚度

项次	捣实混凝土的方法		浇筑层厚度/mm
1	插入式振动		振动器作用部分长度的 1.25 倍
2	表面振动		200
3	人工捣实	在基础或无筋混凝土和配筋稀疏的结构中	250
		在梁、墙、板、柱结构中	200
		在配筋密集的结构中	150
4	混凝土轻集料	插入式振动	300
		表面振动(振动时需加荷)	200

（4）混凝土的浇筑工作应尽可能连续进行，如上、下层或前、后层混凝土浇筑必须间歇，其间歇时间应尽量缩短，并要在前层（下层）混凝土凝结（终凝）前，将次层混凝土浇筑完毕。间歇的最长时间应按所用水泥品种及混凝土凝结条件确定。即混凝土从搅拌机中卸出，经运输、浇筑及间歇的全部延续时间不得超过表 4-17 的规定，当超过时，应按留置施工缝处理。

表 4-17　混凝土浇筑最大间歇时间　　　　　　　　　　　　　　　　　　　　　min

混凝土的强度等级	气温/℃	
	不高于 25	高于 25
不高于 C30	120	90
高于 C30	90	60

（5）浇筑竖向结构混凝土前，应先在底部填筑一层厚度为 $50\sim100$ mm、与混凝土内砂浆成分相同的水泥砂浆，然后浇筑混凝土。这样既使新旧混凝土结合良好，又可避免蜂窝麻面现象。混凝土的水胶比和坍落度，宜随浇筑高度的上升，酌予递减。

（6）施工缝的留设与处理。如果因技术原因或设备、人力的限制，混凝土不能连续浇筑，中间的间歇时间超过混凝土的初凝时间，则应留置施工缝。由于该处新旧混凝土的结合力较差，故施工缝宜留在结构受剪力较小且便于施工的部位。柱应留水平缝，梁、板应留垂直缝。

根据施工缝设置的原则，柱子的施工缝宜留在基础与柱子的交接处的水平面上，或梁的下面，或吊车梁牛腿的下面，或吊车梁的上面，或无梁楼盖柱帽的下面。框架结构中，如果梁的负筋向下弯入柱内，施工缝也可设置在这些钢筋的下端，以便于绑扎。高度大于 1 m 的混凝土梁的水平施工缝，应留在楼板底面以下 $20\sim30$ mm 处，当板下有梁托时，留在梁托下部；单向平板的施工缝，可留在平行于短边的任何位置处；对于有主次梁的楼板结构，宜顺着次梁方向浇筑，施工缝应留在次梁跨度的中间 1/3 范围内，如图 4-42 所示。

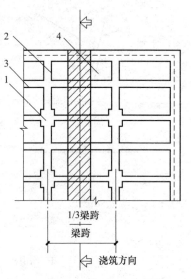

图 4-42　有梁板的施工缝位置
1—柱；2—主梁；3—次梁；4—板

施工缝的处理方法。在施工缝处继续浇筑混凝土时，应除去表面的水泥薄膜、松动的石子和软弱的混凝土层，并加以充分湿润和冲洗干净，不得积水。浇筑时，施工缝处宜先铺水泥浆或与混凝土成分相同的水泥砂浆一层，厚度为 $10\sim15$ mm，以保证接缝的质量。待已浇筑的混凝土的强度不低于 1.2 MPa 时才允许继续浇筑。

2. 框架结构混凝土的浇筑

框架结构一般按结构层划分施工层和在各层划分施工段分别浇筑，一个施工段内的每排柱子应从两端同时开始向中间推进，不可从一端开始向另一端推进，预防柱子模板逐渐受推倾斜使误差积累难以纠正。每一施工层的梁、板、柱结构，先浇筑柱和墙，并连续浇筑到顶。停歇一段时间（$1\sim1.5$ h）后，柱和墙有一定强度再浇筑梁板混凝土。梁板混凝土应同时浇筑，只有梁高 1 m 以上时，才可以单独先行浇筑。梁与柱的整体连接应从梁的一端开始浇筑，快到另一端时，反过来先浇另一端，然后两段在凝结前合拢。

3. 大体积混凝土结构浇筑

大体积混凝土结构在工业建筑中多为设备基础，在高层建筑中多为厚大的桩基承台或基础底板等，其上有巨大的荷载，整体性要求较高，往往不允许留施工缝，要求一次连续浇筑完毕。另外，大体积混凝土结构浇筑后水泥的水化热量大，由于体积大，水化热聚积在结构内部不易散发，混凝土内部温度显著升高，而表面散热较快，这样形成较大的内外温差，内部产生压应力，而表面产生拉应力，如温差过大则易在混凝土表面产生裂纹。在混凝土内部逐渐散热冷却产生收缩时，由于受到基底或已浇筑的混凝土的约束，接触处将产生很大的拉应力，当拉应力超过混凝土的极限抗拉强度时，与约束接触处会产生裂缝，甚至会贯穿整个混凝土块体，由此带来严重的危害。大体积混凝土结构的浇筑，上述两种裂缝(尤其是后一种裂缝)都应设法防止。

(1)大体积混凝土结构浇筑方案。为保证结构的整体性，混凝土应连续浇筑，要求每一处的混凝土在初凝前就被后部分混凝土覆盖并捣实成整体，根据结构特点不同，浇筑可分为全面分层、分段分层、斜面分层等方案(图4-43)。

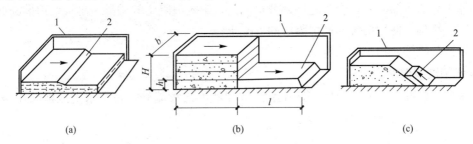

图4-43 大体积混凝土浇筑方案图

(a)全面分层；(b)分段分层；(c)斜面分层
1—模板；2—新浇筑的混凝土

1)全面分层。当结构平面面积不大时，可将整个结构分为若干层进行浇筑，即第一层全部浇筑完毕后，再浇筑第二层，逐层连续浇筑，直到结束。为保证结构的整体性，要求次层混凝土在前层混凝土初凝前浇筑完毕。若结构平面面积为 A，浇筑分层厚为 h，每小时浇筑量为 Q，混凝土从开始浇筑至初凝的延续时间为 T(一般等于混凝土初凝时间减去混凝土运输时间)，为保证结构的整体性，则应满足：

$$A \cdot h \leqslant Q \cdot T$$

故 $$A \leqslant Q \cdot T/h \qquad (4\text{-}11)$$

即采用全面分层时，结构平面面积应满足式(4-11)的条件。

2)分段分层。当结构平面面积较大时，全面分层已不适应，这时可采用分段分层浇筑方案。即将结构分为若干段落，每段又分为若干层，先浇筑第一段各层，然后浇筑第二段各层，逐段逐层连续浇筑，直至结束。为保证结构的整体性，要求次段混凝土应在前段混凝土初凝前浇筑并与之捣实成整体。若结构的厚度为 H，宽度为 b，分段长度为 l，为保证结构的整体性，则应满足：

$$l \leqslant Q \cdot T/b(H-h) \qquad (4\text{-}12)$$

即采用分段分层时，结构平面分段长度应满足式(4-12)的条件。

3)斜面分层。当结构的长度超过厚度的3倍时，可采用斜面分层的浇筑方案。这时，振捣工作应从浇筑层斜面下端开始，逐渐上移，且振动器应与斜面垂直。

(2)温度裂缝的预防。早期温度裂缝的预防方法如下：

1)优先采用水化热低的水泥(如矿渣硅酸盐水泥)；

2)减少水泥用量；

3)掺入适量的粉煤灰或在浇筑时投入适量的毛石；

4)放慢浇筑速度和减少浇筑厚度，采用人工降温措施(拌制时，用低温水，养护时用循环水冷却)；

5)浇筑后应及时覆盖，以控制内外温差，减缓降温速度，尤应注意寒潮的不利影响；

6)必要时，取得设计单位同意后，可分块浇筑，块与块之间留1 m宽后浇带，待各分块混凝土干缩后，再浇筑后浇带。分块长度可根据有关手册计算，当结构厚度在1 m以内时，分块长度一般为20～30 m。

(3)泌水处理。大体积混凝土另一个特点是上、下浇筑层施工间隔的时间较长，各分层之间易产生泌水层，它将使混凝土强度降低，产生酥软、脱皮起砂等不良后果。采用自流方式和抽吸方法排除泌水，会带走一部分水泥浆，影响混凝土的质量。泌水处理措施如下：

1)同一结构中使用两种不同坍落度的混凝土；

2)在混凝土拌合物中掺减水剂。

4. 水下浇筑混凝土

深基础、沉井、沉箱的封底、钻孔灌注桩和地下连续墙等，常在水下或泥浆中浇筑混凝土，目前多使用导管法(图4-44)。

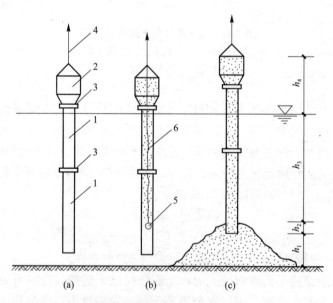

图4-44 导管法水下浇筑混凝土
1—钢导管；2—漏斗；3—密封接头；4—吊索；5—球塞；6—铁丝绳子

导管直径为250～300 mm(至少为最大集料粒径的8倍)，每节长为3 m，用法兰密封连接，顶部有漏斗。导管用起重设备吊住，可以升降。

浇筑前，导管下口先用隔水塞(木、橡皮等)堵塞，隔水塞用绳子或钢丝吊住。在导管内灌筑一定数量的混凝土，将导管插入水下使其下口距地基面的距离 h_1 约为300 mm进行浇筑。当导管内混凝土的体积及高度满足上述要求后,剪断吊住隔水塞的绳子进行开管,使混凝土在自重作用下迅速排出隔水塞进入水中。然后一面均衡地浇筑混凝土,一面慢慢提起导管,导管下口必须始终保持在混凝土表面之下一定数值。下口埋得越深,则混凝土顶面越平,但也越难浇筑。

在整个浇筑过程中,应避免在水平方向移动导管,直到混凝土顶面接近设计标高时,才可将导管提起,换插到另一浇筑点。一旦发生堵管,如半小时内不能排除,应立即换插备用导管。浇筑完毕,应清除顶面与水接触的厚约 200 mm 的一层松软部分。

如水下结构物面积大,可用几根导管同时浇筑。导管的有效作用半径 R 取决于最大扩散半径 R_{max},而最大扩散半径可用下述经验公式计算:

$$R_{max} = \frac{kQ}{i} \tag{4-13}$$

式中　k——保持流动系数,即维持坍落度为 150 mm 时的最小时间(h);

　　　Q——混凝土浇筑强度$[m^3/(m^2 \cdot h)]$;

　　　i——混凝土面的平均坡度,当导管插入深度为 1.0~1.5 m 时,取 1/7。

$$R = 0.85R_{max} \tag{4-14}$$

导管的作用半径也与导管的出水高度有关,出水高度应满足下式:

$$P = 0.05h_4 + 0.015h_3 \tag{4-15}$$

式中　P——导管下口处混凝土的超压力(MPa),不得小于表 4-18 中的数值;

　　　h_4——导管出水高度(m);

　　　h_3——导管下口至水面高度(m)。

如水下浇筑的混凝土体积较大,将导管法与混凝土泵结合使用可以取得较好的效果。

表 4-18　超压力最小值

导管作用半径/m	超压力值/MPa
4.0	0.25
3.5	0.15
3.0	0.10

(二)混凝土的密实成型

混凝土拌合物浇筑之后,需经密实成型才能赋予混凝土制品或结构一定的外形和内部结构。强度、抗冻性、抗渗性、耐久性等皆与密实成型的好坏有关。混凝土振动密实的原理,在于产生振动的机械将一定的频率、振幅和激振力的振动能量通过某种方式传递给混凝土拌合物时,受振混凝

视频:混凝土的
密实成型

土中所有的集料颗粒都受到强迫振动,它们之间原来赖以保持平衡,并使混凝土拌合物保持一定塑性状态的黏聚力和内摩擦力随之大大降低,受振混凝土拌合物呈现出"重质液体状态",因而混凝土拌合物中的集料犹如悬浮在液体中,在其自重作用下向新的稳定位置沉落,排除存在于混凝土拌合物中的气体,消除空隙,使集料和水泥浆在模板中得到致密地排列和迅速有效地填充。

混凝土密实成型的途径有三种:一是利用机械外力(如机械振动)来克服拌合物的黏聚力和内摩擦力而使之液化、沉实;二是在拌合物中适当增加用水量以提高其流动性,使之

便于成型，然后用离心法、真空作业法等将多余的水分和空气排出；三是在拌合物中掺入高效能减水剂，使其坍落度大大增加，可自流成型。下面介绍前两种方法。

1. 机械振捣密实成型

振动机械按其工作方式分为内部振动器、表面振动器、外部振动器和振动台(图 4-45)。

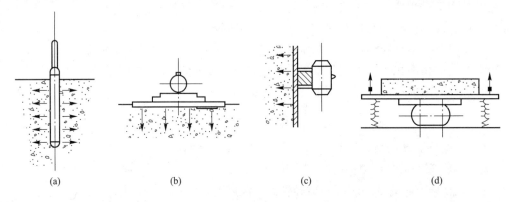

图 4-45　振动机械
(a)内部振动器；(b)表面振动器；(c)外部振动器；(d)振动台

(1)内部振动器。内部振动器又称插入式振动器，其工作部分是一个棒状空心圆柱体，内部装有偏心振子，在电动机带动下高速转动而产生高频微幅的振动，多用于振实梁、柱、墙、厚板和大体积混凝土等厚大结构。用插入式振动器振动混凝土时，应垂直插入，并插入下层混凝土 50 mm，以促使上下层混凝土结合成整体。每一振点的振捣延续时间，应使混凝土捣实(即以表面呈现浮浆和不再沉落为限)。采用插入式振动器捣实普通混凝土的移动间距，不宜大于作用半径的 1.5 倍。捣实轻集料混凝土的间距，不宜大于作用半径的 1 倍；振动器与模板的距离不应大于振动器作用半径的 1/2，并应尽量避免碰撞钢筋、模板、预埋件等。插点的分布有行列式和交错式两种，如图 4-46 所示。

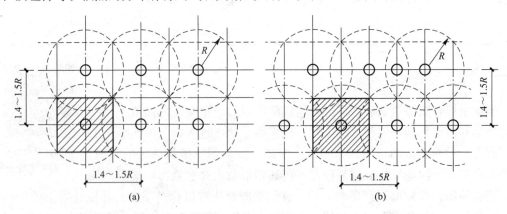

图 4-46　插点的分布
(a)行列式；(b)交替式

(2)表面式振动器。表面式振动器又称平板振动器，它由带偏心块的电动机和平板(木板或钢板)等组成。在混凝土表面进行振捣，适用楼板、地面等薄型构件。

这种振动器在无筋或单层钢筋结构中，每次振实的厚度不大于 250 mm；在双层钢筋的结构中，每次振实厚度不大于 120 mm。表面振动器的移动间距，应保证振动器的平板覆盖已振实部分的边缘，以使该处的混凝土振实出浆为准。也可进行两遍振实，第一遍和第二遍的方向要互相垂直，第一遍主要使混凝土密实，第二遍则使表面平整。

（3）外部振动器。外部振动器又称附着式振动器，它通过螺栓或夹钳等固定在模板外部，通过模板将振动传给混凝土拌合物，因而模板应有足够的刚度。它宜用于振捣断面小且钢筋密的构件。对于小截面直立构件，插入式振动器的振动棒很难插入，可使用附着式振动器，附着式振动器的设置间距，应通过试验确定，在一般情况下，可每隔 1.0～1.5 m 设置一个。

（4）振动台。振动台是混凝土制品厂中的固定生产设备，用于振捣预制构件。

2. 离心法成型

离心法将装有混凝土的模板放在离心机上，使模板以一定转速绕自身的纵轴线旋转，模板内的混凝土由于离心力作用而远离纵轴，均匀分布于模板内壁，并将混凝土中的部分水分挤出，使混凝土密实。此法一般用于管道、电杆、桩等具有圆形空腔构件的制作。

离心机有滚轮式和车床式两类，都具有多级变速装置。离心成型过程分为两个阶段：第一阶段是使混凝土沿模板内壁分布均匀，形成空腔，此时转速不宜太高，以免造成混凝土离析现象；第二阶段是使混凝土密实的阶段，此时可提高转速，增大离心力，压实混凝土。

3. 真空作业法成型

真空作业法是借助真空负压，将水从刚成型的混凝土拌合物中排出，同时使混凝土密实的一种成型方法，可分为表面真空作业和内部真空作业两种。此法适用预制平板、楼板、道路、机场跑道；薄壳、隧道顶板；墙壁、水池、桥墩等混凝土成型。

特别提示

混凝土浇筑的一般规定：混凝土浇筑前不应发生初凝和离析现象，应使混凝土振捣密实，大体积混凝土必须分层浇筑，应尽可能连续进行浇筑。

四、混凝土的养护

混凝土浇筑捣实后，逐渐凝固硬化，这个过程主要由水泥的水化作用来实现，而水化作用必须在适当的温度和湿度条件下才能完成。因此，为了保证混凝土有适宜的硬化条件，使其强度不断增长，必须对混凝土进行养护。

视频：混凝土的养护

混凝土浇筑后，如气候炎热、空气干燥，不及时进行养护，混凝土中的水分蒸发过快出现脱水现象，使已形成凝胶体的水泥颗粒不能充分水化，不能转化为稳定的结晶，缺乏足够的粘结力，从而会在混凝土表面出现片状或粉状剥落，影响混凝土的强度。此外，在混凝土还未具备足够强度时，水分过早地蒸发，还会产生较大的变形，出现干缩裂缝，影响混凝土的整体性和耐久性。因此，混凝土养护不是一件可有可无的事，而是一个重要的环节，应按照要求，精心进行。

混凝土养护方法分自然养护和蒸汽养护。

1. 自然养护

自然养护是指利用平均气温高于 5 ℃ 的自然条件，用保水材料或草帘等对混凝土加以覆盖后适当浇水，使混凝土在一定的时间内处于湿润状态下硬化。

（1）开始养护时间。当最高气温低于 25 ℃ 时，混凝土浇筑完后应在 12 h 以内加以覆盖和浇水；最高气温高于 25 ℃ 时，应在 6 h 以内开始养护。

（2）养护天数。浇水养护时间的长短视水泥品种而定，硅酸盐水泥、普通硅酸盐水泥和矿渣硅酸盐水泥拌制的混凝土，不得少于 7 昼夜；火山灰质硅酸盐水泥和粉煤灰硅酸盐水泥拌制的混凝土或有抗渗性要求的混凝土，不得少于 14 昼夜。混凝土必须养护至其强度达到 1.2 MPa 以后，方允许在其上踩踏和安装模板及支架。

（3）浇水次数。应使混凝土保持足够的湿润状态。养护初期，水泥的水化反应较快，需水也较多，所以要特别注意在浇筑以后头几天的养护工作，此外，在气温高，湿度低时，也应增加洒水的次数。

（4）喷洒塑料薄膜养护。将过氯乙烯树脂塑料溶液用喷枪洒在混凝土表面上，溶液挥发后在混凝土表面形成一层塑料薄膜，使混凝土与空气隔绝，阻止其水分蒸发以保证水化作用的正常进行。所选薄膜在养护完成后能自行老化脱落。在构件表面喷洒塑料薄膜来养护混凝土，适用于不易洒水养护的高耸构筑物和大面积混凝土结构。

2. 蒸汽养护

蒸汽养护就是将构件放置在有饱和蒸汽或蒸汽空气混合物的养护室内，在较高的温度和相对湿度的环境中进行养护，以加速混凝土的硬化，使混凝土在较短的时间内达到规定的强度标准值。蒸汽养护过程分为静停、升温、恒温、降温四个阶段。

（1）静停阶段。静停阶段是混凝土构件成型后在室温下停放养护。时间为 2～6 h，以防止构件表面产生裂缝和疏松现象。

（2）升温阶段。升温阶段是构件的吸热阶段。升温速度不宜过快，以免构件表面和内部产生过大温差而出现裂纹。对薄壁构件（如多肋楼板、多孔楼板等）每小时不得超过 25 ℃；其他构件不得超过 20 ℃；用干硬性混凝土制作的构件，不得超过 40 ℃。

（3）恒温阶段。恒温阶段是指升温后温度保持不变的时间。此时强度增长最快，这个阶段应保持 90%～100% 的相对湿度；最高温度不得大于 95 ℃，时间为 3～5 h。

（4）降温阶段。降温阶段是构件的散热过程。降温速度不宜过快，每小时不得超过 10 ℃，出池后，构件表面与外界温差不得大于 20 ℃。

特别提示

为了保证混凝土有适宜的硬化条件，使其强度不断增长，必须对混凝土进行养护，混凝土养护不是一件可有可无的事，而是一个重要的环节，应按照要求，精心养护。

五、混凝土工程施工的质量控制

（一）混凝土质量的检查内容和要求

1. 混凝土质量的检查内容

混凝土质量的检查包括施工过程中的质量检查和养护后的质量检查。施

视频：混凝土工程
施工质量控制

工过程的质量检查，即在制备和浇筑过程中对原材料的质量、配合比、坍落度等的检查，每一工作班至少检查两次，遇有特殊情况还应及时进行检查。混凝土的搅拌时间应随时检查。

混凝土养护后的质量检查，主要包括混凝土的强度（主要指抗压强度）、表面外观质量和结构构件的轴线、标高、截面尺寸和垂直度的偏差。如设计上有特殊要求时，还需对其抗冻性、抗渗性等进行检查。

2. 混凝土质量的检查要求

（1）混凝土的抗压强度。混凝土的抗压强度应以边长为 150 mm 的立方体试件，在温度为 20 ℃±3 ℃ 和相对湿度为 90% 以上的潮湿环境或水中的标准条件下，经 28 d 养护后试验确定。

（2）试件取样要求。评定结构或构件混凝土强度质量的试块，应在浇筑处随机抽样制成，不得挑选。试件留置规定如下：

1）每拌制 100 盘且不超过 100 m³ 的同配合比的混凝土，其取样不得少于一次；

2）每工作班拌制的同配合比的混凝土不足 100 盘时，其取样不得少于一次；

3）每一现浇楼层同配合比的混凝土，其取样不得少于一次；

4）同一单位工程每一验收项目中同配合比的混凝土其取样不得少于一次。每次取样应至少留置一组标准试件，同条件养护试件的留置组数根据实际需要确定。预拌混凝土除应在预拌混凝土厂内按规定取样外，混凝土运到施工现场后，尚应按上述的规定留置试件。若有其他需要，如为了抽查结构或构件的拆模、出厂、吊装、预应力张拉和放张，以及施工期间临时负荷的需要，还应留置与结构或构件同条件养护的试块，试块组数可按实际需要确定。

（3）确定试件的混凝土强度代表值。每组三个试件应在同盘混凝土中取样制作，并按下列规定确定该组试件的混凝土强度代表值：

1）取三个试件强度的平均值；

2）当三个试件强度中的最大值或最小值之一与中间值之差超过中间值的 15% 时，取中间值；

3）当三个试件强度中的最大值和最小值与中间值之差均超过中间值的 15% 时，该组试件不应作为强度评定的依据。

（4）混凝土结构强度的评定。应按要求进行：混凝土强度应分批进行验收。同一验收批的混凝土应由强度等级相同、生产工艺和配合比基本相同的混凝土组成，对现浇混凝土结构构件，尚应按单位工程的验收项目划分验收批，每个验收项目应按现行国家标准《建筑工程施工质量验收统一标准》（GB 50300—2013）确定。对同一验收批的混凝土强度，应以同批内标准试件的全部强度代表值来评定。

（二）混凝土结构强度的评定方法

（1）当混凝土的生产条件在较长时间内能保持一致，且同一品种混凝土的强度变异性能保持稳定时，应由连续的三组试件代表一个验收批，其强度应同时符合下列要求：

$$m_{fcu} \geqslant f_{cu,k} + 0.7\sigma_0 \tag{4-16}$$

$$f_{cu,min} \geqslant f_{cu,k} - 0.7\sigma_0 \tag{4-17}$$

当混凝土强度等级不高于 C20 时，强度的最小值尚应满足下式要求：

$$f_{cu,min} \geqslant 0.85 f_{cu,k} \tag{4-18}$$

当混凝土强度等级高于 C20 时，强度的最小值还应满足下式要求：

$$f_{cu,min} \geqslant 0.9 f_{cu,k} \tag{4-19}$$

式中 m_{fcu}——同一验收批混凝土强度的平均值(N/mm^2);

$f_{cu,k}$——设计的混凝土强度标准值(N/mm^2);

σ_0——验收批混凝土强度的标准差(N/mm^2);

$f_{cu,min}$——同一验收批混凝土强度的最小值(N/mm^2)。

验收批混凝土强度的标准差,应根据前一检验期内同一品种混凝土试件的强度数据,按下列公式确定:

$$\sigma_0 = 0.59/m \sum \Delta f_{cu,i} \tag{4-20}$$

式中 $\Delta f_{cu,i}$——前一检验期内第 i 验收批混凝土试件中的强度的最大值与最小值之差;

m——前一检验期内验收批总数。

每个检验期不应超过三个月,且在该期间内验收批总批数不得少于 15 组。

(2)当混凝土的生产条件不能满足上述规定,或在前一检验期内的同一品种混凝土没有足够的强度数据用以确定验收批混凝土强度标准差时,应由不少于 10 组的试件代表一个验收批,其强度应同时符合下列要求:

$$m_{fcu} - \lambda_1 S_{fcu} \geq 0.9 f_{cu,k} \tag{4-21}$$

$$f_{cu,min} \geq \lambda_2 f_{cu,k} \tag{4-22}$$

式中 S_{fcu}——验收批混凝土强度标准差(N/mm^2),S_{fcu} 的计算值小于 $0.06 f_{cu,k}$ 时,取 $S_{fcu} = 0.06 f_{cu,k}$;

λ_1、λ_2——合格判定系数,按表 4-19 取用。

验收批混凝土强度的标准差 S_{fcu} 应按下式计算:

$$S_{fcu} = \sqrt{\frac{\sum\limits_{i=1}^{n} f_{cu,i}^2 - n \cdot m_{fcu}^2}{n-1}} \tag{4-23}$$

式中 $f_{cu,i}$——验收批内第 i 组混凝土试件的强度值(N/mm^2);

n——验收批内混凝土试件的总组数。

表 4-19 合格判定系数

合格判定系数	试块组数		
	10~14	15~24	≥25
λ_1	1.70	1.65	1.60
λ_2	0.90	0.85	0.90
注:混凝土强度按单位工程内强度等级、龄期相同及生产工艺条件、配合比基本相同的混凝土为同一批验收评定,但单位工程中仅有一组试块时,其强度不应低于 $1.15 f_{cu,k}$			

(3)对零星生产的预制构件的混凝土或现场搅拌批量不大的混凝土,可采用非统计法评定。此时,验收批混凝土的强度必须同时符合下列要求:

$$m_{fcu} \geq 1.15 f_{cu,k} \tag{4-24}$$

$$f_{cu,min} \geq 0.95 f_{cu,k} \tag{4-25}$$

当对混凝土试件强度的代表性有怀疑时,可采用非破损检验方法或从结构、构件中钻取芯样的方法,按有关标准的规定,对结构构件中的混凝土强度进行推定,作为是否应进行处理的依据。

混凝土表面外观质量要求：不应有蜂窝、麻面、孔洞、露筋、缝隙及夹层、缺棱掉角和裂缝等。

现浇混凝土结构的允许偏差应符合规范的规定，当有专门规定时，还应符合相应规定的要求。

【实践教学】

请学生根据项目案例要求，结合实际，利用所学知识，完成本项目案例中钢筋混凝土工程施工方案的制定。

1. 分析项目案例中的框架结构工程施工情况，比较采用什么材质的模板？如何进行模板设计？混凝土工程施工完成后，如何选择模板的拆除顺序，保证工程施工的质量和安全问题？

2. 分析钢筋接头的连接方式及各自的特点。本项目案例中，梁板柱分别采用何种钢筋连接方式能够保证工程质量要求？

3. 对混凝土的组成材料进行分析，计算混凝土的配合比。混凝土施工运输采用何种机械？运输距离是否会影响混凝土的质量？混凝土的浇筑振捣方式有哪些？如何进行混凝土的养护？

【建筑大师】

元代城市规划专家刘秉忠

刘秉忠（1216—1274 年），中国元代政治家、作家、城市规划专家，字仲晦，原名侃。邢州（今河北邢台）人。曾弃吏为僧，法名子聪。入仕后始更名秉忠，自号藏春散人。元世祖忽必烈对他言无不听，宠任益隆，曾经位至三公，官居太保。先世瑞州（今江西高安县）人，世代仕辽，后移居邢州。他是元大都的设计者，元朝典章制度的建立者。尽管北京的建城历史很早，今天北京的城市基础却是他打下的。刘秉忠于 1264 年建完了元朝上都后，因燕京是辽金旧都，形势冲要，建议定都于燕京，被忽必烈采纳，改称中都。刘秉忠在大兴府东北筑宫城建宗庙，在宫城北面设立了一个中心台，作为测定全城方位的中心点，以此确定全城的中轴线。中都气势恢宏，整齐划一，道路宽阔，分区合理，1271 年改名大都。当时的名人徐世隆高度赞扬了他的功绩：相宅卜宫，两都并雄，公于是时，周之召公。

【榜样引领】

钢筋混凝土是谁发明的？

约瑟夫·莫尼哀是 19 世纪中期法国巴黎的一位普通花匠。莫尼哀每天都要和花盆打交道。最初，花盆都是由一些普通的泥土和低级陶土烧制而成的，也就是常见的瓦盆。这些花盆不坚固，一碰就破。

莫尼哀去咨询其他花匠朋友，可他们也面临着同样的困扰；去找专门制作盆罐的工人，他们也没什么好办法。那时候，水泥开始作为建筑材料使用，人们用水泥加沙子制成混凝土，盖楼房、修桥梁。混凝土有良好的粘结性，变硬固化后又具有很高的强度，渐渐引起了其他行业的注意。

莫尼哀决定自己想办法改进花盆。他想到了当时比较流行的混凝土材料，便用水泥加上沙子制造水泥花盆，按现在的说法就是混凝土花盆。混凝土花盆果然非常坚固，尤其是不怕压。但混凝土花盆和瓦盆一样也有缺点，就是经不起拉伸和冲击，有时，对花木进行松土和施肥都会导致花盆破碎。

"再想办法改进！"莫尼哀勉励自己。有一次，他又摔碎了一个花盆。不过，他有了一个发现：花盆的碎片虽然七零八落，可花盆的泥土却抱成一团，仍然保持着原状，好像比水泥还要结实。莫尼哀仔细观察，原来是植物的根系在泥土中蜿蜒盘绕，相互勾连，使松散的泥土抱成了坚实的一团。

莫尼哀有了新的主意，他打算仿照植物的根系，制作新的花盆。他先用细小的钢筋编成花盆的形状，然后在钢筋里外两面都涂抹上水泥砂浆，干燥后，花盆果然既不怕拉伸也能经受冲击。

莫尼哀发明的钢筋混凝土花盆，在巴黎的园艺界很快得到推广。莫尼哀在 1867 年获得专利权。

有一天，巴黎一位著名的建筑师到莫尼哀的花圃里看花。他看到了莫尼哀用钢筋混凝土制作的花盆，大为惊讶。他鼓励莫尼哀把这项技术运用到工程上，并为他牵线搭桥。莫尼哀开始应用这项技术制作台阶、铁路的枕木，还有钢筋混凝土的预制板，并逐渐得到一些设计师的支持和社会的承认。

1867 年，在巴黎的世博会上，莫尼哀展出了钢筋混凝土制作的花盆、枕木。而在同一时期，法国人兰特姆还用钢筋混凝土制造了一些小瓶、小船，也在这届世博会上展出。一些建筑商在世博会上目睹了钢筋混凝土的优点：既能承受压力，又能承受张力，造价也不高。钢筋混凝土引起了他们广泛的兴趣。

1875 年，在一些设计师的帮助下，莫尼哀主持建造了巴黎，也是世界上第一座钢筋混凝土大桥。这座桥长 16 m、宽 4 m，是一座人行的拱式体系桥。当时，人们还不明白钢筋在混凝土中的作用和钢筋混凝土受力后的物理力学性能，因此，桥梁的钢筋配置全是按照体型构造进行的，在拱式构件的截面中和轴上也配置了钢筋。

1884 年，德国一家建筑公司购买了莫尼哀的专利，并对钢筋混凝土进行了一系列科学试验。一位叫怀特的土木建筑工程师研究了它的耐火性能、强度、混凝土和钢筋之间的粘结力等，并在此基础上研究出了制造钢筋混凝土的最佳方法。从此，钢筋混凝土这种复合材料成了土木工程建筑中的主角之一。

复习思考题

一、选择题

1. 跨度为 3 m 的悬臂构件，底部模板拆除时所需混凝土强度是设计的混凝土标准强度的（　　）%。

　　A. 50　　　　　　　B. 75　　　　　　　C. 80　　　　　　　D. 100

2. 跨度为 8 m 的 C30 梁，其底部模板拆除时混凝土的强度应达到（　　）MPa。

　　A. 0.5　　　　　　B. 0.75　　　　　　C. 22.5　　　　　　D. 15

3. 拆模过早会出现（　　）。

　　A. 混凝土强度不足以承担本身自重　　　B. 受外力作用无变形

　　C. 混凝土强度可以承担本身自重　　　　D. 不会因外力作用而断裂

4. 某梁跨度为 6 m，支模时，因设计未具体规定，其跨中起拱高度可为（　　）。
   A. 6～18 mm　　　　B. 12～24 mm　　　C. 6 cm　　　　　　D. 12 cm

5. 跨度为 8 m 的现浇混凝土梁，当混凝土强度至少达到（　　）％时，方可拆除底模。
   A. 30　　　　　　　B. 50　　　　　　　C. 75　　　　　　　D. 100

6. 钢筋混凝土结构中所用的钢筋，都应有（　　），每捆（盘）钢筋均应有标牌。
   A. 钢筋批号　　　　　　　　　　　B. 力学性能试验结果
   C. 化学成分检验报告　　　　　　　D. 质量证明书

7. 钢筋进场后应进行检查验收，检查的内容不包括（　　）。
   A. 对标牌，做外观检查
   B. 取样做力学性能试验
   C. 为确定可焊性，必要时，要做化学成分分析
   D. 称量质量是否达到要求

8. 当构件按最小配筋率配筋时，可按代换前后面积相等的原则进行代换，称为（　　）。
   A. 等面积代换　　　B. 等强度代换　　　C. 裂缝控制代换　　D. 挠度控制代换

9. SEC 法又叫（　　）。
   A. 一次投料法　　　B. 水泥裹砂法　　　C. 预拌水泥砂浆法　D. 预拌水泥净浆法

10. 混凝土运输时应以最少的转运次数和最短的时间从搅拌地点运送到浇筑地点，并保证混凝土在其（　　）浇筑完毕。
    A. 初凝之前　　　　B. 初凝之后　　　　C. 终凝之后　　　　D. 任何时候

11. 施工缝处继续浇筑混凝土时，应待混凝土的抗压强度不小于（　　）MPa 方可进行。
    A. 1　　　　　　　B. 1.2　　　　　　C. 1.5　　　　　　D. 1.8

12. 当混凝土结构厚度不大而面积很大时，宜采用（　　）方法进行浇筑。
    A. 全面分层　　　　B. 分段分层　　　　C. 斜面分层　　　　D. 局部分层

13. 为了保证混凝土浇筑时不产生离析现象，混凝土自高处倾落时的自由倾落高度不宜超过（　　）m。
    A. 2　　　　　　　B. 3　　　　　　　C. 4　　　　　　　D. 5

14. 在竖向结构中浇筑混凝土时，如浇筑高度超过（　　）m，应采用串筒或溜槽。
    A. 2　　　　　　　B. 3　　　　　　　C. 4　　　　　　　D. 5

15. 混凝土的强度达到（　　）N/mm² 前，不得在其上踩踏或安装模板及支架。
    A. 0.7　　　　　　B. 1　　　　　　　C. 1.2　　　　　　D. 1.5

二、判断题

1. 模板系统的作用在于保证结构或构件形状和尺寸的正确，并保证其表面平整光洁。（　　）

2. 悬臂构件拆除底模时，混凝土必须达到设计强度的 75%。（　　）

3. 框架结构模板的拆除顺序：柱模板→楼板底板→梁侧模板→梁底模板。（　　）

4. 钢筋混凝土结构施工中模板一般的拆除顺序为先拆非承重模板，后拆承重模板。（　　）

5. 钢材强度随着含碳量的增加而提高但塑性降低。（　　）

6. 钢材外观质量检查时，允许个别部位有凸块。（　　）

7. 钢筋连接包括绑扎连接、焊缝连接和机械连接。（　　）

8. 常用的焊接方法主要为电阻点焊、闪光对焊、电渣压力焊、气压焊和电弧焊。（　　）

9. 机械连接主要有套筒挤压连接和螺纹套筒连接。（　　）

10. 受力钢筋接头宜设置在受力较大处。（　　）

11. 钢筋长度是指钢筋外皮至外皮的尺寸。（　　）

12. 混凝土保护层厚度是指受力钢筋外边缘至混凝土构件表面的距离。（　　）

13. 混凝土拌合用水一般可以直接使用饮用水。（　　）

14. 大体积混凝土工程施工中不得使用普通水泥。（　　）

15. 施工缝宜留在结构受剪力较大且便于施工的部位。（　　）

三、简答题

1. 模板的作用是什么？对模板及其支架的基本要求有哪些？模板的种类有哪些？各种模板有何特点？

2. 基础、柱、梁、楼板结构的模板构造及安装要求有哪些？

3. 定型组合钢模板由哪些部件组成？如何进行定型组合钢模板的配板？

4. 什么是钢筋冷拉？冷拉的作用和目的有哪些？影响冷拉质量的主要因素是什么？

5. 钢筋冷拉控制方法有几种？各用于何种情况？采用控制应力方法冷拉时，冷拉应力怎样取值？冷拉率有何限制？采用控制冷拉率方法时，其控制冷拉率怎样确定？

6. 钢筋接头连接方式有哪些？各有什么特点？

7. 钢筋在什么情况下可以代换？钢筋代换应注意哪些问题？

8. 何谓"量度差值"？如何计算？

9. 为什么要进行施工配合比换算？如何进行换算？

10. 混凝土搅拌制度指什么？各有何影响？什么是一次投料、二次投料？各有何特点？二次投料为什么会提高混凝土强度？

11. 试述混凝土结构施工缝的留设原则、留设位置和处理方法。

12. 混凝土运输有哪些要求？使用哪些运输工具机械？各适用何种情况？

13. 混凝土泵有几类？采用泵送时，对混凝土有哪些要求？

14. 混凝土振捣机械按其工作方式分为哪几种？各适用振捣哪些构件？

15. 厚大体积混凝土施工特点有哪些？如何确定浇筑方案？其温度裂缝有几种类型？防止开裂可采用哪些措施？

16. 什么是混凝土的自然养护？自然养护有哪些方法？具体做法怎样？混凝土拆模强度怎样？

17. 如何进行混凝土工程的质量检查？

18. 混凝土工程中常见的质量事故主要有哪些？如何防治？

模块五　预应力钢筋混凝土工程施工

1. 了解预应力混凝土的概念及分类；
2. 熟悉预应力混凝土先张法施工台座、夹具、张拉机械；
3. 熟悉后张法张拉机械；
4. 掌握先张法施工工艺、预应力筋的控制应力、张拉程序和放张顺序的确定和注意事项；
5. 掌握锚具选择、后张法施工工艺、预应力筋的制作、后张法孔道留设、预应力筋的张拉顺序、孔道灌浆等施工方法及注意要点；
6. 了解电热张法、无粘结预应力混凝土施工原理及应用。

能力目标

1. 能根据实际情况合理地选择预应力混凝土的施工方法；
2. 熟悉台座、夹具、锚具、张拉机械的性能，能合理地选择；
3. 能掌握先张法的施工工艺；
4. 能熟悉先张法放张顺序；
5. 能掌握后张法的施工工艺；
6. 能掌握后张法预应力筋的制作；
7. 能掌握后张法孔道留设及孔道灌浆。

建筑规范

《建筑工程预应力施工规程》(CECS 180—2005)

案例引入

某新建体育馆工程，建筑面积约为 23 000 m²，现浇钢筋混凝土结构，钢结构网架屋盖，地下1层，地上4层，地下室顶板设计采用后张法预应力混凝土梁。地下室顶板同条件养护试件强度达到设计要求时，施工单位现场生产经理立即向监理工程师口头申请拆除地下室顶板模板，监理工程师同意后，现场将地下室顶板模板及支架全部拆除。

案例分析

该案例中涉及后张法预应力混凝土施工、混凝土的浇筑混凝土的养护、模板的拆除条件等。

1. 什么是后张法预应力混凝土施工？请分析后张法施工的优点及缺点。
2. 监理工程师同意地下室顶板拆模是否正确？如果不正确，是哪些地方有问题？
3. 地下室顶板预应力混凝土梁拆除底模及支架的前置条件有哪些？

📖 所需知识

预应力混凝土能充分发挥高强度钢材的作用，即在外荷载作用于构件之前，利用钢筋张拉后的弹性回缩，对构件受拉区的混凝土预先施加压力，产生预压应力，使混凝土结构在作用状态下充分发挥钢筋抗拉强度高和混凝土抗压能力强的特点，可以提高构件的承载能力。当构件在荷载作用下产生拉应力时，首先抵消预应力，然后随着荷载不断增加，受拉区混凝土才受拉开裂，从而延迟了构件裂缝的出现和限制了裂缝的开展，提高了构件的抗裂度和刚度。这种利用钢筋对受拉区混凝土施加预压应力的钢筋混凝土，叫作预应力混凝土。

预应力混凝土能充分发挥钢筋和混凝土各自的特性，能提高钢筋混凝土构件的刚度、抗裂性和耐久性，可有效地利用高强度钢筋和高强度等级的混凝土。与普通混凝土相比，在同样条件下具有构件截面小、自重轻、质量好、材料省(可节约钢材 40%～50%、混凝土 20%～40%)的优点，并能扩大预制装配化程度。虽然，预应力混凝土施工，需要专门的机械设备，工艺比较复杂，操作要求较高，但在跨度较大的结构中，其综合经济效益较好。此外，在一定范围内，以预应力混凝土结构代替钢结构，可节约钢材、降低成本，并免去维修工作。

单元一　先张法施工

一、先张法的概念及特点

先张法是在浇筑混凝土构件之前将预应力筋张拉到设计控制应力，用夹具将其临时固定在台座或钢模上，进行绑扎钢筋，安装铁件，支设模板，然后浇筑混凝土；待混凝土达到规定的强度，保证预应力筋与混凝土有足够的粘结力时，放松预应力筋，借助于它们之间的粘结力，在预应力筋弹性回缩时，使混凝土构件受拉区的混凝土获得预压应力。

视频：先张法施工

先张法生产如图 5-1 所示。

先张法采用台座法生产时，预应力筋的张拉、锚固，混凝土构件的浇筑、养护和预应力筋放张等工序皆在台座上进行，预应力筋的张拉力由台座承受。

特别提示

先张法适用生产定型的中小型构件，如空心板、屋面板、吊车梁、檩条等。

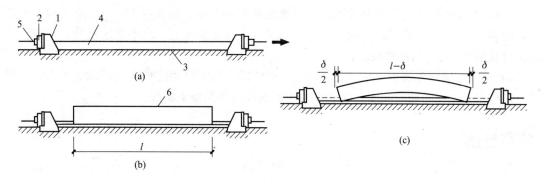

图 5-1　先张法生产

(a)预应力筋张拉；(b)混凝土浇筑和养护；(c)放松预应力筋

1—台座；2—横梁；3—台面；4—预应力筋；5—夹具；6—构件

二、先张法的施工设备

(一)台座

台座由台面、横梁和承力结构等组成，是先张法生产的主要设备之一。预应力筋张拉、锚固，混凝土浇筑、振捣和养护及预应力筋放张等全部施工过程都在台座上完成；预应力筋放松前，台座承受全部预应力筋的拉力。因此，台座应有足够的强度、刚度和稳定性。

台座按构造形式不同，可分为墩式台座和槽式台座两类。选用时根据构件种类、张拉力的大小和施工条件而定。

1. 墩式台座

墩式台座由承力台墩、台面、横梁组成(图 5-2)。目前，常用的是用现浇钢筋混凝土制成、由承力台墩与台面共同受力的台座。

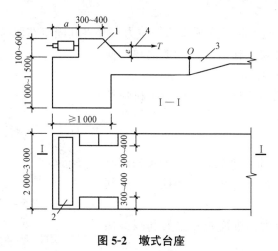

图 5-2　墩式台座

1—混凝土墩；2—钢横梁；3—局部加厚的台面；4—预应力筋

(1)台墩是承力结构，由钢筋混凝土浇筑而成。承力台墩设计时，应进行稳定性和强度验算。稳定性验算一般包括抗倾覆验算与抗滑移验算。

（2）台面是预应力构件成型的胎模，要求地基坚实平整，是在厚 150 mm 夯实碎石垫层上，浇筑 60～80 mm 厚 C20 混凝土面层，原浆压实抹光而成的。台面要求坚硬、平整、光滑，沿其纵向有 3% 的排水坡度。

（3）横梁以墩座牛腿为支承点安装其上，是锚固夹具临时固定预应力筋的支承点，也是张拉机械张拉预应力筋的支座。横梁常采用型钢或钢筋混凝土制作。

特别提示

墩式台座用以生产各种形式的中小型构件。由于张拉力不大，生产空心板、平板等平面布筋的混凝土构件时，可利用简易墩式台座。

2. 槽式台座

槽式台座由端柱、传力柱、横梁和台面组成。其构造如图 5-3 所示。

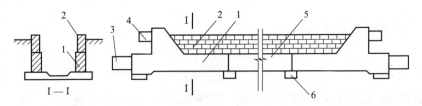

图 5-3　槽式台座
1—钢筋混凝土端柱；2—砖墙；3—下横梁；4—上横梁；5—传力柱；6—柱垫

特别提示

槽式台座既可承受拉力，又可做蒸汽养护槽，适用张拉吨位较高的大型构件，如屋架、吊车梁等。

（二）夹具（代号 J）

夹具是先张法构件施工时保持预应力筋拉力，并将其固定在张拉台座（或设备）上的临时性锚固装置。夹具必须工作可靠，构造简单，使用方便，能多次重复使用。

夹具按其工作用途不同分为锚固夹具和张拉夹具。

1. 锚固夹具

（1）锥形夹具。钢质锥形夹具是常用的单根钢丝夹具，它由套筒和销子组成。套筒为圆柱形，中间开圆锥形孔。

钢质锥形夹具可分为圆锥齿板式夹具和圆锥槽式夹具，如图 5-4 所示。

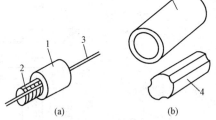

图 5-4　钢质锥形夹具
（a）圆锥齿板式；（b）圆锥槽式
1—套筒；2—齿板；3—钢丝；4—锥塞

特别提示

钢质锥形夹具适用锚固直径为 3～5 mm 的冷拔低碳钢丝和碳素（刻痕）钢丝。

（2）镦头夹具。镦头夹具如图 5-5 所示。将钢丝端部冷镦或热镦形成粗头，通过承力板或梳筋板锚固。

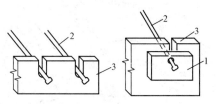

图 5-5　固定端镦头夹具

1—垫片；2—镦头钢丝；3—承力板

特别提示

镦头夹具用于预应力钢丝固定端的锚固。钢质锥形夹具和镦头夹具都是钢丝锚固夹具。

（3）圆套筒三片式夹具。圆套筒三片式夹具是由夹片与套筒组成，如图 5-6 所示。套筒的内孔成圆锥形，三个夹片互呈 120°，钢筋平持在三夹片中心，夹片内槽上有齿纹，以保证钢筋的锚固。

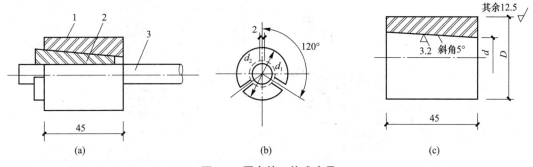

(a)　　　　　　　　　　(b)　　　　　　　　　　(c)

图 5-6　圆套筒三片式夹具

(a)装配图；(b)夹片；(c)套筒

1—套筒；2—夹片；3—预应力钢筋

特别提示

圆套筒三片式夹具适用于夹持直径为 12 mm、14 mm 的单根冷拉 HRB335、HRB400、RRB400 级钢筋。圆套筒三片式夹具是钢筋锚固夹具。

2. 张拉夹具

张拉夹具是夹持住预应力筋后，与张拉机械连接起来进行预应力筋张拉的机具。

常用的张拉夹具有月牙形夹具、偏心式夹具、楔形夹具等，如图 5-7 所示。

（三）张拉设备

张拉设备要求简易可靠，控制应力准确，能以稳定的速率增大拉力。近年来由于预应力混凝土施工工艺的完善，创造了多种简易机具，如手动螺杆张拉器、电动螺杆张拉机、卷扬机（包括电动和手动）和液压千斤顶等张拉机具。在测力方面有弹簧测力计、杠杆测力器、荷重控制及油压表等不同方法。

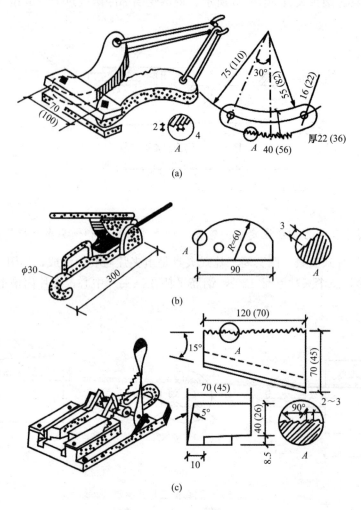

图 5-7　张拉夹具

(a)月牙形夹具；(b)偏心式夹具；(c)楔形夹具

　　钢丝张拉分单根张拉和多根张拉。用钢模以机组流水法或传送带法生产构件多用多根张拉，此时钢丝以镦头锚固在锚固板上，用油压千斤顶进行张拉；在台座上生产构件多为单根进行张拉，可采用电动卷扬机、电动螺杆张拉机等进行张拉。

　　钢筋张拉设备一般采用穿心式千斤顶，穿心式千斤顶用于直径 12～20 mm 的单根钢筋、钢绞线或钢丝束的张拉。

⚙️**特别提示**

　　选择张拉机具时，为了保证设备、人身安全和张拉力准确，张拉机具的张拉力应不小于预应力筋张拉力的 1.5 倍；张拉机具的张拉行程应不小于预应力筋张拉伸长值的 1.1～1.3 倍。

三、先张法的施工工艺

　　先张法施工工艺流程如图 5-8 所示。

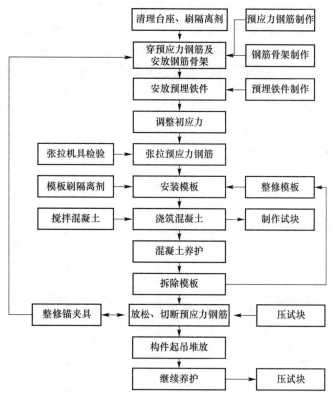

图 5-8 先张法施工工艺流程

(一)预应力筋的张拉

预应力筋的张拉应根据设计要求采用合适的张拉方法、张拉顺序及张拉程序进行,并应有可靠的质量保证措施和安全技术措施。

1. 张拉控制应力

张拉控制应力是指在张拉预应力筋时所达到的规定应力,应按设计规定采用。

控制应力的数值直接影响预应力的效果。因此,预应力筋的张拉控制应力 σ_{con} 应符合设计规定;为了部分抵消由于应力松弛、摩擦、钢筋分批张拉以及预应力筋与张拉台座之间的温差因素产生的预应力损失,施工中采用超张拉工艺,使超张拉应力比控制应力提高3‰～5‰。但其最大张拉控制应力不得超过表5-1的规定。

表 5-1 先张法张拉控制应力和最大张拉控制应力允许值

钢种	张拉控制应力	最大张拉控制应力允许值
碳素钢丝、刻痕钢丝、钢绞线	$0.75f_{ptk}$	$0.8f_{ptk}$
热处理钢筋、冷拔低碳钢丝	$0.7f_{ptk}$	$0.75f_{ptk}$
冷拉钢筋	$0.9f_{pyk}$	$0.95f_{pyk}$
注:f_{ptk} 为预应力筋极限抗拉强度标准值;f_{pyk} 为预应力筋屈服强度标准值		

特别提示

预应力筋的"松弛",即钢材在常温、高应力状态下具有不断产生塑性变形的特点。

松弛的数值与控制应力和延续时间有关，控制应力高松弛也大，所以钢丝、钢绞线的松弛损失比冷拉热轧钢筋大；松弛损失还随着时间的延续而增加，但在第 1 min 内可完成损失总值的 50% 左右，24 h 内则可完成 80%。上述张拉程序，如先超张拉 5‰σ_{con} 再持荷 2 min，则可减少 50% 以上的松弛损失。超张拉 3‰σ_{con}，也是为了弥补预应力钢筋的松弛等原因所造成的预应力损失。

2. 张拉程序

预应力筋的张拉程序有两种：

$$0 \rightarrow 105\%\sigma_{con} \xrightarrow{\text{持荷 2 min}} \sigma_{con}$$

$$0 \rightarrow 103\%\sigma_{con}$$

其中，σ_{con} 为预应力筋的张拉控制应力。

特别提示

为了减少应力松弛损失，预应力钢筋宜采用 $0 \rightarrow 105\%\sigma_{con} \xrightarrow{\text{持荷 2 min}} \sigma_{con}$ 的张力程序。预应力钢丝张拉工作量大时，宜采用一次张拉程序 $0 \rightarrow 103\%\sigma_{con}$。

3. 预应力值的校核

预应力钢筋的张拉力，一般用伸长值校核，实际伸长值与设计计算理论伸长值的相对允许偏差为 ±6%，若超过，应暂停张拉，分析其原因，采取措施后再进行施工。

4. 预应力筋张拉力计算

预应力筋张拉力的计算见下式：

$$F_p = \sigma_{con} \cdot A_p \cdot m \tag{5-1}$$

式中　A_p——预应力筋截面面积（mm）；

　　　σ_{con}——预应力筋张拉控制应力（N/mm²）；

　　　m——超张拉系数，取值 1.03 或 1.05。

(二)混凝土的浇筑和养护

为了减少混凝土的收缩和徐变引起的预应力损失，在确定混凝土配合比时，应优先选用干缩性小的水泥，采用低水胶比，控制水泥用量，对集料采取良好的级配等技术措施。

预应力筋张拉、绑扎和支模工作完成之后，即应浇筑混凝土，每条生产线应一次浇筑完毕，不允许留施工缝。为保证钢丝与混凝土有良好的粘结，浇筑时振动器不应碰撞钢丝，混凝土未达到一定强度前也不允许碰撞或踩动钢丝。叠层生产预应力混凝土构件时，下层构件混凝土强度要达到 8~10 MPa 后才可浇筑上层构件的混凝土。

预应力混凝土可采用自然养护或湿热养护，自然养护不得少于 14 d。干硬性混凝土浇筑完毕后，应立即覆盖进行养护。

当预应力混凝土采用湿热养护时，应采取正确养护制度以减少由于温差引起的预应力损失。为了减少温差造成的应力损失，采用湿热养护时，在混凝土未达到一定强度前，温差不要太大，一般不超过 20 ℃。

混凝土的收缩是水泥浆在硬化过程中脱水密结和形成的毛细孔压缩的结果。

混凝土的徐变是荷载长期作用下混凝土的塑性变形，因水泥石内凝胶体的存在而产生。

(三)预应力筋的放张

1. 放张要求

放张预应力筋时，混凝土强度必须符合设计要求。当设计无要求时，不得低于设计的混凝土强度标准值的75%。

对于重叠生产的构件，要求最上一层构件的混凝土强度不低于设计强度标准值的75%时方可进行预应力筋的放张。

预应力混凝土构件在预应力筋放张前要对混凝土试块进行试压，以确定混凝土的实际强度。放张过早会由于预应力筋回缩而引起较大的预应力损失。

2. 放张顺序

预应力筋放张时，应缓慢放松锚固装置，使各根预应力筋缓慢放松。预应力筋放张顺序应符合设计要求，当设计未规定时，可按下列要求进行：

(1)承受轴心预应力构件的所有预应力筋应同时放张；承受偏心预压力的构件，应先同时放张预压力较小区域的预应力筋，再同时放张预压力较大区域的预应力筋。

(2)叠层生产的预应力构件，宜按自上而下的顺序进行放松；板类构件放松时，从两边逐渐向中心进行。

如不能满足上述要求时，应分阶段、对称、相互交错进行放张，以防止在放张过程中，构件产生翘曲、裂纹及预应力筋断裂等现象。

3. 放张方法

放张单根预应力筋，一般采用千斤顶放张，如图5-9所示。构件预应力筋较多时，整批同时放张可采用砂箱(图5-10)、楔块(图5-11)等放松装置。

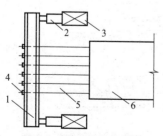

图5-9　千斤顶放张装置

1—横梁；2—千斤顶；3—承力架；
4—夹具；5—钢丝；6—构件

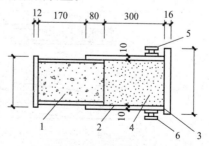

图5-10　砂箱放张装置

1—活塞；2—套箱；3—套箱底板；4—砂；
5—进砂口(M25螺钉)；6—出砂口(M16螺钉)

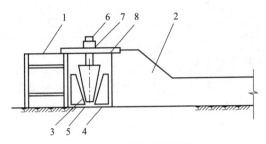

图 5-11 楔块放张装置

1—横梁；2—台座；3、4—钢固定楔块；
5—钢滑动楔块；6—螺杆；7—承力板；8—螺母

特别提示

对于中小型预应力混凝土构件，预应力丝的放张宜从生产线中间处开始，以减少回弹量且有利于脱模；对于构件应从外向内对称、交错逐根放张，以免构件扭转、端部开裂或钢丝断裂。

单元二 后张法施工

一、后张法的概念及特点

后张法是先制作构件，在构件中预先留出相应的孔道，待构件混凝土强度达到设计规定的数值后，在孔道内穿入预应力筋，用张拉机具进行张拉，并利用锚具把张拉后的预应力筋锚固在构件的端部。预应力筋的张拉力，主要靠构件端部的锚具传给混凝土，使其产生压应力。张拉锚固后，立即在预留孔道内灌浆，使预应力筋不受锈蚀，并与构件形成整体。

预应力混凝土后张法生产工艺如图 5-12 所示。

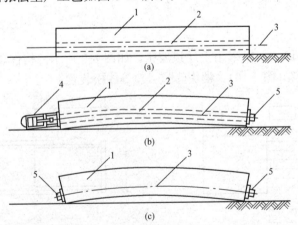

视频：后张法施工

图 5-12 预应力混凝土后张法生产示意

(a)制作混凝土构件；(b)张拉钢筋；(c)锚固和孔道灌浆

1—混凝土构件；2—预留孔道；3—预应力筋；4—千斤顶；5—锚具

后张法施工由于直接在钢筋混凝土构件上进行预应力筋的张拉，所以不需要固定台座设备，不受地点限制。它既适用预制构件生产，也适用现场施工大型预应力构件，而且后张法也是预制构件拼装的手段。

特别提示

后张法需要在钢筋两端设置专门的锚具，这些锚具永远留在构件上，不能重复使用，耗用钢材较多，且要求加工精密，费用较高；同时，由于留孔、穿筋、灌浆及锚具部分预压应力局部集中处需加强配筋等原因，使构件端部构造和施工操作都比先张法复杂，所以造价一般比先张法高。

二、后张法的施工设备

（一）锚具（代号 M）

预应力筋用锚具是张拉并永久固定在预应力混凝土结构上传递预应力的工具。锚具必须具有可靠的锚固性能、足够的强度和刚度储备。锚具根据工作特点分为张拉端锚具和固定端锚具。张拉端锚具具有与张拉机械相连进行预应力筋的张拉、并将预应力筋锚固在构件上的双重功能；固定端锚具只能将预应力筋锚固在构件上。

在后张法中，预应力筋、锚具和张拉机具是配套的。目前，后张法中常用的预应力筋有单根粗钢筋、钢筋束（或钢绞线束）和钢丝束三类。

1. 单根粗钢筋锚具

单根粗钢筋的预应力筋，如果采用一端张拉，则在张拉端用螺钉端杆锚具（图5-13），固定端用帮条锚具（图5-14）或镦头锚具（镦头锚具由镦头和垫板组成，钢筋热镦如图5-15所示）；如果采用两端张拉，则两端均用螺钉端杆锚具。

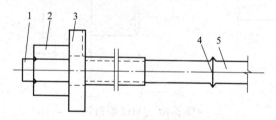

图 5-13　螺钉端杆锚具

1—螺钉端杆；2—螺母；3—垫板；4—焊接接头；5—钢筋

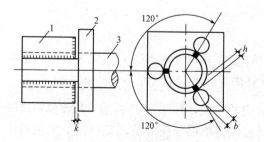

图 5-14　帮条锚具

1—帮条；2—衬板；3—主筋

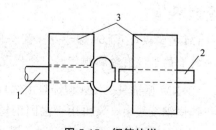

图 5-15　钢筋热镦

1—钢筋；2—紫铜棒；3—电极

螺钉端杆锚具由螺钉端杆和螺母及垫板组成，螺钉端杆与预应力筋对焊连接，张拉设备张拉螺钉端杆用螺母锚固。帮条锚具由一块方形或圆形衬板和三根互呈120°的钢筋帮条与预应力钢筋端部焊接而成。当钢筋直径较大时可采用镦头锚具。

2. 钢筋束和钢绞线束锚具

钢筋束和钢绞线束目前使用的锚具有 JM 型、XM 型、QM 型和镦头锚具等。

(1)JM 型锚具。JM 型锚具由锚环与 6 片夹片组成，如图 5-16 所示。夹片呈扇形，用两侧的半圆槽锚固预应力筋。

JM 型锚具可用于锚固 3~6 根直径为 12 mm 的光圆或变形的钢筋束，也可用于锚固 5~6 根直径为 12 mm 或 15 mm 的钢绞线束。

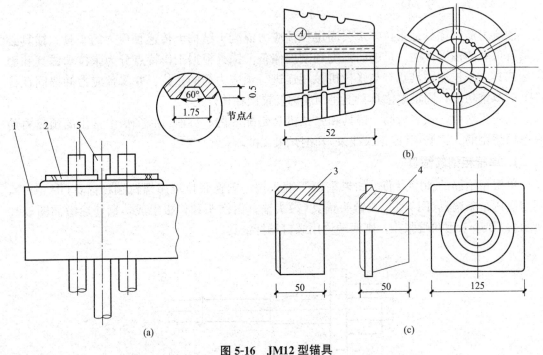

图 5-16 JM12 型锚具

(a)JM12 型锚具；(b)JM12 型锚具的夹片；(c)JM12 型锚具的锚环
1—锚环；2—夹片；3—圆锚环；4—方锚环；5—预应力钢丝束

JM 型锚具与 YL60 型千斤顶配套使用。JM 型锚具也可作为工具锚重复使用，但如发现夹筋孔的齿纹有轻度损伤时，即应改为工作锚使用。

(2)XM 型锚具。XM 型锚具由锚环和 3 块夹片组成，如图 5-17 所示。XM 型锚具既可用于锚固钢绞线束，又可用于锚固钢丝束；既可锚固单根预应力筋，又可锚固多根预应力筋；当用于锚固多根预应力筋时，既可单根张拉，逐根锚固，又可成组张拉，成组锚固。XM 型锚具通用性好，锚固性能可靠，施工方便，且便于高空作业。

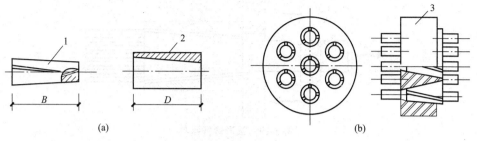

图 5-17　XM 型锚具

(a)单根 XM 型锚具；(b)多根 XM 型锚具

1—夹片；2—锚环；3—锚板

XM 型锚具既可用作工作锚，又可用作工具锚。

(3)QM 型锚具。QM 型锚具由锚板与夹片组成，但与 XM 型锚具不同之处在于：锚孔是直的，锚板顶面是平的，夹片垂直开缝。此外，备有配套喇叭形铸铁垫板与弹簧圈等，由于灌浆孔设在垫板上，锚板尺寸可稍小。QM 型锚具及其有关配件的形状，如图 5-18所示。

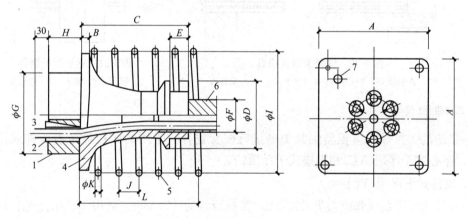

图 5-18　QM 型锚具及配件

1—锚板；2—夹片；3—钢绞线；4—喇叭形铸铁垫板；
5—弹簧圈；6—预留孔道用的波纹管；7—灌浆孔

QM 型锚具适用锚固 4-31ϕ^{j}12 和 3-19ϕ^{j}15 钢绞线束。

3. 钢丝束锚具

钢丝束用作预应力筋时，由几根到几十根直径为 3～5 mm 的平行碳素钢丝组成。其固定端采用钢丝束镦头锚具，张拉端锚具可采用锥形螺杆锚具、钢丝束镦头锚具、钢质锥形锚具。

(1)锥形螺杆锚具(图 5-19)，用于锚固 14 根、16 根、20 根、24 根或 28 根直径为 5 mm的碳素钢丝。

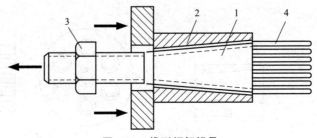

图 5-19　锥形螺杆锚具

1—锥形螺杆；2—套筒；3—螺母；4—预应力钢丝束

(2)钢丝束镦头锚具(图 5-20)，适用于 12～54 根直径为 5 mm 的碳素钢丝。常用镦头锚具分为 A 型与 B 型。A 型由锚环与螺母组成，用于张拉端；B 型为锚板，用于固定端。

(3)钢质锥形锚具(图 5-21)，用于锚固以锥锚式双作用千斤顶张拉的钢丝束，适用锚固 6 根、12 根、18 根或 24 根直径为 5 mm 的钢丝束。

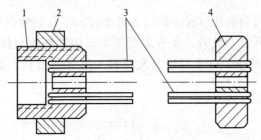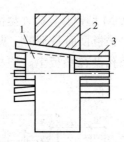

图 5-20　钢丝束镦头锚具

1—A 型锚环；2—螺母；3—钢丝束；4—B 型锚板

图 5-21　钢质锥形锚具

1—锚塞；2—锚环；3—钢丝束

(二)张拉设备

后张法的张拉设备应根据锚具类型进行配套选择。常用的张拉设备有拉杆式千斤顶(YL)、穿心式千斤顶(YC)和锥锚式千斤顶(YZ)。

1. 拉杆式千斤顶(YL)

拉杆式千斤顶最大张拉力为 600 kN，张拉行程为 150 mm，适用张拉采用螺钉端杆锚具的粗钢筋、锥形螺杆锚具的钢丝束及镦头锚具的钢筋束。拉杆式千斤顶构造如图 5-22 所示，它由主缸 1、主缸活塞 2、副缸 4、副缸活塞 5、连接器 7、传力架 8 和拉杆 9 等组成。拉杆式千斤顶构造简单，操作方便，应用范围广。

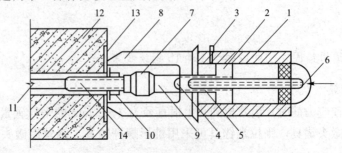

图 5-22　拉杆式千斤顶构造示意图

1—主缸；2—主缸活塞；3—主缸进油孔；4—副缸；5—副缸活塞；6—副缸进油孔；7—连接器；
8—传力架；9—拉杆；10—螺母；11—预应力筋；12—混凝土构件；13—预埋铁板；14—螺栓端杆

2. 穿心式千斤顶(YC)

YC 型预应力千斤顶，是一种适应性很强的千斤顶，它适用张拉采用 JM12 型、QM 型、XM 型的预应力钢丝束、钢筋束和钢绞线束。配置撑脚和拉杆等附件后，又可作为拉杆式千斤顶使用。如图 5-23 所示，沿千斤顶纵轴线有一直穿心通道，供穿过预应力筋用。沿千斤顶的径向分内外两层油缸。外层油缸为张拉油缸，工作时张拉预应力筋；内层油缸为顶压油缸，工作时进行锚具的顶压锚固，故称 YC 型为穿心式双作用千斤顶。

YC 型千斤顶是目前最常用的张拉千斤顶之一。YC 型千斤顶的张拉力，一般有 180 kN、200 kN、600 kN、1 200 kN 和 3 000 kN，张拉行程由 150 mm 至 800 mm 不等，基本上已经形成各种张拉力和不同张拉行程的千斤顶系列。

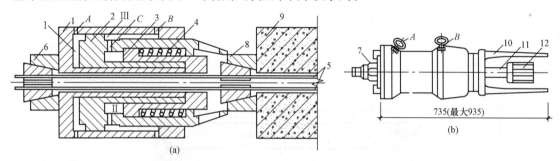

图 5-23 YC60 型穿心式千斤顶构造

(a)构造与工作原理；(b)加撑脚后的外貌

1—张拉油缸；2—顶压油缸(张拉油缸)；3—顶压活塞；4—弹簧；5—预应力筋；6—工作锚；
7—螺母；8—锚环；9—构件；10—撑脚；11—张拉杆；12—连接器

3. 锥锚式千斤顶(YZ)

锥锚式千斤顶主要用于张拉钢丝束、钢筋或钢绞线束，其基本构造如图 5-24 所示。

锥锚式千斤顶在使用过程中，松楔的劳动强度大，且不安全。因此，在千斤顶上增设退楔翼片，使该千斤顶具有张拉、顶锚、退楔三种功能，从而提高了工作效率，降低了劳动强度。

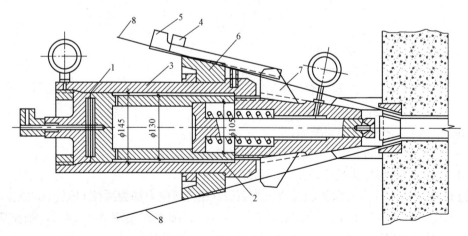

图 5-24 锥锚式千斤顶构造

1—主缸；2—副缸；3—退楔缸；4—楔块(张拉时位置)；
5—楔块(退出时位置)；6—锥形卡环；7—退楔翼片；8—预应力筋

与螺钉端杆锚具配套的张拉设备为拉杆式千斤顶(YL)、穿心式千斤顶(YC)、锥锚式千斤顶(YZ)。锥形螺杆锚具、钢丝束镦头锚具宜采用拉杆式千斤顶(YL60 型)或穿心式千斤顶(YC60 型)张拉锚固。钢质锥形锚具应用锥锚式双作用千斤顶(常用 YZ60 型)张拉锚固。

三、预应力筋的制作

(一)单根粗钢筋预应力筋制作

单根粗钢筋预应力筋的制作,包括配料、对焊、冷拉等工序。

现以两端用螺钉端杆锚具预应力筋为例(图 5-25)来说明其下料长度计算方法。

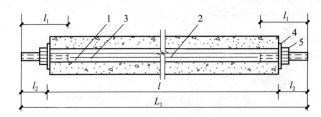

图 5-25　粗钢筋下料长度计算

1—螺钉端杆;2—预应力钢筋;3—对焊接头;4—垫板;5—螺母

预应力筋的成品长度(预应力筋和螺钉端杆对焊并经冷拉后的全长)L_1:

$$L_1 = l + 2l_2$$

预应力筋(不包括螺钉端杆)冷拉后需达到的长度 L_0:

$$L_0 = L_1 - 2l_1$$

预应力筋(不包括螺钉端杆)冷拉前的下料长度 L:

$$L = \frac{L_0}{l + r - \delta} + n\Delta$$

式中　l——构件的孔道长度(mm);

$\quad\quad$ l_1——螺钉端杆长度(mm);

$\quad\quad$ l_2——螺钉端杆的外露长度(mm);

$\quad\quad$ r——钢筋的冷拉率;

$\quad\quad$ δ——钢筋冷拉的弹性回缩率;

$\quad\quad$ n——钢筋与钢筋、钢筋与螺钉端杆的对焊接头总数;

$\quad\quad$ Δ——每个对焊接头的压缩量,$l_0 = d_0$。

【例 5-1】　21 m 预应力屋架的孔道长为 20.80 m,预应力筋为冷拉 HRB400 级钢筋,直径为 22 mm,每根长度为 8 m,实测冷拉率 $r = 4\%$,弹性回缩率 $\delta = 0.4\%$,张拉应力为 $0.85f_{pyk}$。螺钉端杆长为 320 mm,帮条长为 50 mm,垫板厚为 15 mm。计算:

(1)两端用螺钉端杆锚具锚固时预应力筋的下料长度。

(2)一端用螺钉端杆,另一端为帮条锚具时预应力筋的下料长度。

(3)预应力筋的张拉力为多少?

解: (1)螺钉端杆锚具,两端同时张拉,螺母厚度取 36 mm,垫板厚度取 16 mm,则螺钉端杆伸出构件外的长度 $l_2=2H+h+5=2\times36+16+5=93$(mm);对焊接头个数 $n=2+2=4$(个);每个对焊接头的压缩量 $\Delta=22$ mm,则预应力筋下料长度:

$$L=(l-2l_1+2l_2)/(1+r-\delta)+n\Delta=19\ 727(\text{mm})$$

(2)帮条长为 50 mm,垫板厚 15 mm,则预应力筋的成品长度为

$$L_1=l+l_2+l_3=20\ 800+93+(50+15)=20\ 958(\text{mm})$$

预应力筋(不含螺钉端杆锚具)冷拉后长度:

$$L_0=L_1-l_1=20\ 958-320=20\ 638(\text{mm})$$

$$L=L_0/(1+r-\delta)+n\Delta=20\ 638/(1+0.04-0.004)+4\times22=20\ 009(\text{mm})$$

(3)预应力筋的张拉力为

$$F_P=\sigma_{\text{con}}\cdot A_P=0.85\times500\times3.14/4\times22^2=161\ 475(\text{N})=161.475(\text{kN})$$

特别提示

预应力筋的下料长度应计算确定,计算时要考虑结构构件的孔道长度、锚具厚度、千斤顶长度、焊接接头或镦头的预留量、冷拉伸长值、弹性回缩值等。

(二)钢筋束或钢绞线的制作

钢筋束所用钢筋是成圆盘供应的,长度较大,不需对焊接头。

钢筋束或钢绞线束预应力筋的制作包括开盘冷拉、下料、编束等工序。

当采用 JM 型或 XM 型锚具,用穿心式千斤顶张拉时,钢筋束和钢丝束的下料长度 L 应等于构件孔道长度加上两端为张拉、锚固所需的外露长度,如图 5-26 所示。可按下式计算:

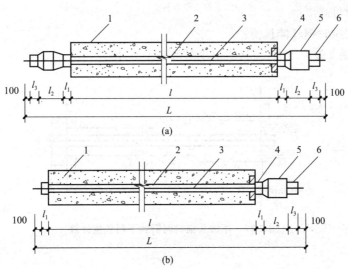

图 5-26 钢筋束、钢绞线束下料长度计算

(a)两端张拉;(b)一端张拉

1—混凝土构件;2—孔道;3—钢绞线;4—夹片式工作锚;

5—穿心式千斤顶;6—夹片式工具锚

两端张拉时：

$$L=l+2(l_1+l_2+l_3+100)$$

一端张拉时：

$$L=l+2(l_1+100)+l_2+l_3$$

式中　l——构件的孔道长度(mm)；

　　　l_1——工作锚厚度(mm)；

　　　l_2——穿心式千斤顶长度(mm)；

　　　l_3——夹片式工具锚厚度(mm)。

特别提示

预应力钢筋束下料应在冷拉后进行。当采用镦头锚具时，则应增加镦头工序。

(三)钢丝束制作

钢丝束制作一般需经调直、下料、编束和安装锚具等工序。

当用钢质锥形锚具、XM 型锚具时，钢丝束的制作和下料长度计算基本上与预应力钢筋束相同。

钢丝束镦头锚固体系，如采用镦头锚具一端张拉时，应使钢丝束张拉锚固后螺母位于锚环中部，钢丝的下料长度 L，如图 5-27 所示，用下式计算：

$$L=L_0+2a+2\delta-0.5(H-H_1)-\Delta L-C$$

式中　L_0——孔道长度；

　　　a——锚板厚度；

　　　δ——钢丝镦头留量(取钢丝直径的 2 倍)；

　　　H——锚杯高度；

　　　H_1——螺母高度；

　　　ΔL——张拉时钢丝伸长值；

　　　C——混凝土弹性压缩(当其值很小时可略去不计)。

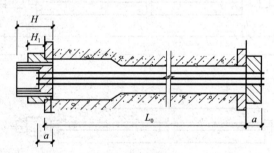

图 5-27　用镦头锚具时钢丝下料长度计算

特别提示

用钢丝束镦头锚具锚固钢丝束时，其下料长度力求精确。编束是为了防止钢筋扭结。采用镦头锚具时，将内圈和外圈钢丝分别用钢丝按次序编排成片，然后将内圈放在外圈内绑扎成钢丝束。

四、后张法施工工艺

后张法的工艺流程如图 5-28 所示。

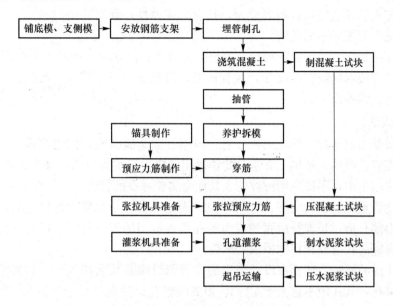

图 5-28 后张法生产工艺流程

（一）预留孔道

预留孔道是后张法预应力混凝土构件制作中的关键工序之一。预应力筋的孔道成型方法有钢管抽芯法、胶管抽芯法和预埋管法等。

1. 钢管抽芯法

预先将平直、表面圆滑的钢管埋设在模板内预应力筋孔道位置上。钢管在构件中每隔 1.0～1.5 m 设置一个钢筋井字架，如图 5-29 所示，以固定钢管位置，井字架与钢筋骨架扎牢。在开始浇筑至浇筑后拔管前，间隔一定时间要缓慢匀速地转动钢管；待混凝土初凝后至终凝之前，用卷扬机匀速拔出钢管即在构件中形成孔道。

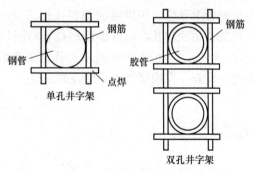

图 5-29 固定钢管或胶管位置的井字架

钢管抽芯法只用于留设直线孔道，钢管长度不宜超过 15 m，钢管两端各伸出构件 500 mm 左右，以便转动和抽管。

抽管时间与水泥品种、浇筑气温和养护条件有关。

特别提示

抽管宜在混凝土初凝之后、终凝之前进行，以用手指按压混凝土表面无明显指纹时为宜。常温下抽管时间在混凝土灌注后 3～5 h。抽管过早，易造成塌孔事故；抽管太晚，混凝土与钢管粘结牢固，抽管困难，甚至抽不出来。

2. 胶管抽芯法

胶管抽芯法可用于直线、曲线或折线孔道。

所用胶管有 5～7 层夹布胶管及供预应力混凝土专用的钢丝网胶皮管两种。前者质软，必须在管内充水后才能使用；后者质硬，且有一定弹性，预留孔道时与钢管一样使用，所不同的是浇筑混凝土后不需转动。

胶管一端密封，另一端接上阀门，安放在孔道设计位置上；待混凝土初凝后、终凝前，将胶管阀门打开放水(或放气)降压，胶管回缩，混凝土自行脱落。一般按先上后下、先曲后直的顺序将胶管抽出。

3. 预埋管法

预埋管法是用钢筋井字架将黑铁皮管、薄钢管或金属螺旋管固定在设计位置上，在混凝土构件中埋管成型的一种施工方法。此法适用预应力筋密集或曲线预应力筋的孔道埋设，但电热后张法施工中，不得采用波纹管或其他金属管埋设的管道。

金属螺旋管重量轻、刚度好、弯折方便、连接容易、与混凝土粘结良好，可做成各种形状的预应力筋孔道，是现行后张预应力筋孔道成型用的理想材料。镀锌钢管仅用于施工周期长的超高竖向孔道或有特殊要求的部位。

在留设孔道的同时，还要在设计规定的位置留设灌浆孔和排气孔。在构件两端及跨中处应设置灌浆孔，其孔距不宜大于 12 m。当曲线梁孔道的高差大于 500 mm 时，应在孔道的每个峰顶处设置泌水管，泌水管伸出梁面的高度一般不小于 500 mm。泌水管也可兼作灌浆管。

对一般预制构件，可采用木塞留孔。木塞应抵紧钢管、胶管或螺旋管，并应固定，严防混凝土振捣时脱开。对现浇预应力结构金属螺旋管留孔，可在螺旋管上开口，用带嘴的塑料弧形压板与海绵垫片覆盖并用铁丝扎牢，再接通塑料管(外径 20 mm，内径 16 mm)，如图 5-30 所示。孔道成形后，应立即逐孔检查，发现堵塞现象应及时疏通。

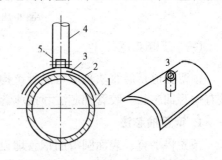

图 5-30　螺旋管上留灌浆孔
1—螺旋管；2—海绵垫；3—塑料弧形压板；
4—塑料管；5—钢丝扎紧

特别提示

波纹管埋入混凝土后永不抽出，与混凝土有良好的粘结力。

(二)预应力筋的张拉

预应力筋的张拉是制作预应力混凝土构件的关键，必须按照现行《混凝土结构工程施工质量验收规范》(GB 50204—2015)的有关规定进行施工。

预应力筋的张拉控制应力应符合设计要求，施工时预应力筋需超张拉，张拉力可比设计要求提高 3%～5%。

预应力筋张拉时，结构的混凝土强度应符合设计要求，当设计无要求时，不应低于设计强度标准值的 75%。预应力筋张拉、锚固完毕，留在锚具外的预应力筋长度不得小于 30 mm。锚具应用封端混凝土保护，长期外露的锚具应采用防锈措施。

1. 张拉控制应力和张拉程序

后张法预应力筋的张拉控制应力 σ_{con} 不宜超过表 5-2 规定的数值。后张法的张拉程序与先张法相同。

表 5-2   后张法张拉控制应力和最大张拉控制应力允许值

钢种	张拉控制应力	最大张拉控制应力允许值
碳素钢丝、刻痕钢丝、钢绞线	$0.7f_{ptk}$	$0.75f_{ptk}$
热处理钢筋、冷拔低碳钢丝	$0.65f_{ptk}$	$0.7f_{ptk}$
冷拉钢筋	$0.85f_{pyk}$	$0.9f_{pyk}$
注：f_{ptk} 为预应力筋极限抗拉强度标准值；f_{pyk} 为预应力筋屈服强度标准值		

2. 预应力筋的张拉顺序

预应力筋张拉顺序应按设计规定进行；如设计无规定时，应分批分阶段对称地进行。

图 5-31 所示为预应力混凝土屋架下弦预应力筋张拉顺序。

图 5-32 所示为预应力混凝土吊车梁预应力筋采用两台千斤顶的张拉顺序，对配有多根不对称预应力筋的构件，应采用分批分阶段对称张拉。

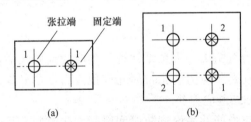

图 5-31   屋架下弦预应力筋张拉顺序

（a）两束；（b）四束

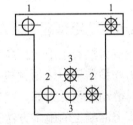

图 5-32   吊车梁预应力筋的张拉顺序

1、2、3—预应力筋的分批张拉顺序

平卧重叠浇筑的预应力混凝土构件，张拉预应力筋的顺序是先上后下，逐层进行。同时，还要尽量减少张拉机械的移动次数。

特别提示

为使混凝土不产生超应力、构件不扭转与侧弯、结构不变位等，应进行对称张拉。

3. 预应力筋的张拉方法

对于曲线预应力筋和长度大于 24 m 的直线预应力筋，应采用两端同时张拉的方法；长度等于或小于 24 m 的直线预应力筋，可一端张拉。

对预埋波纹管孔道曲线预应力筋和长度大于 30 m 的直线预应力筋，宜在两端张拉，长度等于或小于 30 m 的直线预应力筋，可在一端张拉。

安装张拉设备时，对于直线预应力筋，应使张拉力的作用线与孔道中心线重合；对于曲线预应力筋，应使张拉力的作用线与孔道中心线末端的切线方向重合。

在张拉构件的两端应设置保护装置，如用麻袋、草包装土筑成土墙，以防止螺母滑脱、钢筋断裂飞出伤人；在张拉操作中，预应力筋的两端严禁站人，操作人员应在侧面工作。

(三)孔道灌浆

预应力筋张拉后，应尽快地用灰浆泵将水泥浆压灌到预应力孔道，以防止预应力筋锈蚀，增加结构的整体性和耐久性。

孔道灌浆前应进行水泥浆配合比设计，灌浆用水泥浆应有足够的粘结力，且应有较大的流动性、较小的干缩性和泌水性。

灌浆前，用压力水冲洗和湿润孔道。但冲洗后，应采取有效措施排除孔道中的积水。

灌浆顺序应先下后上，以免上层孔道漏浆把下层孔道堵塞。

灌浆工作应缓慢均匀连续进行，不得中断。

在水泥浆中掺入占水泥质量 0.05‰ 的铝粉，可使水泥浆获得 2‰～3‰ 的膨胀率，对提高孔道灌浆饱满度有好处，同时也能满足强度要求。此外，水泥浆中不得掺入氯化物、硫化物以及硝酸盐等，以防预应力筋受到腐蚀。

五、后张法无粘结预应力混凝土

在后张法预应力混凝土中，预应力可分为有粘结和无粘结两种。预应力筋张拉后浇筑混凝土与预应力筋粘结称为粘结预应力筋。凡是预应力筋张拉后允许预应力筋与其周围的混凝土产生相对滑动的预应力筋，都称为无粘结预应力筋。

无粘结预应力混凝土的施工方法是在预应力筋的表面刷防腐润滑脂并包塑料管后，铺设在模板内的预应力筋设计位置处，然后浇筑混凝土，待混凝土达到要求的强度后，进行预应力筋的张拉和锚固。该工艺的优点是不需要留设孔道、穿筋、灌浆，施工简单，摩擦力小，预应力筋易弯成多跨曲线形状等，是近年发展起来的一项新技术。

无粘结预应力适用大柱网整体现浇楼盖结构，尤其在双向连续平板和密肋楼板中使用最为经济。目前无粘结预应力混凝土平板结构的跨度，单向板可达 9～10 m，双向板为 9 m×9 m，密肋板为 12 m，现浇梁跨度可达 27 m。

(一)无粘结预应力筋的制作

无粘结预应力筋是由 7 根 ϕ5 mm 高强度钢丝组成的钢丝束或扭结成的钢绞线，通过专门设备涂包涂料层和包裹外包层而构成的一种新型预应力筋，其截面如图 5-33 所示。

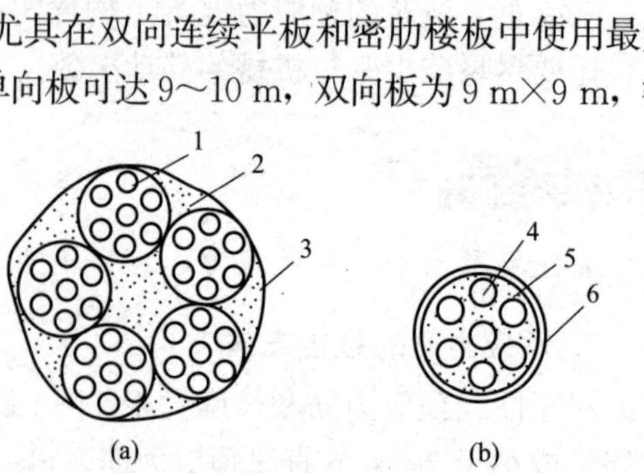

无粘结预应力筋包括钢丝束和钢绞线。制作时要求每根通长，中间不能有接头，其制作工艺：编束放盘→刷防腐润滑脂→覆裹塑料护套→冷却→调直→成型。

图 5-33 无粘结筋横截面
(a)无粘结钢绞线束；(b)无粘结钢丝束或单根钢绞线
1—钢绞线；2—沥青涂料；3—塑料布外包层；
4—钢丝；5—油脂涂料；6—外包层

无粘结预应力筋涂料层一般采用防腐沥青。在无粘结预应力混凝土中，锚具必须具有可靠的锚固能力，要求不低于无粘结预应力筋抗拉强度的95%。

(二)无粘结预应力混凝土施工工艺

1. 无粘结预应力筋的铺放与定位

铺设双向配筋的无粘结预应力筋时，应先铺设标高低的钢丝束，再铺设标高较高的钢丝束，以避免两个方向钢丝束相互穿插。

无粘结预应力筋应在绑扎完底筋以后进行铺放。

无粘结预应力筋应铺放在电线管下面。

底模安装后，应在模板上标出预应力筋的位置和走向，以便核查根数并留下标记。无粘结筋为双向曲线配置时，必须事先编序，制定铺放顺序。无粘结筋与预埋电线发生位置矛盾时，后者应予避让。在施工中无粘结筋的护套如有破损，应对破损部位用塑料胶带包缠修补。

2. 端部锚具节点安装

在无粘结预应力结构中，预应力筋的张拉力完全借助于锚具传递给混凝土，外荷载作用引起预应力筋受力的变化也全部由锚具承担。因此，无粘结预应力筋用的锚具不仅受力较大，而且承受重复荷载。

(1)无粘结钢丝束镦头锚具，如图5-34所示。张拉端钢丝束从外包层抽拉出来，穿过锚环孔眼镦粗头。

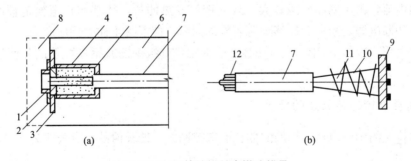

图5-34　无粘结钢丝束镦头锚具

(a)张拉端；(b)锚固端

1—锚环；2—螺母；3—预埋件；4—塑料套筒；5—建筑油脂；6—构件；

7—软塑料管；8—C30混凝土封头；9—锚板；10—钢丝；11—螺旋钢筋；12—钢丝束

(2)无粘结钢绞线夹片式锚具，如图5-35所示。无粘结钢绞线夹片式锚具常采用XM型锚具，其固定端采用压花成型埋置在设计部位，待混凝土强度等级达到设计强度后，方能形成可靠的粘结式锚头。

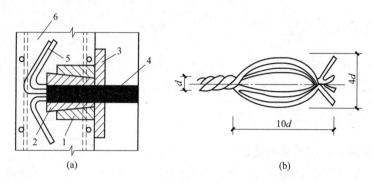

图 5-35 无粘结钢绞线夹片式锚具

(a)张拉端；(b)固定端

1—锚环；2—夹片；3—预埋件；4—软塑料管；5—散开打弯钢丝；6—圈梁

3. 无粘结预应力筋的张拉

混凝土强度达到设计强度时才能进行张拉，张拉程序采用 0→103%σ_{con}。

张拉顺序应根据设计顺序，先铺设的先张拉，后铺设的后张拉。

特别提示

设计单位应向施工单位提出无粘结筋的张拉顺序、张拉值及伸长值。张拉时混凝土强度设计无要求时，不应低于设计强度的 75%，并应有试验报告单。张拉前必须对各种机具、设备及仪表进行校核标定。无粘结筋张拉顺序应按设计要求进行，如设计无特殊要求时，可依次张拉。张拉后，按设计要求拆除模板及支撑。

六、电热法施工

电热法是利用钢筋热胀冷缩原理来张拉预应力筋的一种施工方法。对预应力钢筋通以低电压的强电流，由于钢筋电阻较大，致使钢筋发热伸长，待其伸长至预定长度后，随即进行锚固并切断电源，断电后钢筋降温而冷却回缩，使混凝土建立预压应力。

电热法适用于冷拉 HRB335、HRB400、RRB400 级钢筋或钢丝配筋的先张法、后张法张拉构件。

(一)预应力钢筋伸长值的计算

电热张拉时的预应力是以钢筋的伸长值来控制的，伸长值的计算公式为

$$\Delta L = \frac{\sigma_{con} + 30}{E} L$$

式中　ΔL——钢筋电热所需的伸长值(mm)；

　　　σ_{con}——设计预应力筋的张拉控制应力(kN/mm²)；

　　　E——电热后预应力筋的弹性模量，由试验确定(MPa)；

　　　L——电热前钢筋总长度(mm)；

　　　30——考虑钢筋不直以及钢筋在高温和应力状态下的塑性变形而产生的附加预应力损失值(N/mm²)。

（二）钢筋电热时的温度计算

电热时，钢筋伸长值达到设计要求时所需增高的温度 T，按下式计算：

$$T = \frac{\Delta L}{\alpha L}$$

钢筋电热伸长到 ΔL 时，其温度为

$$T' = T + T_0 \leqslant 350$$

式中　α——钢筋的线膨胀系数，取 $1.2 \times 10^{-5}/\text{℃}$；

　　　T'——电张后钢筋温度（℃）；

　　　T_0——电张前钢筋温度（℃）。

特别提示

对预应力筋的电热温度应加以限制，温度太低，伸长变形太慢。若温度过高，对冷拉预应力筋起退火作用，会影响预应力筋的强度，因此限制预应力筋电热温度不超过 350 ℃。

（三）电热设备的计算和选择

影响电热设备选择的因素包括电热变压器（或电焊机）、导线材质及截面和夹具形式等。

1. 变压器的选择

变压器的功率主要根据预应力钢筋的规格、长度和伸长值来选择，按下列近似公式计算：

$$P = \frac{GcT}{380t}$$

式中　P——变压器（或电焊机）所需功率（kW）；

　　　G——同时张拉的钢筋质量（kg）；

　　　c——钢筋的热容量，取 $0.48\ \text{kJ}/(\text{kg·K})$；

　　　t——钢筋通电加热时间（h）；

　　　T——电热时钢筋伸长值达到设计要求时所需增高的温度。

2. 导线的选择

一次导线（从电源至变压器的线路）用普通绝缘硬铜线或铝线，二次导线（从变压器接到预应力筋的线路）宜用绝缘软铜线，长度越短越好，一般不超过 30 m。导线的截面面积由二次电流的大小确定。铜线的控制电流密度不超过 $0.05\ \text{A}/\text{mm}^2$，铝线不宜超过 $0.03\ \text{A}/\text{mm}^2$，以确保导线温度在 50 ℃以下。

3. 导线夹具的选择

二次导线与预应力筋须用导线夹具连接（图 5-36）。

（四）电张工艺

电张法的施工工艺流程如图 5-37 所示。

电张法的预应力筋可采用螺钉端杆、镦粗头或帮条锚具，后两种应配有 U 形垫板。

张拉前，用绝缘纸垫在预应力筋与端部垫板之间，使预埋铁件隔离绝缘，防止通电后产生分流和短路的现象。

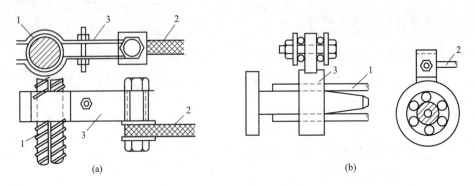

图 5-36　电夹具

(a)单根钢筋电夹具；(b)钢筋束电夹具

1—钢筋；2—二次导线；3—紫铜夹具

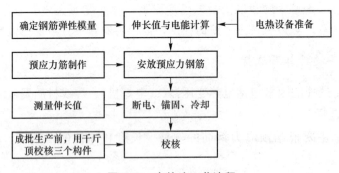

图 5-37　电热法工艺流程

冷拉钢筋作为预应力筋时，反复电热次数不宜超过 3 次，因为电热次数过多，会使钢筋失去冷强效应，降低钢筋强度。

【实践教学】

请学生根据项目案例要求，结合实际，利用所学知识，完成本项目案例中预应力混凝土工程施工方案的制定。

1. 分析项目案例中的预应力混凝土施工采用的是哪种方式？预应力混凝土施工与普通混凝土施工有哪些不同？

2. 预应力混凝土施工过程需要注意哪些问题？分析案例中的预应力混凝土发生问题的原因，并给出处理措施。

3. 请思考：在以后的工作中如何将项目案例中的发生的问题消灭在萌芽状态？

【建筑大师】

"样式雷"始祖雷发达

"样式雷"，是对清代 200 多年间主持皇家建筑设计的雷姓世家的誉称。中国清代宫廷建筑匠师家族——"样式雷"的主要人物有雷发达、雷金玉、雷家玺、雷家玮、雷家瑞、雷廷昌等。在 17 世纪末年，一个南方匠人雷发达来北京参加营造宫殿的工作。因为技术高超，很快就被提升担任设计工作。从他起一共七代直到清朝末年，主要的皇室建筑（如宫殿、皇陵、圆明园、颐和园等)都是雷氏负责的。这个世袭的建筑师家族被称为"样式雷"家族。清朝朝廷样式房掌案雷氏("样式雷")作为数百年皇家建筑的主持者，世代相传，是清朝一大批宫殿园林陵墓的设计者。因为雷氏后裔1930年前后将图书数据和按比例制作的蜡样，卖给了中法大学等单位，所以现在还有不少的保存。在故宫博物院藏图中有珍贵的《圆明、绮春、长春三园地盘河道全图》，就是"样式雷"家族杰作。

【榜样引领】

我国预应力混凝土桥梁设计的开拓者——邵厚坤

邵厚坤，1929年5月16日生于河南省郑州市。桥梁专家，中国工程设计大师，我国预应力混凝土桥梁设计的开拓者。1947年考入交通大学唐山工学院(1952年改为唐山铁道学院)土木工程系，1952年毕业后分配到铁道部设计局，1957年到铁道部专业设计院工作。邵厚坤是政协第八届、第九届全国委员会委员，1988年被授予"首都劳动奖章"，1989年被评为"全路劳动模范"，1990年被授予"全国优秀科技工作者""中国工程设计大师""中央国家机关优秀党员"称号，1995年被评为"全国先进工作者"、获第二届"詹天佑工程奖"。

20世纪50年代，邵厚坤主持了全国第一孔预应力混凝土梁的设计工作，并参加了该梁的研究试制，当时可借鉴的标准图很少，他与同事们一起，克服了很多困难，终于全面掌握了预应力混凝土铁路桥梁的设计理论和方法，该梁的试制成功，成为我国预应力混凝土结构发展的起点。

随着预应力混凝土梁的广泛使用，针对制造和使用中出现的问题，1964年铁道部组织工艺革新攻关，邵厚坤与科研、制造单位的专家共同主持了环销锚和管道形成的工艺试验革新，以及这两项工艺制造细则的编制，他还主编了新的后张法预应力混凝土梁的标准图，把我国预应力混凝土铁路桥梁的技术水平推向一个新的高度。

邵厚坤在主持"深圳市铁路高架桥"设计中，针对该桥穿越繁华商业区，需要尽量压低梁高以满足桥下道路的通行净空要求，提出应用部分预应力混凝土梁的新构想并付诸实践。这在我国铁路桥梁中尚无先例，该桥梁高跨比仅为1/21，满足了使用的要求，在设计中他解决了预应力体系的选择、施工方法的确定、开裂后截面压应力计算等一系列难题，还编制了结构电算程序。该桥由简支梁158孔，连续梁4联组成，如此大规模运用以新的设计理论为基础的部分预应力混凝土梁，不仅在国内是创举，在国际上也不多见。1988年深圳市组织对该桥进行了鉴定，与会专家一致认为该桥设计水平高，梁的造型轻巧美观，与周围环境协调，就梁的高跨比而言设计具有国际先进水平，并于1989年获国家优秀工程银质奖。由于设计时尚无规范可循，他主持编写了《深圳市铁路高架桥所用部分预应力混凝土梁设计和试验》一书，还指导编制了"超低高度部分预应力梁"铁路通用图，该设计1994年获国家优秀标准设计金奖。

1992年，他指导设计的深圳春风路高架桥建于深圳市中心，其地形条件复杂，全桥跨越河流、铁路和城市干道，主桥为预应力混凝土大悬臂连续箱梁，匝道桥采用多种形式预应力混凝土连续弯梁，结构种类繁多，但全桥线条优美，桥下通透，同周围环境协调，造型美观。

他提出构思方案并指导完成的"京九线店子干渠大桥"设计，是我国铁路首次采用两侧上翼缘板拼装式部分预应力混凝土整孔箱梁，该项目为铁道部科研项目，既填补了铁路标准梁形式单一的不足，又能解决运输、架设的许多难点，经铁道部组织技术审查，在京九铁路上铺架，为之后在铁路桥梁上应用提供了有益的经验。

随后，邵厚坤又将预应力体系扩展到顶推施工工艺、斜拉桥刚性索、中承式拱桥的自锚体系中，解决了许多工程中难以处理的问题，不愧为预应力混凝土桥梁的开拓者。

复习思考题

一、选择题

1. 预应力混凝土的强度等级不宜低于（　　　）。

　　A. C20　　　　　　B. C25　　　　　　C. C30　　　　　　D. C40

2. 混凝土在长期荷载作用下，应变随时间继续增长的现象，叫作混凝土的（　　　）。

　　A. 徐变　　　　　B. 塑性　　　　　C. 应变　　　　　D. 收缩

3. 先张法施工的预应力筋张放时，预应力混凝土构件的强度必须符合设计要求，如设计无规定时，其强度不得低于设计强度标准值的（　　　）%。

　　A. 25　　　　　B. 50　　　　　C. 75　　　　　D. 100

4. 预应力筋的张拉程序之一为 0→103%σ_{con}。超张拉 3% 的目的是（　　　）。

　　A. 弥补预应力损失　　　　　　　　B. 防止张拉机具不准确

　　C. 张拉控制应力越高越好　　　　　D. 防止预应力筋滑脱

5. 预应力筋的放张顺序应符合规定，下列规定错误的是（　　　）。

　　A. 轴心受预压的构件，所有预应力筋应同时放张

　　B. 偏心受预压的构件，应先同时放张预压力较小区域的预应力筋，再同时放张预压力较大区域的预应力筋

　　C. 偏心受预压的构件，应先同时放张预压力较大区域的预应力筋，再同时放张预压力较小区域的预应力筋

　　D. 当不能按有关规定放张时，应分阶段、对称、交错地放张

6. 孔道灌浆是（　　　）预应力的施工工艺。

　　A. 先张法　　　　　B. 后张法　　　　　C. 电热法　　　　　D. 先张法和后张法

7. 预应力钢筋孔道灌浆的顺序是（　　　）。

　　A. 先上后下　　　　B. 先下后上　　　　C. 先中间后两边　　　D. 先两边后中间

8. 后张法施工预应力钢筋张拉时，构件的混凝土强度应符合设计要求，如设计无要求，不应低于设计强度标准值的（　　　）%。

　　A. 25　　　　　B. 50　　　　　C. 75　　　　　D. 100

9. 后张法施工，预应力筋在张拉控制应力达到稳定方可锚固，锚具应用封端混凝土保护。一般情况下，锚固完毕经过检验合格后即可切下端头多余的预应力筋，一般用（　　　）切割。

　　A. 砂轮机　　　　　B. 电弧焊　　　　　C. 乙炔焊　　　　　D. 闪光焊

10. 下列后张法制作构件孔道的留设方法中，只能用预留设直线孔道方法的是（　　　）。

　　A. 钢管抽芯法　　B. 胶管抽芯法　　C. 预埋波纹管　　D. 预埋薄钢管法

11. 后张法施工孔道灌浆时，灌浆用的灰浆宜用强度等级不低于42.5级（　　　）调制的水泥浆。

　　A. 硅酸盐水泥　　B. 普通硅酸盐水泥　C. 矿渣硅酸盐水泥　D. 粉煤灰水泥

二、判断题

1. 在长期不变荷载作用下，应力随时间继续增长的现象，叫作混凝土徐变。（　　）

2. 在构件受荷以前预先对混凝土的受压区施加压应力的结构称为预应力混凝土结构。（　　）

3. 预应力混凝土施工中，对预应力筋张拉的目的是提高钢筋的强度。（　　）

4. 先张法中混凝土强度一般应不低于混凝土设计强度标准值的100%，方能张拉预应力钢筋。（　　）

5. 所谓后张法就是先浇灌混凝土，然后张拉钢筋从而形成预应力的方法。（　　）

6. 在构件受荷以前预先对混凝土的受压区施加压应力的结构称为预应力混凝土结构。（　　）

7. 在预应力混凝土施工中，对预应力筋张拉的目的是提高钢筋的强度。（　　）

8. 后张法的工艺流程：制作混凝土构件，穿筋张拉，孔道灌浆及放张。（　　）

9. 胶管抽芯法只适用留设直线型孔道。（　　）

三、简答题

1. 什么是预应力混凝土？其优点有哪些？

2. 施加预应力的方法有几种？其预应力值是如何建立和传递的？

3. 试比较先张法与后张法施工的不同特点及其适用范围。

4. 先张法的张拉控制应力的取值与后张法有何不同？为什么？

5. 预应力筋张拉与钢筋冷拉有何区别？张拉力与冷拉力取值有何不同？为什么？

6. 试述先张法的台座、夹具和张拉机具的类型及特点。

7. 先张法施工时，预应力筋什么时候才可放张？怎样进行放张？

8. 先张法施工中对混凝土的浇筑和养护有何具体规定和要求？

9. 什么叫超张拉？为什么要超张拉并持荷2 min？采用超张拉时为什么要规定最大限值？

10. 试分析各种锚具的性能、适用范围及优缺点。

11. 预应力混凝土施工中，可能产生哪些预应力损失？如何减少这些损失？

12. 试述孔道留设的基本要求及孔道留设的方法。

13. 为什么要进行孔道灌浆？怎样进行孔道灌浆？

14. 预应力筋伸长值是如何进行校核的？

15. 有粘结预应力筋与无粘结预应力施工工艺有什么区别？

16. 试述电热张拉原理及特点。

模块六 装配式混凝土结构施工

知识目标

1. 了解施工中常用的机械设备；
2. 了解装配式混凝土主要结构体系；
3. 熟悉装配整体式混凝土剪力墙结构施工流程；
4. 熟悉装配整体式混凝土框架结构施工流程；
5. 掌握竖向构件的现场装配准备与吊装；
6. 掌握水平构件的现场装配准备与吊装；
7. 掌握竖向构件的灌浆；
8. 掌握水平构件的灌浆；
9. 掌握竖向构件、水平构件的现浇连接。

能力目标

1. 能根据要求制定装配整体式混凝土剪力墙结构施工方案；
2. 能根据要求制定装配整体式混凝土框架结构施工方案；
3. 能分析装配整体式混凝土剪力墙结构常见的质量事故原因，提出防止和处理措施；
4. 能分析装配整体式混凝土框架结构常见的质量事故原因，提出防止和处理措施。

建筑规范

《装配式混凝土建筑技术标准》(GB/T 51231—2016)
《装配式混凝土结构技术规程》(JGJ 1—2014)

案例引入

某新建高层住宅工程，建筑面积为 16 000 m²，地下 1 层，地上 12 层，二层以下为现浇钢筋混凝土结构，二层以上为装配式混凝土结构，预制墙板钢筋采用套筒灌浆连接施工工艺。监理工程师在检查第四层外墙板安装质量时发现：钢筋套筒连接灌浆未满足规范要求，留置了 3 组边长为 70.7 mm 的立方体灌浆料标准养护试件，留置了 1 组边长 70.7 mm 的立方体坐浆料标准养护试件；施工单位选取第四层外墙板竖缝两侧 11 mm 的部位在现场进行淋水试验，对此要求整改。

案例分析

该案例中涉及装配式钢筋混凝土构件的安装、混凝土构件的检验、混凝土试件的养护、淋水试验、装配式混凝土预制构件钢筋套筒连接灌浆的质量要求等。

📋 问题导向

1. 了解装配式混凝土建筑技术标准和结构技术规程，并利用标准和规程分析案例，指出第四层外墙板施工中的不妥之处。

2. 在实际工程中与现浇钢筋混凝土进行比较，装配式混凝土结构工程具有哪些优点及缺点？

3. 装配式混凝土构件采用钢筋套筒连接灌浆质量的要求有哪些？

4. 装配式混凝土结构工程构件连接技术要求有哪些？

📄 所需知识

单元一　装配式混凝土结构施工的起重机械

一、起重机械的种类

（一）履带式起重机

履带式起重机是一种建筑施工用的自行式起重机（图 6-1），是一种利用履带行走的动臂旋转起重机。履带接地面积大，通过性好，适应性强，可带载行走，适用建筑工地的吊装作业，可进行挖土、夯土、打桩等多种作业。但因行走速度缓慢，不适宜长距离转移。

视频：装配式混凝土结构施工的起重机械

图 6-1　履带式起重机

履带式起重机由动力装置、工作机构以及动臂、转台、底盘等组成。选用时主要取决于起重量、工作半径和起吊高度（常称"起重三要素"，起重三要素之间，存在着相互制约的关系）。

履带式起重机的特点是操纵灵活，本身能回转360°，在平坦坚实的地面上能负荷行驶。由于履带的作用，可在松软、泥泞的地面上作业，且可以在崎岖不平的场地行驶。在装配式结构施工中，特别是单层工业厂房结构安装中，履带式起重机得到广泛的应用。履带式起重机的缺点是稳定性较差，不应超负荷吊装，行驶速度慢且履带易损坏路面，因而，转移时多用平板拖车装运。

(二)汽车式起重机

汽车式起重机是装在普通汽车底盘或特制汽车底盘上的一种起重机，其行驶驾驶室与起重操纵室分开设置(图 6-2)。这种起重机的优点是机动性好，转移迅速。缺点是工作时须支腿，不能负荷行驶，也不适合在松软或泥泞的场地工作。汽车式起重机的底盘性能等同于同样整车总重的载重汽车，符合公路车辆的技术要求，因而可在各类公路上通行无阻。此种起重机一般备有上、下车两个操纵室，作业时必须伸出支腿保持稳定。汽车式起重机起重量的范围很大，为 8～1 600 t，底盘的车轴数为 2～10 根。其是目前产量最大，使用最广泛的起重机类型。

图 6-2　汽车式起重机

(三)塔式起重机

塔式起重机是动臂装在高耸塔身上部的旋转起重机(图 6-3)。其工作范围大，主要用于多层和高层建筑施工中材料的垂直运输和构件安装。塔式起重机由金属结构、工作机构和

图 6-3　塔式起重机

电气系统三部分组成。金属结构包括塔身、动臂、底座、附着杆等；工作机构有起升、变幅、回转和行走四部分；电气系统包括电动机、控制器、配电框、连接线路、信号及照明装置等。

塔式起重机分上旋转式和下旋转式两类：

(1)上旋转式塔式起重机：其塔身不转动，回转支承以上的动臂、平衡臂等，通过回转机构绕塔身中心线做全回转。根据使用要求，其又分运行式、固定式、附着式和内爬式。运行式塔式起重机可沿轨道运行，工作范围大，应用广泛，宜用于多层建筑施工；如将起重机底座固定在轨道上或将塔身直接固定在基础上就成为固定式塔式起重机，其动臂较长；如在固定式塔式起重机塔身上每隔一定高度用附着杆与建筑物相连，即为附着式塔式起重机，它采用塔身接高装置使起重机上部回转部分可随建筑物增高而相应增高，用于高层建筑施工；将起重机安设在电梯井等井筒或连通的孔洞内，利用液压缸使起重机根据施工进程沿井筒向上爬升的称为内爬式塔式起重机，它节省了部分塔身、服务范围大、不占用施工场地，但对建筑物的结构有一定要求。

(2)下旋转式塔式起重机：其回转支承安装在底座与转台之间，除行走机构外，其他工作机构都布置在转台上一起回转。除轨道式外，还有以履带底盘和轮胎底盘为行走装置的履带式和轮胎式。它整机重心低，能整体拆装和转移，轻巧灵活，应用广泛，宜用于多层建筑施工。

塔式起重机的技术性能是用各种参数表示的，是起重机设计的依据，也是起重机安全技术要求依据。其基本参数有起重半径 R、起重量 Q、起重高度 H。

二、索具设备及锚锭

(一)卷扬机

卷扬机是用卷筒缠绕钢丝绳或链条提升或牵引重物的轻小型起重设备(图 6-4)。卷扬机可以垂直提升、水平或倾斜拽引重物。卷扬机分为手动卷扬机和电动卷扬机两种，可单独使用，也可作为起重、筑路和矿井提升等机械中的组成部件，因操作简单、绕绳量大、移置方便而广泛应用。

图 6-4　卷扬机

在建筑施工中常用的卷扬机分快速和慢速两种。快速卷扬机主要用于垂直运输、水平运输和打桩作业。慢速卷扬机主要用于结构吊装、钢筋冷拉等作业。

（二）滑轮组及钢丝绳

滑轮组是由多个动滑轮、定滑轮组装而成的一种简单机械，既可以省力也可以改变用力方向（图 6-5）。滑轮组的省力多少由绳子股数决定，重物和动滑轮的总重由 n 股绳子承担，提起重物所用的力就是总重的 $1/n$。其机械效率则由被拉物体重力、动滑轮重力及摩擦等决定。滑轮是一个周边有槽，能够绕轴转动的小轮。由可绕中心轴转动有沟槽的圆盘和跨过圆盘的柔索（绳、胶带、钢索、链条等）所组成的可以绕着中心轴旋转的简单机械叫作滑轮。

图 6-5　滑轮组及钢丝绳

（三）吊具

吊具是指起重机械中吊取重物的装置。吊具有吊钩、钢丝夹头、卡环、吊索等，是吊装时的重要辅助工具（图 6-6）。横吊梁又称为铁扁担，用于承受吊索对构件的轴向压力并能减小起吊高度，如图 6-7 所示。

图 6-6　专用吊具

图 6-7　横吊梁

吊件是受力的主要机械，连接构件与起重机械并受力。

（1）吊具、吊索的使用应符合施工安装安全规定。预制构件起吊时的吊点合力应与构件重心重合，宜采用标准吊具均衡起吊就位，应根据相应的产品标准和应用技术规定选用。

（2）预制混凝土构件吊点应提前设计好，在起吊构件时，为了使构件稳定，不出现摇摆、倾斜、转动、翻倒等现象，应根据预留吊点选择相应的吊具。无论采用几点吊装，都要始终使吊钩和吊具的连接点的垂线通过被吊构件的重心。

（3）吊具的选择。应根据被吊构件的结构、形状、体积、重量、预留吊点及吊装的要求，结合现场作业条件，确定合适的吊具。吊具选择必须保证吊索受力均匀。各承载吊索间的夹角一般不应大于60°，其合力作用点必须保证与被吊构件的重心在同一条铅垂线上，保证在吊运过程中吊钩与被吊构件的重心在同一条铅垂线上。

（四）地锚

地锚按设置形式分桩式地锚和水平地锚两种。桩式地锚适用固定受力不大的缆风绳，结构吊装中很少使用。水平地锚（图 6-8）是将几根圆木（方木或型钢）用钢丝绳捆绑在一起，横放在地锚坑底，钢丝绳的一端从坑前端的槽中引出，绳与地面的夹角应等于缆风与地面的夹角，然后用土石回填夯实。圆木埋入深度及圆木的数量应根据地锚受力的大小和土质而定，一般埋入深度为 $1.5\sim2$ m 时，可受力 $30\sim150$ kN，圆木的长度为 $1\sim1.5$ m。当拉力超过 75 kN 时，地锚横木上应增加压板。当拉力大于 150 kN 时，应用立柱和木壁加强，以增加土的横向抵抗力。

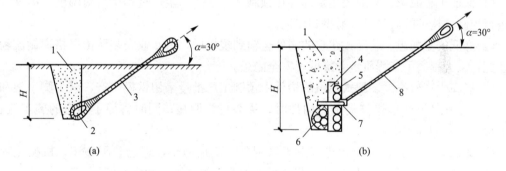

图 6-8　水平锚锭构造

(a)拉力在 30 kN 以下；(b)拉力为 100～400 kN

1—回填土逐层夯实；2—地龙木 1 根；3—钢丝绳或钢筋；4—柱木；
5—挡木；6—地龙木 3 根；7—压板；8—钢丝绳或钢筋环

单元二　装配式混凝土构件的吊装

装配式混凝土建筑是指以工厂化生产的混凝土预制构件为主，通过现场装配的方式设计建造的混凝土结构类房屋建筑。构件的装配方法一般有现场后交叠合层混凝土、钢筋锚固后浇混凝土连接等，钢筋连接可采用套筒灌浆连接、焊接、机械连接及预留孔洞搭接连接等做法。装配式混凝土建筑是建筑工业化最重要的方式，它具有提高质量、缩短工期、节约能源、减少消耗、清洁生产等许多优点。

一、装配式混凝土建筑概述

(一)装配式混凝土建筑的特点

(1)主要构件在工厂或现场预制，采用机械吊装，可与现场各专业施工同步进行，具有施工速度快、工程建设周期短、利于冬期施工的特点。

(2)构件预制采用定型模板平面施工作业，代替现浇结构立体交叉作业，具有生产效率高、产品质量好、安全环保、有效降低成本等特点。

(3)在预制构件生产环节可采用反打一次成型工艺或立模工艺将保温、装饰、门窗附件等特殊要求的功能高度集成，减少了物料损耗和施工工序。

(4)由于对从业人员的技术管理能力和工程实践经验要求较高，装配式建筑的设计施工应做好前期策划，具体包括工期进度计划、构件标准深化设计及资源优化配置方案等。

(二)装配式混凝土建筑的优势

装配式混凝土建筑在生产方式上的转变，主要体现为五化：即建筑设计标准化、部品生产工厂化、现场施工装配化、结构装修一体化和建造过程信息化。因此，与传统建筑相比，装配式混凝土建筑呈现出如下优势：

(1)保证工程质量。装配式建筑构件在预制工厂生产，生产过程中可对温度、湿度等条件进行控制，构件的质量更容易得到保证。

(2)降低安全隐患。装配式建筑的构件运输到现场后，由专业安装队伍严格遵循流程进行装配，大大提高了工程质量并降低了安全隐患。

(3)提高生产效率。装配式建筑的构件由预制工厂批量采用钢模生产，减少脚手架和模板数量，尤其是生产形式较复杂的构件时，优势更为明显；同时省掉了相应的施工流程，大大提高了时间利用率。

(4)降低人力成本。装配式建筑由于采用预制工厂施工，现场装配施工，机械化程度高，减少现场施工及管理人员数量，节省了人工费，提高了劳动生产率。

(5)节能环保，减少污染。装配式建筑循环经济特征显著，由于采用的钢模板可循环使用，节省了大量脚手架和模板作业，节约了木材资源。此外，由于构件在工厂生产，现场湿作业少，大大减少了噪声和烟尘，对环境影响较小。

(6)模数化设计，延长建筑寿命。装配式建筑进行建筑设计时，首先对户型进行优选，在选定户型的基础上进行模数化设计和生产。由于采用灵活的结构形式，住宅内部空间可进一步改造，延长了住宅使用寿命。

(三)装配式混凝土建筑的分类

预制装配式混凝土建筑的预制构件主要有预制外墙、预制梁、预制柱、预制剪力墙、预制楼板、预制楼梯、预制露台等。装配式混凝土建筑按照预制构件的预制部位不同可分为全预制装配式混凝土结构体系和预制装配式整体式混凝土结构体系。

1. 全预制装配式结构

全预制装配式结构，是指所有结构构件均在工厂内生产，运至现场进行装配。全预制装配式结构通常采用柔性连接技术，所谓柔性连接是指连接部位抗弯能力比预制构件低，因此，地震作用下弹塑性变形通常发生在连接处，而梁柱构件本身不会被破坏，或者是变形在弹性范围内。因此，全预制装配式结构的恢复性能好，震后只需对连接部位进行修复即可继续使用，具有较好的经济效益。

全装配式建筑的维护结构可以采用现场砌筑或浇筑，也可以采用预制墙板。它的主要优点是生产效率高，施工速度快，构件质量好，受季节性影响小，在建设量较大而又相对稳定的地区，采用工厂化生产可以取得较好的效果。

2. 预制装配整体式结构

预制装配整体式结构，是指部分结构构件在工厂内生产，如预制外墙、预制内隔墙、半预制露台、半预制楼板、半预制梁、预制楼梯等预制构件，预制构件运至现场后，与主要竖向承重构件（预制或现浇梁柱、剪力墙等）通过叠合层现浇楼板浇筑成整体的结构体系。

预制装配整体式结构通常采用强连接节点，由于强连接的装配式结构在地震中依靠构件截面的非弹性变形耗能能力，因此能够达到与现浇混凝土现浇结构相同或相近的抗震能力，具有良好的整体性能，具有足够的强度、刚度和延性，能安全抵抗地震力。

预制装配整体式结构的主要优点是生产基地一次投资比全装配式少，适应性大，节省运输费用，便于推广。在一定条件下也可以缩短工期，实现大面积流水施工，结构的整体性良好，并能取得较好的经济效果。

（四）装配式构件进场验收

各种装配式构件的验收如图 6-9 所示。

(a)   (b)

(c)   (d)

图 6-9　各种装配式构件的验收

(a)墙板对角尺寸验收；(b)墙板高度验收；(c)墙板门窗洞口尺寸验收；(d)墙板平整度验收

（1）预制构件进场首先检查构件合格证并附构件出厂混凝土同条件抗压强度报告。

（2）预制构件进场检查构件标识是否准确、齐全。

1）型号标识：类别、连接方式、混凝土强度等级、尺寸。

2）安装标识：构件位置、连接位置。

3）装配式构件质量验收项目，见表6-1。

4）装配式构件结构性能验收项目，见表6-2。

表 6-1　装配式构件质量验收项目

序号	验收项目	验收要求
1	预制混凝土构件观感质量检验	满足要求
2	预制混凝土构件尺寸及其误差	满足要求
3	预制混凝土构件间结合构造	满足要求
4	预留连接孔洞的深度及垂直度	满足要求
5	灌浆孔与排气孔是否畅通	对应检查标识
6	预制混凝土构件端部各种线管出入口的位置	准确
7	吊装、安装预埋件的位置	准确
8	叠合面处理	符合要求

表 6-2　装配式构件结构性能验收项目

序号	验收项目	验收要求
1	预制混凝土构件的混凝土强度	符合设计要求
2	预制混凝土构件的钢筋力学性能	符合设计要求
3	预制混凝土构件的隐蔽工程验收	合格
4	预制混凝土构件的结构实体检验	合格

（五）测量放线

测量放线是装配整体式混凝土施工中要求最为精确的一道工序，对确定预制构件安装位置起着重要作用，也是后序工作位置准确的保证。预制构件安装放线遵循先整体后局部的程序。先放大墙位置线，后放小墙位置线；先放承重墙位置线，后放非承重墙位置线。装配式工程测量放线必须准确无误。

二、预制混凝土柱施工

1. 预制框架柱吊装施工流程

预制框架柱吊装施工流程：预制框架柱进场、验收→按图放线→安装吊具→预制框架柱扶直→预制框架柱吊装→预留钢筋就位→水平调整、竖向校正→安放斜支撑固定→摘钩。

2. 施工要点

（1）检查预制框架柱进场的尺寸、规格，混凝土的强度是否符合设计和规范要求，检查柱上预留套管及预留钢筋是否满足图纸要求，套管内是否有杂物；同时做好记录，并与现场预留套管的检查记录进行核对。

（2）根据预制框架柱平面各轴的控制线和柱框线校核预埋套管位置的偏移情况，并做好记录，若预制框架柱有小距离的偏移需借助就位设备进行调整，无问题方可进行吊装。

（3）吊装前在柱四角放置金属垫块，以利于预制柱的垂直度校正，按照设计标高，结合柱子长度对偏差进行确认。用经纬仪控制垂直度，若有少许偏差运用千斤顶等进行调整。

（4）预制框架柱初步就位时应将预制柱下部钢筋套筒与下层预制柱的预留钢筋初步试对，无问题后准备进行固定。

（5）预制框架柱接头连接采用套筒灌浆连接技术。

1）封边。柱脚四周采用坐浆材料封边，形成密闭灌浆腔，保证在最大灌浆压力（约1 MPa）下密封有效。

2）灌浆。用灌浆泵（枪）从接头下方的灌浆孔处向套筒内压力灌浆，特别注意正常灌浆浆料要在自加水搅拌开始 20～30 min 灌完，以尽量保留一定的操作应急时间。

3）封堵。接头灌浆时，待接头上方的排浆孔流出浆料后，及时用专用橡胶塞封堵。灌浆泵（枪）口撤离灌浆孔时，也应立即封堵。通过水平缝连通腔一次向构件的多个接头灌浆时，应按浆料排出先后依次封堵灌浆排浆孔，封堵时灌浆泵（枪）一直保持灌浆压力，直至所有灌排浆孔出浆并封堵牢固后再停止灌浆。如有漏浆须立即补灌损失的浆料。在灌浆完成、浆料凝结前，应巡视检查已灌浆的接头，如有漏浆及时处理。

特别提示

同一仓只能用一个灌浆孔灌浆，不能同时选择两个以上孔灌浆；同一仓应连续灌浆，不得中途停顿，如果中途停顿，再次灌浆时，应保证已灌入的浆料有足够的流动性，还需要将已经封堵的出浆孔打开，待灌浆料再次流出后逐个封堵出浆孔。

三、预制混凝土梁施工

1. 预制框架梁吊装施工流程

预制框架梁吊装施工流程：预制框架梁进场、验收→按图纸要求放线（梁搁柱头边线）→设置梁底支撑→拉设安全绳→预制梁起吊→预制梁就位安放→微调控位→摘钩。

2. 施工要点

（1）弹控制线。测出柱顶与梁底标高误差，柱上弹出梁边控制线。

（2）注写编号。在构件上标明每个构件所属的吊装顺序和编号，便于吊装人员辨认。

（3）梁底支撑。梁底支撑采用立杆支撑＋可调顶托＋100 mm×100 mm 木方，预制梁的标高通过支撑体系的顶丝来调节。

（4）起吊（图 6-10）。

1）梁起吊时，用吊索钩住扁担梁的吊环，吊索应有足够的长度以保证吊索和扁担梁之间的角度≥60°。

2）当梁初步就位后，两侧借助柱头上的梁定位线将梁精确校正，在调平的同时将下部可调支撑上紧，这时方可松去吊钩。

3）主梁吊装结束后，根据柱上已放出的梁边和梁端控制线，检查主梁上的次梁缺口位置是否正确，如不正确，需做相应处理后方可吊装次梁，梁在吊装过程中要按柱对称吊装，如图 6-11 所示。

图 6-10 预制梁起吊

图 6-11 梁的吊装

(5)预制梁板柱接头连接(图 6-12)。

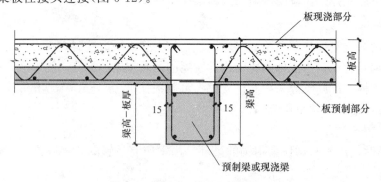

图 6-12 预制板与梁之间的连接

1)键槽混凝土浇筑前应将键槽内的杂物清理干净，并提前 24 h 浇水湿润。

2)键槽钢筋绑扎时，为确保钢筋位置的准确，键槽预留 U 形开口箍，待梁柱钢筋绑扎完成，在键槽上安装 ∩ 形开口箍与原预留 U 形开口箍双面焊接缝长度为 5d（d 为钢筋直径）。

四、预制混凝土墙施工

1. 预制混凝土剪力墙吊装施工流程

预制混凝土剪力墙吊装施工流程：预制剪力墙进场、验收→按图纸要求放线→安装吊具→预制剪力墙扶直→预制剪力墙吊装→预留钢筋插入就位→水平调整、竖向校正→安放斜支撑固定→摘钩。

2. 预制混凝土剪力墙吊装施工要点

（1）吊装准备。

1）吊装就位前将所有柱、墙的位置在地面弹好墨线，根据后置埋件布置图，采用后钻孔法安装预制构件定位卡具，并进行复核检查。

2）对起重设备进行安全检查，并在空载状态下对吊臂角度、负载能力、吊绳等进行检查，对吊装困难的部件进行空载实际演练（必须进行），将手拉葫芦、斜撑杆、膨胀螺栓、扳手、2 m 靠尺、开孔电钻等工具准备齐全，操作人员对操作工具进行清点。

3）检查预制构件预留灌浆套筒是否有缺陷、杂物和油污，保证灌浆套筒完好；提前架好经纬仪、激光水准仪并调平。

4）填写施工准备情况登记表，施工现场负责人检查核对签字后方可开始吊装。

（2）吊装。

1）吊装时采用带手拉葫芦的扁担式吊装设备，加设揽风绳。

2）顺着吊装前所弹墨线缓缓下放墙板，吊装经过的区域下方设置警戒区，施工人员应撤离，由信号工指挥，就位时待构件下降至距作业面 1 m 左右高度时施工人员方可靠近操作，以保证操作人员的安全，如图 6-13 所示。

图 6-13　预制剪力墙对位安装

3）墙板下放好金属垫块，垫块可保证墙板底标高的准确性（也可提前在预制墙板上安装定位角码，顺着定位角码的位置安放墙板）。

4）墙板底部若局部套筒未对准，可使用手拉葫芦将墙板手动微调，重新对孔。

5）底部没有灌浆套筒的外填充墙板直接顺着角码缓缓放下墙板。垫板造成的空隙可用坐浆方式填补。为防止坐浆料填充到外叶板之间，在苯板处补充 50 mm×20 mm 的保温板（或橡胶止水条）堵塞缝隙，如图 6-14 所示。

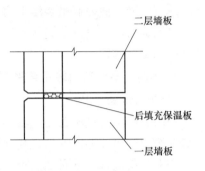

图 6-14　后填充保温板

（3）安放斜撑（图 6-15）。

1）墙板垂直坐落在准确位置后，使用激光水准仪复核水平是否有偏差，无误差后，利用预制墙板上的预埋螺栓和地面后置膨胀螺栓安装斜支撑杆，检测预制墙体垂直度及复测墙顶标高后，利用斜撑杆调节好墙体的垂直度，方可松开吊钩。

图 6-15　安放斜撑

2）调节斜撑杆完毕后，再次校核墙体的水平位置和标高、垂直度、相邻墙体的平整度。其检查工具包括经纬仪、水准仪、靠尺、水平尺（或软管）、线坠、拉线等。

3. 预制混凝土外墙挂板吊装施工流程

预制混凝土外墙挂板吊装施工流程：预制墙板进场、验收→放线→安装固定件→安装预制挂板→缝隙处理→安装完毕。

4. 预制混凝土外墙挂板吊装施工要点

（1）外墙挂板施工前准备。预制构件控制线应由轴线引出，每块预制构件应有纵横控制线两条；预制外墙挂板安装前应在墙板内侧弹出竖向与水平线，安装时应与楼层上该墙板控制线相对应。当采用饰面砖外装饰时，饰面砖竖向、横向砖缝应引测。贯通到外墙内侧来控制相邻板与板之间、层与层之间饰面砖砖缝对直；预制外墙板垂直度测量，4 个角留设的测点为预制外墙板转换控制点，用靠尺以此 4 点在内侧进行垂直度校核和测量；应在预制外墙板顶部设置水平标高点，在上层预制外墙板吊装时，应先垫垫块或在构件上预埋标高控制调节件。

（2）外墙挂板的吊装（图 6-16）。预制构件应按照施工方案吊装顺序预先编号，严格按照编号顺序起吊；吊装应采用慢起、稳升、缓放的操作方式，应系好缆风绳控制构件转动；

在吊装过程中，应保持稳定，不得偏斜、摇摆和扭转。

图 6-16　外墙挂板的吊装

（3）外墙挂板底部固定、外侧封堵。外墙挂板底部坐浆材料的强度等级不应小于被连接的构件强度，坐浆层的厚度不应大于 20 mm，外墙挂板外侧为了防止坐浆料外漏，应在外侧保温板部位固定 50 mm 宽×20 mm厚的具备 A 级保温性能的材料进行封堵。预制构件吊装到位后应立即进行下部螺栓固定并做好防腐防锈处理。上部预留钢筋与叠合板钢筋或框架梁预埋件焊接。

（4）预制外墙挂板连接接缝采用防水密封胶施工时应符合下列规定：

1）预制外墙挂板外侧水平、竖直接缝的防水密封胶封堵前，侧壁应清理干净，保持干燥。嵌缝材料应与挂板牢固粘结，不得漏嵌和虚粘。

2）外侧竖缝及水平缝防水密封，防水密封胶应在预制外墙挂板校核固定后嵌填，先安放填充材料，然后注胶。防水密封胶应均匀顺直，饱满密实，表面光滑连续。

3）外墙挂板"十"字拼缝处的防水密封胶注胶连续完成。

5. 预制内隔墙吊装施工流程

预制内隔墙吊装施工流程：预制内隔墙板进场、验收→按图纸要求放线→安装固定件→安装预制内墙隔板→灌浆→粘贴网格布→勾缝→安放完毕。

6. 预制内隔墙吊装施工要点

（1）对照图纸在现场弹出轴线，并按设计标明每块板的位置。

（2）按照施工方案吊装顺序预先编号。将安装位洒水润湿，地面上、墙板下放好垫块。沿着所弹墨线缓缓下放，直至坐浆密实，利用预制墙板上的预埋螺栓和地面后置膨胀螺栓安装斜支撑杆，复测墙板顶标高后方可松开吊钩。

利用斜撑杆调节墙板垂直度；刮平并补齐底部缝隙的坐浆；复核墙体的水平位置和标高、垂直度、相邻墙体的平整度。

（3）内填充墙底部坐浆、墙体临时支撑。坐浆层的厚度不应大于 20 mm，预制构件吊装到位后，应立即进行墙体的临时支撑工作，每个预制构件的临时支撑不宜少于 2 道，其支撑点距离板底的距离不宜小于构件高度的 2/3，且不应小于构件高度的 1/2，安装好斜支撑后，通过微调临时斜支撑使预制构件的位置和垂直度满足规范要求，最后拆除吊钩，进行下一块墙板的吊装工作。

五、预制混凝土楼板施工

1. 预制混凝土楼板吊装施工流程

预制混凝土楼板吊装施工流程：预制叠合板进场、验收→放线（板搁梁边线）→搭设叠合板底支撑→预制叠合板吊装→预制叠合板就位→预制叠合板微调定位→摘钩。

2. 预制混凝土楼板施工要点

（1）进场验收。

1）进场验收主要检查资料和外观质量，防止在运输过程中发生损坏现象。

2）预制叠合板进入工地现场，堆放场地应夯实平整，并应防止地面不均匀下沉。预制带肋底板应按照不同型号、规格分类堆放。预制带肋底板应采用板肋朝上叠放的堆放方式，严禁倒置，各层预制带肋底板下部应设置垫木，垫木应上下对齐，不得脱空，如图 6-17 所示。

图 6-17　预制叠合板堆放方式

（2）弹控制线和注写编号。在每条吊装完成的梁或墙上测量并弹出相应预制板四周控制线，并在构件上标明每个构件所属的吊装顺序和编号，便于吊装人员辨认。

（3）板底支撑（图 6-18）。在叠合板两端部位设置临时可调节支撑杆，预制楼板的支撑设置应符合以下要求：

图 6-18　叠合板跨中加设支撑

1)支撑架体应具有足够的承载能力、刚度和稳定性,应能可靠地承受混凝土构件的自重和施工过程中所产生的荷载及风荷载。

2)确保支撑系统的间距及距离墙、柱、梁边的净距符合系统验算要求,上下层支撑应在同一直线上。板下支撑间距不大于3.3 m,当支撑间距大于3.3 m且板面施工荷载较大时,跨中需在预制板中间加设支撑。

(4)起吊。

1)在可调节顶撑上架设木方,调节木方顶面至板底设计标高,开始吊装预制楼板。

2)预制带肋底板的吊点位置应合理设置,起吊就位应垂直平稳,两点起吊或多点起吊时吊索与板水平面所成夹角不应小于45°。

3)吊装应按顺序连续进行,板吊至柱上方3～6 cm后,调整板位置使锚固筋与梁箍筋错开便于就位,板边线基本与控制线吻合。将预制楼板坐落在木方顶面,及时检查板底与预制叠合梁的接缝是否到位,预制楼板钢筋入墙长度是否符合要求,直至吊装完成。

六、预制混凝土楼梯施工

1. 预制混凝土楼梯吊装施工流程

预制混凝土楼梯吊装施工流程:预制楼梯进场、验收→放线→预制楼梯吊装→预制楼梯安装就位→预制楼梯微调定位→吊具拆除。

2. 预制混凝土楼梯吊装施工要点

(1)确定控制线。楼梯间周边梁板叠合后,测量并弹出相应楼梯构件端部和侧边的控制线。

(2)试吊。调整索具铁链长度,使楼梯段休息平台处于水平位置,试吊预制楼梯板,检查吊点位置是否准确,吊索受力是否均匀等;试起吊高度不应超过1 m。

(3)吊装(图6-19)。

1)楼梯吊至梁上方30～50 cm后,调整楼梯位置使上下平台锚固筋与梁箍筋错开,板边线基本与控制线吻合。

2)根据楼梯控制线,用就位协助设备等将构件根据控制线精确就位,先保证楼梯两侧准确就位,再使用水平尺和手拉葫芦调节楼梯水平。

图6-19 预制楼梯的吊装

单元三 钢筋套筒灌浆连接

钢筋套筒灌浆是通过空气压缩机将空气由气管输送至灌有搅拌充分的钢筋连接用高性能灌浆料的灌浆压力罐，在压力的作用下，将罐内的灌浆料拌合物压出，通过导管从灌浆孔压入封堵严密的预制构件灌浆仓，从而完成灌浆。

硬化后的灌浆料分别与钢筋和灌浆套筒产生握裹作用。将一根钢筋中的力传递至另一根钢筋，实现钢筋连续可靠传力。

钢筋套筒灌浆连接接头由钢筋、灌浆套筒、灌浆料三种材料组成，其中，灌浆套筒按加工方式分为铸造灌浆套筒和机械加工灌浆套筒；按结构形式分为半灌浆套筒和全灌浆套筒(图 6-20)，半灌浆套筒连接的接头一端为灌浆连接，另一端为机械连接；全灌浆套筒接头两端均采用灌浆方式连接钢筋。

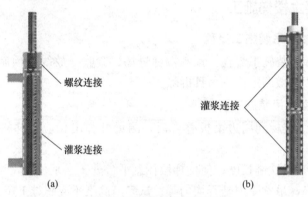

图 6-20 钢筋套筒灌浆连接

(a)半灌浆套筒；(b)全灌浆套筒

灌浆套筒型号由名称代号、分类代号、主参数代号和产品更新变形代号组成。灌浆套筒主参数为被连接钢筋的强度级别和直径。灌浆套筒型号表示如图 6-21 所示。

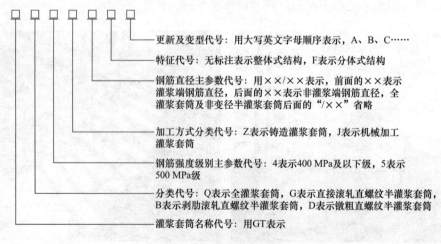

更新及变型代号：用大写英文字母顺序表示，A、B、C……

特征代号：无标注表示整体式结构，F表示分体式结构

钢筋直径主参数代号：用××/××表示，前面的××表示灌浆端钢筋直径，后面的××表示非灌浆端钢筋直径，全灌浆套筒及非变径半灌浆套筒后面的"/××"省略

加工方式分类代号：Z表示铸造灌浆套筒，J表示机械加工灌浆套筒

钢筋强度级别主参数代号：4表示400 MPa及以下级，5表示500 MPa级

分类代号：Q表示全灌浆套筒，G表示直接滚轧直螺纹半灌浆套筒，B表示剥肋滚轧直螺纹半灌浆套筒，D表示镦粗直螺纹半灌浆套筒

灌浆套筒名称代号：用GT表示

图 6-21 灌浆套筒型号

例如：GTQ4Z-40 表示连接标准屈服强度为 400 MPa，钢筋直径为 40 mm，采用铸造加工的整体式全灌浆套筒；GTB5J-36/32 A 表示连接标准屈服强度为 500 MPa，灌浆端连接直径 36 mm 钢筋，非灌浆端连接直径 32 mm 钢筋，采用机械加工方式加工的剥肋滚轧直螺纹半灌浆套筒的第一次变型。

一、钢筋套筒灌浆连接施工流程

钢筋套筒灌浆连接施工流程如图 6-22 所示。

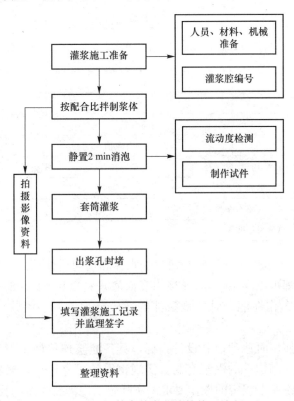

图 6-22　钢筋套筒灌浆连接施工流程

二、钢筋套筒灌浆连接技术要点

1. 灌浆分仓、封仓

预制墙板吊装就位，调校完成后，进行坐浆砂浆分仓、封仓等工序施工。当用连通腔灌浆方式时，每个连通灌浆区域(仓室长度)不宜超过 1 500 mm。有套筒群部位则整个套筒群可独立作为一个灌浆仓。

先将专用工具塞入预制墙板下方 20 mm 缝隙。将坐浆砂浆放置于托板上。用另一专用工具塞填砂浆。分仓砂浆带宽度为 30～50 mm，分仓完成后进行封仓施工。首先将封仓专用工具伸入 20 mm 缝隙，作为抹封仓砂浆的挡板，伸入墙体长度控制为 5～10 mm，保证套筒插筋的保护层厚度满足规范要求。然后用搅拌好的坐浆砂浆进行封仓施工。

2. 灌浆料

钢筋连接用套筒灌浆料是以水泥为基本材料，配以细集料及混凝土外加剂和其他材料组成的干混料，加水搅拌后具有良好的流动性、早强、高强、微膨胀等性能，填充于套筒和带肋钢筋间距，简称"套筒灌浆料"。

(1)灌浆料性能指标。《钢筋连接用套筒灌浆料》(JG/T 408—2019)中规定了灌浆料在标准温度和湿度条件下的各项性能指标的要求(表6-3)。其中抗压强度值越高，对灌浆接头连接性能越有帮助；流动度越高对施工作业越方便，接头灌浆饱满度越容易保证。

表 6-3　钢筋连接用套筒灌浆料主要性能指标

检测项目		性能指标
流动度/mm	初始	≥300
	30 min	≥260
抗压强度/MPa	1 d	≥35
	3 d	≥60
	28 d	≥85
竖向膨胀率/%	3 h	0.02~2
	24 h 与 3 h 差值	0.02~0.4
28 d 自干燥收缩/%		≤0.045
氯离子含量/%		≤0.03
泌水率/%		0
注：氯离子含量以灌浆料总量为基准		

(2)灌浆料使用注意事项。灌浆料是通过加水拌和均匀后使用的材料，不同厂家的产品配方设计不同，虽然都可以满足《钢筋连接用套筒灌浆料》(JG/T 408—2019)所规定的性能指标，但具有不同的工作性能，对环境条件的适应能力不同，灌浆施工的工艺也会有所差异。

为了确保灌浆料使用时达到产品设计指标，具备灌浆连接施工所需要的工作性能，并能最终顺利地灌注到预制构件的灌浆套筒，实现钢筋的可靠连接，操作人员需要严格掌握并准备执行产品使用说明书规定的操作要求。实际施工中需要注意的要点如下：

1)灌浆料使用时应检查产品包装上印制的有效期和产品外观，无过期情况和异常现象后方可开袋使用。

2)严格按照规定配合比及拌合工艺拌制灌浆材料。干料和搅拌水的用量比为1:0.12(质量比)，即2袋(25 kg/包)灌浆料加入6 kg水。首先在搅拌设备中加入部分水，再倒入2袋灌浆料，最后添加剩余的水量，搅拌时间约10 min。

3)待搅拌至10 min并出现均匀一致的浆体，静置2 min，浆体需静置消泡后方可使用。

4)浆体随用随搅拌，搅拌完成的浆体必须在30 min内用完，搅拌完成后不得再次加水，以防后续灌浆遇到意外情况时灌浆料可流动的操作时间不足。

5)流动度检测。灌浆料流动度是保证灌浆连接施工的关键性能指标，灌浆施工环境的温、湿度差异，影响着灌浆的可操作性。在任何情况下，流动度低于要求值的灌浆料都不能用于灌浆连接施工，以防止构件灌浆失败造成事故。

为此在灌浆施工前，应首先进行流动度的检测，在流动度值满足要求后方可施工。

每工作班应检查灌浆料拌合物初始流动度不少于1次，确认合格后，方可用于灌浆。

6)灌浆试块、试件制作。每工作班灌浆施工过程中，灌浆料拌合物现场制作40 mm×

40 mm×160 mm 的试块 3 组。灌浆过程中，每一工作班同一规格，每 500 个灌浆套筒连接接头制作 3 个相同灌浆工艺的平行试件，进行抗拉强度检验。检验结果应符合《钢筋机械连接技术规程》(JGJ 107—2016)的要求。

3. 灌浆

首先将搅拌好的灌浆料倒入灌浆筒，盖严拧紧灌浆筒封盖。连接灌浆筒与空压机通气管。灌浆管插入灌浆孔，空压机开始增压。调节进气阀门，采用低压力灌浆工艺，通过控制灌浆筒内压力来控制灌浆过程、浆体流速。灌浆料拌合物经灌浆筒增压，通过导管经注浆孔流入腔体与套筒。当灌浆料拌合物从构件其他灌浆孔、出浆孔流出且无气泡后及时用橡胶塞封堵。

同一块预制墙板有多个灌浆仓，当存在无灌浆套筒的灌浆仓时，首先灌注无套筒的灌浆仓，有套筒的灌浆仓注浆时选择靠近无套筒的灌浆仓一侧的注浆孔。如果离无套筒的灌浆仓最近的注浆孔不便封堵，则可向相反方向顺延一个。所有灌浆套筒的出浆孔均排出浆体并封堵后，调低灌浆设备的压力，开始保压(0.1 MPa)1 min。保压期间随机拔掉少数出浆孔橡胶塞。观察到灌浆料从出浆孔喷涌出时，要迅速再次封堵。经保压后拔除灌浆管。拔除灌浆管到封堵橡胶塞时间，间隔不得超过 1 s，避免灌浆仓内经过保压的浆体溢出灌浆仓，造成灌浆不实。

4. 填写灌浆施工检查记录表

灌浆施工必须由专职质检人员及经理人员全过程旁站监督，每块预制墙板均要填写《灌浆施工检查记录表》，并留存照片和视频资料。灌浆施工检查记录表由灌浆作业人员、施工专职质检人员及监理人员共同签字确认。

5. 作业面清理

施工完成后及时清理作业面，对于不可循环使用的建筑垃圾，应收集到现场封闭式垃圾站。做到工完场清，以便后续工序施工，散落的灌浆料拌合物不得二次使用。剩余的拌合物不得再次添加灌浆料、水后混合使用。

6. 漏浆、无法出浆处理

当灌浆完成后发现渗漏，必须进行二次补浆，二次补浆压力应比注浆时压力稍低，补浆时需打开靠近漏浆部位的出浆孔。

选择距漏浆部位最近的灌浆孔进行注浆，待浆体流出，无气泡后用橡胶塞封堵，然后打开最近的出浆孔，待浆体流出，且无气泡后用橡胶塞封堵，依次进行。当灌浆施工发生无法出浆的情况时，在灌浆料加水拌和 30 min 内应首选在灌浆孔补灌，当灌浆料拌合物已无法流动时，可从出浆孔补灌，并应采用手动设备结合细管压力灌浆。

7. 后续工序施工

灌浆料同条件养护试件抗压强度达到 35 N/mm² 后，方可进行对预制墙板有扰动的后续施工。

三、质量保证措施

1. 灌浆连接接头性能和套筒质量

在确认接头和套筒产品的检测报告符合要求后，用接头拉伸试验确认实际材料的连接质量。

接头拉伸试件应采用构件生产用连接钢筋及接头型式检验确定的配套灌浆料，模拟现场连接工况制作每规格一组（3根）接头，灌浆连接可按现场极限情况，钢筋在套筒内贴壁安装，灌浆连接后用薄膜密封，在无水、室温的条件下养护28 d后进行拉伸试验，试验结果、试件强度应达到设计指标。

2. 钢筋与套筒连接质量或钢筋预安装精度

钢筋与套筒连接应采用专业的模板，配备专用的钢筋、套筒固定件。

模板上加工的钢筋、套筒定位孔位置偏差控制在±0.5 mm范围内；专用固定件与模板的安装间隙不超过1.0 mm；专用固定件固定钢筋或套筒后的轴线偏差应控制在±0.5 mm范围内。为将钢筋外径和套筒内径尺寸偏差对轴线定位精度的影响降至最小，宜采用可调节钢筋固定件和弹性定位轴套筒固定件，如图6-23所示。

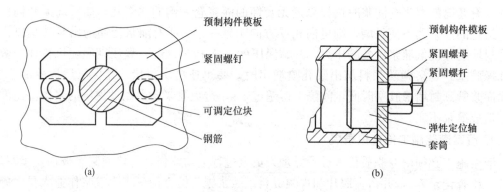

图6-23　可调式钢筋固定件应用示意图

（a）钢筋固定件；（b）套筒固定件

（1）半灌浆接头钢筋与套筒连接（图6-24）。半灌浆接头在预制构件时，先将一端连接钢筋与套筒连接好后再预埋在预制构件内。直螺纹连接的半灌浆接头在预制工厂的连接施工中，须确保钢筋螺纹加工的尺寸精度和钢筋与套筒连接的拧紧力矩，保证其质量的措施就是按照《钢筋机械连接技术规程》（JGJ 107—2016）中钢筋直螺纹丝头加工与安装的相关要求执行。

图6-24　半灌浆接头的预制构件生产

（a）钢筋丝头加工；（b）钢筋笼成品；（c）预制柱成品

钢筋端部应切平或镦平后加工螺纹；镦粗头不得有与钢筋轴线相垂直的横向裂纹；钢筋丝头加工长度应满足产品设计要求；钢筋丝头宜满足 6f 级精度要求，并用专用直螺纹量规检验；钢筋连接安装时用管钳扳手拧紧，使钢筋丝头在套筒螺孔底部顶紧，安装后外露螺纹不超过 2P（P 为螺纹螺距）；安装后用扭力扳手校核拧紧扭矩，拧紧扭矩值应符合《钢筋机械连接技术规程》(JGJ 107—2016)中的规定；安装后按批验收，合格后再投入构件钢筋组装工序。

(2)全半灌浆接头钢筋的安装（图 6-25）。全灌浆接头在预制构件时，把连接钢筋插入套筒并达规定深度，套筒与钢筋间隙密封牢固，最后将连接钢筋和套筒固定，预埋在预制构件体内。在预制构件生产过程中，须确保钢筋插入套筒连接深度(该端灌浆锚固长度)、钢筋与套筒轴线平行度，以保证后续灌浆连接质量；确保钢筋与套筒间隙可靠密封，防止浇筑构件的混凝土灰浆进入套筒。为此，应采用以下措施：

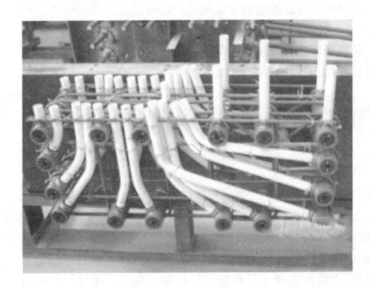

图 6-25　全灌浆接头预制构件生产

在套筒中设置防钢筋插入过深的限位凸台或定位销杆，防止预装钢筋插入过深；在套筒端部设置密封圈固定槽，保证密封件能可靠固定在套筒端部；钢筋安装前，在钢筋外表面标画两道标记，分别用于指引和检查钢筋插入位置；套筒固定在模板上后，用箍筋固定套筒另一端，连接钢筋插入套筒后也用箍筋固定，防止套筒、钢筋偏斜或钢筋位置窜动。

相比全灌浆接头，半灌浆接头的连接质量更有保证：一是半灌浆接头套筒与钢筋已连成一体，预埋端钢筋与套筒无须单独再做密封处理，定位更精确；二是在工厂，接头连接质量比现场容易保证，检验方便，合格率高；三是半灌浆接头将现场连接端头数量和灌浆量减少了一半，提高了现场连接效率，降低了发生意外的风险。全灌浆接头虽然连接钢筋无须加工，但需设密封钢筋与套筒的间隙，安装辅助工序较多，整个接头灌浆连接在结构安装现场进行，对操作人员素质和施工管理的要求较高，而且套筒尺寸大、灌浆用料多，质量风险大。因此，在预制剪力墙、柱中用半灌浆接头替代全灌浆接头，也是提高构件连接质量的一项重要措施。

单元四　后浇混凝土施工

一、竖向构件

1. 装配整体式混凝土结构后浇混凝土模板及支撑要求

（1）装配整体式混凝土结构的模板与支撑应根据工程结构形式、预制构件类型、荷载大小、施工设备和材料供应等条件确定，应具有足够的承载力、刚度和稳定性。

（2）模板与支撑安装应保证工程结构的构件各部分形状、尺寸和位置的准确，模板安装应牢固、严密、不漏浆，且应便于钢筋安装和混凝土浇筑、养护。

（3）预制构件接缝处宜采用与预制构件可靠连接的定型模板。定型模板与预制构件之间应用粘结密封条，在混凝土浇筑时节点处模板不应产生明显变形和漏浆。

（4）模板宜采用水性脱模剂。脱模剂应能有效减小混凝土与模板间的吸附力，并应有一定的成模强度，且不应影响脱模后混凝土表面的后期装饰。

（5）模板与支撑安装。

1）安装预制墙板、预制柱等竖向构件时，应采用可调斜支撑临时固定；斜支撑的位置应避免与模板支架、相邻支撑冲突。

2）夹心保温外墙板竖缝采用后浇混凝土连接时，宜采用工具式定型模板支撑，并应符合下列规定：

①定型模板应通过螺栓或预留孔洞拉结的方式与预制构件可靠连接；

②定型模板安装应避免遮挡预墙板下部灌浆预留孔洞；

③夹心墙板的外叶板应采用螺栓拉结或夹板等加强固定；

④墙板接缝部位及与定型模板连接处均应采取可靠的密封防漏浆措施；

⑤对夹心保温外墙板拼接竖缝节点后浇混凝土采用定型模板做了规定，通过在模板与预制构件、预制构件与预制构件之间采取可靠的密封防漏措施，使后浇混凝土与预制混凝土相接表面平整度符合验收要求。

3）采用预制保温作为免拆除外墙模板进行支模时，预制外墙模板的尺寸参数及与相邻外墙板之间拼接宽度应符合设计要求。安装时与内侧模板或相邻构件应连接牢固并采取可靠的密封防漏浆措施。预制梁柱节点区域后浇筑混凝土部分采用定型模板支模时，宜采用螺栓与预制构件可靠连接固定，模板与预制构件之间应采取可靠的密封防漏浆措施。

（6）模板与支撑拆除。

1）模板拆除时，应按照先拆非承重模板、后拆承重模板的顺序。水平结构模板应由跨中向两端拆除，竖向结构模板应自上而下进行拆除；多个楼层间连续支模的底层支架拆除时间，应根据连续支撑的楼层间荷载分配和后浇混凝土强度的增长情况确定；当后浇混凝土强度能保证构件表面及棱角不受损伤时，方可拆除侧模模板。

2）叠合构件的后浇混凝土同条件立方体抗压强度达到设计要求时，方可拆除龙骨及下一层支撑；当设计无要求时，同条件养护后浇混凝土立方体试件抗压强度应符合规范规定。

3）预制墙板斜支撑和限位装置应在连接节点和连接接缝部位后浇混凝土或灌浆料强度达到设计要求后拆除；当设计无具体要求时，后浇混凝土或灌浆料应达到设计强度的75％

以上方可拆除。

4)预制柱斜支撑应在预制柱与连接节点部位后浇混凝土或灌浆料强度达到设计要求且上部构件吊装完成后进行拆除。

5)拆除的模板和支撑应分散堆放并及时清运,应采取措施避免施工集中堆载。

2. 装配整体式混凝土结构竖向构件后浇混凝土的钢筋要求

(1)预制构件的钢筋连接可选用钢筋套筒灌浆连接接头。采用直螺纹钢筋灌浆套筒时,钢筋的直螺纹连接部分应符合现行行业标准《钢筋机械连接技术规程》(JGJ 107—2016)规定;钢筋套筒灌浆连接部分应符合设计要求及建筑工业行业标准《钢筋连接用灌浆套筒》(JG/T 398—2019)和《钢筋连接用套筒灌浆料》(JG/T 408—2013)规定。

(2)钢筋连接如果采用钢筋焊缝连接,接头应符合现行行业标准《钢筋焊接及验收规程》(JGJ 18—2012)的有关规定;如果采用钢筋机械连接接头应符合现行行业标准《钢筋机械连接技术规程》(JGJ 107—2016)的有关规定,机械连接接头部位的混凝土保护层厚度宜符合现行国家标准《混凝土结构设计规范(2015 年版)》(GB 50010—2010)中受力钢筋的混凝土保护层最小厚度的规定,且不得小于 15 mm;接头之间的横向净距不宜小于 25 mm;当钢筋采用弯钩或机械锚固措施时,钢筋锚固端的锚固长度应符合现行国家标准《混凝土结构设计规范(2015 年版)》(GB 50010—2010)的有关规定;采用钢筋锚固板时,应符合现行行业标准《钢筋锚固板应用技术规程》(JGJ 256—2011)的有关规定。

(3)钢筋套筒灌浆连接接头的预留钢筋应采用专用模具进行定位,并应符合下列规定:

1)定位钢筋中心位置存在细微偏差时,宜采用钢套管方式进行细微调整;

2)定位钢筋中心位置存在严重偏差影响预制构件安装时,应按设计单位确认的技术方案处理;应采用可靠的绑扎固定措施对连接钢筋的外露长度进行控制。

(4)预制构件的外露钢筋应防止弯曲变形,并在预制构件吊装完成后,对其位置进行校核与调整。

3. 装配整体式混凝土结构竖向构件后浇混凝土要求

(1)装配整体式混凝土结构施工应采用预拌混凝土。预拌混凝土应符合现行相关标准的规定。

(2)装配整体式混凝土结构施工中的结合部位或接缝处混凝土的工作性能应符合设计施工规定;当采用自密实混凝土时,应符合现行相关标准的规定。

(3)装配整体式混凝土结构工程在浇筑混凝土前应进行隐蔽项目的现场检查与验收。

(4)混凝土浇筑完毕后,应按施工技术方案要求及时采取有效的养护措施,并应符合下列规定:

1)应在浇筑完毕后的 12 h 以内对混凝土加以覆盖并养护;

2)浇水次数应能保持混凝土处于湿润状态;

3)采用塑料薄膜覆盖养护的混凝土,其敞露的全部表面应覆盖严密,并应保持塑料薄膜内有凝结水;

4)叠合层及构件连接处后浇混凝土的养护时间不应少于 14 d;

5)混凝土强度达到 1.2 MPa 前,不得在其上踩踏或安装模板及支架。

4. 后浇混凝土预制构件的表面处理

混凝土连接主要是预制构件与后浇混凝土的连接。为加强预制构件与后浇混凝土间的连接，预制构件与后浇混凝土的结合面要设置相应粗糙面和抗剪键槽。粗糙面处理即通过外力使预制构件与后浇混凝土结合处变得粗糙，露出碎石等集料。通常有人工凿毛法、机械凿毛法、缓凝水冲法三种方法。

（1）人工凿毛法。人工凿毛法是指工人使用铁锤和凿子剔除预制部件结合面的表皮，露出碎石集料，增加结合面的粘结粗糙度。此方法的优点是简单、易于操作；缺点是费工费时，效率低。

（2）机械凿毛法。机械凿毛法是使用专门的小型凿岩机配置梅花平头钻，剔除结合面混凝土的表皮，增加结合面的粘结粗糙度。此方法优点是方便快捷，机械小巧，易于操作；缺点是操作人员的作用环境差，有粉尘污染。

（3）缓凝水冲法。缓凝水冲法是混凝土结合面粗糙度处理的一种新工艺，是指在构件混凝土浇筑前，将含有缓凝剂的浆液涂刷在模板壁上；浇筑混凝土后，利用已浸润缓凝剂的表面混凝土与内部混凝土的凝结时间差，用高压水冲洗未凝固的表层混凝土，冲掉表面浮浆，显露出集料，形成粗糙的表面。此法具有成本低、效果佳、功效高且易于操作的优点，应用广泛。

二、水平构件

1. 装配整体式混凝土结构后浇混凝土模板及支撑要求
模板与支撑安装除满足竖向构件现浇连接部位的相关规定外，还应满足以下要求：
（1）叠合楼板施工要求。
1）叠合楼板的预制底板安装时，可采用龙骨及配套支撑，龙骨及配套支撑应进行设计计算；
2）宜选用可调整标高的定型独立钢支柱作为支撑，龙骨的顶面标高应符合设计要求；
3）应准确控制预制底板搁置面的标高；
4）浇筑叠合层混凝土时，预制底板上部应避免集中堆载。
（2）叠合梁施工要求。
1）预制梁下部的竖向支撑可采取点式支撑，支撑位置与间距应根据施工验算确定；
2）预制梁竖向支撑宜选用可调标高的定型独立钢支架；
3）预制梁的搁置长度及搁置面的标高应符合设计要求。

2. 装配整体式混凝土结构水平构件后浇混凝土钢筋要求
（1）预制梁柱节点区的钢筋安装要求如下：
1）节点区柱箍筋应预先安装于预制柱钢筋上，随预制柱一同安装就位；
2）预制叠合梁采用封闭箍筋时，预制梁上部纵筋应预先穿入箍筋内临时固定，并随预制梁一同安装就位；
3）预制叠合梁采用开口箍筋时，预制梁上部纵筋可在现场安装。
（2）叠合板上部后浇混凝土中的钢筋宜采用成型钢筋网片整体安装就位。
（3）装配整体式混凝土结构后浇混凝土施工时，应采取可靠的保护措施，防止钢筋偏移及受到污染。

3. 装配整体式混凝土结构水平构件后浇混凝土要求
后浇混凝土除满足竖向构件现浇连接部位的相关规定外，还应满足以下要求：

（1）叠合构件混凝土浇筑前，应清除叠合面上的杂物、浮浆及松散集料，表面干燥时应洒水润湿，洒水后不得留有积水。

（2）叠合构件混凝土浇筑前，应检查并校正预制构件的外露钢筋。

（3）叠合构件混凝土浇筑时，应采取由中间向两边的方式。

（4）叠合构件与周边现浇混凝土结构连接处，浇筑混凝土时应加密振捣点；叠合构件混凝土浇筑时，不应移动预埋件的位置，且不得污染预留外露连接部位。

（5）叠合构件上一层混凝土剪力墙吊装施工，应在剪力墙锚固的叠合构件后浇层混凝土达到足够强度后进行。

（6）水平构件连接混凝土还应满足以下要求：

1）装配整体式混凝土结构中预制构件的连接处混凝土强度等级不应低于所连接的各预制构件混凝土强度等级中的较大值。如预制梁、柱混凝土强度等级不同时，预制梁柱节点区混凝土应按强度等级高的混凝土浇筑。

2）用于预制构件连接处的混凝土或砂浆，宜采用无收缩混凝土或砂浆，并宜采取提高混凝土或砂浆早期强度的措施；在浇筑过程中应振捣密实。

单元五　装配式混凝土结构质量要求及安全措施

一、预制构件进场验收要求

装配式混凝土结构工程施工质量验收应划分为单位工程、分部工程、分项工程、子项工程和检验批进行验收。预制构件进场，使用方应进行进场检验，验收合格并经监理工程师批准后方可使用。

对工厂生产的预制构件，进场时应检查其质量证明文件和表面标识。预制构件的质量、标识应符合设计要求及现行国家相关标准规定。

（1）检查数量：全数检查。

（2）检验方法：观察检查、检查出厂合格证及相关质量证明文件。

1）预制构件应具有出厂合格证及相关质量证明文件，包括混凝土强度报告、钢筋复试报告、钢筋套筒灌浆接头复试报告、保温材料复试报告、面砖及石材拉拔试验报告、结构性能检验报告等相关文件。

2）预制构件生产企业的产品合格证应包括合格证编号、构件编号、产品数量、预制构件型号、质量情况、生产企业名称、生产日期、出厂日期、质检员和质量负责人签名等。

3）表面标识通常包括项目名称、构件编号、安装方向、质量合格标志、生产单位等信息，标识应易于识别及使用。

二、预制构件安装质量要求

（1）预制构件安装就位后，连接钢筋、套筒或浆锚的主要传力部位不应出现影响结构性能和构件安装施工的尺寸偏差。

对已出现的影响结构性能的尺寸偏差，应由施工单位提出技术处理方案，并经监理(建设)单位认可后进行处理。经过处理的部位，应重新检查验收。

1)检查数量：全数检查。

2)检验方法：观察，检查技术处理方案。

预制构件安装过程中，往往因各种原因使连接钢筋和套筒等主要传力部位出现尺寸偏差，严重时可能会影响到结构性能、使用工程和耐久性，必须对尺寸偏差处理合格后，方能进入下一道工序。

(2)预制构件安装完成后，外观质量不应有影响结构性能的缺陷，且不宜有一般缺陷。对已经出现的影响结构性能的缺陷，应由施工单位提出技术处理方案，并经监理(建设)单位认可后进行处理。对经处理的部位，应重新检查验收。

1)检查数量：全数检查。

2)检验方法：观察，检查技术处理方案。

预制构件外观质量判定方法见表 6-4。

表 6-4　预制构件外观质量判定方法

项目	现象	质量要求	判定方法
露筋	钢筋未被混凝土完全包裹而外露	受力主筋不应有，其他构造钢筋和箍筋允许少量	观察
蜂窝	混凝土表面石子外露	受力主筋部位和支撑点位置不应有，其他部位允许少量	观察
孔洞	混凝土中孔穴深度和长度超过保护层厚度	不应有	观察
夹渣	混凝土中夹有杂物且深度超过保护层厚度	禁止夹渣	观察
内外形缺陷	内表面缺棱掉角、表面翘曲、抹面凹凸不平，外表面面砖粘结不牢、位置偏差、面砖嵌缝没有达到横平竖直、转角面砖棱角不直、面砖表面翘曲不平	内表面缺陷基本不允许，要求达到预制构件允许偏差；外表面仅允许极少量缺陷，但禁止面砖粘结不牢、位置偏差，面砖翘曲不平不得超过允许值	观察
内外表缺陷	内表面麻面、起砂、掉皮、污染，外表面面砖污染、窗框保护纸破坏	允许少量污染等不影响结构使用功能和结构尺寸的缺陷	观察
连接部位缺陷	连接处混凝土缺陷及连接钢筋、连接件松动	不应有	观察
破损	影响外观	影响结构性能的破损不应有，不影响结构性能和使用功能的破损不宜有	观察
裂缝	裂缝贯穿保护层到达构件内部	影响结构性能的裂缝不应有，不影响结构性能和使用功能的裂缝不宜有	观察

(3)预制构件的尺寸偏差应符合表 6-5 的规定。对于施工过程中临时使用的预埋件中心线位置及后浇混凝土部位的预制构件尺寸偏差可按表 6-5 中的规定放大一倍执行。

检查数量：同一生产企业、同一品种的构件，不超过 100 个为一批，每批抽查构件数量的 5% 且不少于 3 件。

表 6-5　预制结构构件尺寸的允许偏差及检验方法

项目			允许偏差	检验方法
长度	板、梁、柱、桁架	<12 m	±5	尺量检查
		≥12 m，且<18 m	±10	
		≥18	±20	
	墙板		±4	
宽度、高(厚)度	板、梁、柱、桁架截面尺寸		±5	钢尺量一端及中部，取其中偏差绝对值较大处
	墙板的高度、厚度		±3	
表面平整度	板、梁、柱、墙板内表面		5	2 m 靠尺和塞尺检查
	墙板外表面		3	
侧向弯曲	板、梁、柱		$L/750$ 且≤20	拉线、钢尺量最大侧向弯曲处
	墙板、桁架		$L/1\,000$ 且≤20	
翘曲	板		$L/750$	调平尺在两端测量
	墙板		$L/1\,000$	
对角线差	板		10	钢尺量两个对角线
	墙板门窗口		5	
挠曲变形	梁、板、桁架设计起拱		±10	拉线、钢尺量最大弯曲处
	梁、板、桁架下垂		0	
预留孔	中心线位置		5	尺量检查
	孔尺寸		±5	
预留洞	中心线位置		10	尺量检查
	洞口尺寸、深度		±10	
门窗口	中心线位置		5	尺量检查
	宽度、高度		±3	
预埋件	预埋板中心线位置		5	尺量检查
	预埋板与混凝土面平面高差		0，−5	
	预埋螺栓中心线位置		2	
	预埋螺栓外露长度		+10，−5	
	预埋螺栓、预埋套筒中心线位置		2	
	预埋套筒、螺母与混凝土面平面高差		0，−5	
	线管、电盒、木砖、吊环与构件平面的中心线位置偏差		20	
	线管、电盒、木砖、吊环与构件表面混凝土高差		0，−10	

项目		允许偏差	检验方法
预留插筋	中心线位置	3	尺量检查
	外露长度	+5，-5	
键槽	中心线位置	5	尺量检查
	长度、宽度、深度	±5	
桁架钢筋高度		+5，0	尺量检查

注：L 为构件最长边的长度(mm)。

(4)装配整体式混凝土结构工程应在安装施工及浇筑混凝土前完成下列隐蔽项目的现场验收：

1)预制构件与后浇混凝土结构连接处混凝土的粗糙面或键槽。

2)后浇混凝土中钢筋的牌号、规格、数量、位置、锚固长度。

3)结构预埋件、螺栓连接、预留专业管线的数量与位置。

(5)工程应用套管灌浆接头时，应由生产厂家提供有效的形式检验报告。

套筒灌浆连接接头应用时，匹配使用生产单位的灌浆套筒与灌浆料，则可以生产企业提供的合格形式性能检验报告作为验收依据。未获得有效的结构性能检验报告前不得进行构件生产、灌浆施工，以免造成不必要的损失。

三、预制混凝土工程施工的安全措施

安全隐患是指可导致事故发生的"人的不安全行为、物的不安全状态、作业环境的不安全因素和管理缺陷"等。

根据"人-机-环境"系统工程学的观点分析，造成事故隐患的原因分为三类：即人的隐患、机的隐患、环境的隐患。

在结构安装的施工中，控制"人的不安全行为、物的不安全状态、作业环境的不安全因素和管理缺陷"是保证安全的重要措施。

1. 人的不安全行为的控制

人的不安全行为是人的生理和心理特点的反映，主要表现在身体缺陷、错误行为和违纪违章三方面。

(1)有身体缺陷的人不能进行结构安装的作业。

(2)严禁粗心大意、不懂装懂、侥幸心理、错视、错听、误判断、误动作等错误行为。

(3)严禁喝酒、吸烟，不正确使用安全带、安全帽及其他防护用品等违章违纪行为。

(4)加强安全教育、安全培训、安全检查、安全监督。

(5)起重吊装的指挥人员必须持证上岗，作业时应与操作人员密切配合，执行规定的指挥信号。

2. 起重吊装机械的控制

(1)各类起重机应装有音响清晰的喇叭、电铃或汽笛等信号装置。

(2)起重机的变幅指示器、力矩限制器、起重量限制器以及各种行程限位开关等安全保护装置，应完好齐全、灵敏可靠，不得随意调整或拆除。

（3）操作人员应按规定的起重性能作业，不得超载。

（4）严禁使用起重机进行斜拉、斜吊和起吊地下埋设或凝固在地面上的重物以及其他不明重量的物体。

（5）重物起升和下降的速度应平稳、均匀，不得突然制动。

（6）严禁起吊重物长时间悬挂在空中，作业中遇突发故障，应采取措施将重物降落到安全地方，关闭发动机或切断电源后进行检修。

（7）起重机不得靠近架空输电线路作业。

（8）起重机使用的钢丝绳，应有钢丝绳制造厂签发的产品技术性能和质量证明文件。

（9）履带式起重机如需带载行驶时，荷载不得超过允许起重量的70%，行走道路应坚实平整，并应拴好拉绳，缓慢行驶。

3. 物的不安全状态的控制

（1）操作人员在作业前必须对工作现场环境、行驶道路、架空电线、建筑物以及构件重量和分布情况进行全面了解。

（2）现场施工负责人应为起重机作业提供足够的工作场地，清除或避开起重臂起落或回转半径内的障碍物。

（3）在露天有6级及以上大风、大雨、大雪或大雾等恶劣天气时，应停止起重吊装作业。

特别提示

装配式混凝土结构施工过程中，必须控制人的隐患、机的隐患、环境的隐患。

【实践教学】

请学生根据项目案例要求，结合实际，利用所学知识，完成本项目案例中装配式混凝土结构施工方案的制订。

1. 比较项目案例中的现浇钢筋混凝土结构和装配式混凝土结构施工工艺的不同，并分析在本项目案例中利用现浇混凝土结构和装配式混凝土结构的原因。

2. 分析钢筋套筒连接灌浆的特点，装配式混凝土施工的连接方式有哪些？

3. 请思考：如何更好地利用现代手段进行智能建造？

【建筑大师】

明代香山帮匠人鼻祖蒯祥

蒯祥（1398—1481年），字廷瑞，号香山，中国明代吴县香山（今江苏苏州胥口）人，知名建筑工匠，香山帮匠人的鼻祖。蒯祥原来是名木匠，以工艺精巧卓绝著称，有"蒯鲁班"之称，后任工部侍郎，永乐十五年（1417年），负责建造北京宫殿。他负责建造的主要工程有北京皇宫（1417年）、皇宫前三殿、长陵（1413年）、献陵（1425年）、裕陵（1464年），北京西苑（今北海、中海、南海）殿宇（1460年）、隆福寺（1452年）等，还负责设计和组织施工作为宫廷正门的承天门（如今的天安门）。这项工程在蒯祥运筹下于永乐十九年（1421年）竣工，其城楼形状与今日大致相仿，但规模较小，这就是最早的天安门，原名"承天门"，受到文武百官称赞，永乐皇帝龙颜大悦，称他为"蒯鲁班"。后来，皇极、中极、建极三大殿遭受火灾，正统年间(1436—1449 年)他又负责主持重建，即现在的故宫太和殿、中和殿和保和殿。

天顺末年(约 1464 年)，他还规划建造过明英宗的陵墓裕陵(明十三陵之一)。

明末，天安门又被焚毁。1651 年重建长 33.7 米、广 9 间、深 5 间的这座天安门，即我们今天所见的天安门。

【榜样引领】

大国工匠潘长河：在传承中创新，做新时代的筑梦人

潘长河，1986 年出生，2009 年加入中国共产党，2011 年毕业于长安大学土木工程系，同年进入中建八局西北公司，2014 年作为中建八局对口援助中建新疆建工集团的优秀青年干部进入中建新疆建工陕西分公司，现任陕西分公司副总工程师兼绿地国际花都项目经理。其凭借着对于技术的执着和对于改进工艺的信念，先后总结发表了《确保超厚大方量基础筏板大体积混凝土一次施工合格》和《攻克超高层内爬塔吊技术难关》国家级 QC 两项，《降低钢筋直螺纹连接质量不合格率》和《运用 QC 方法提高劲性剪力墙阴角模板安装质量》省部级 QC 两项，在各类期刊发表论文 16 篇，申请液压爬模导向结构、混凝土布料装置等国家实用新型专利 11 项，总结国家级工法《超高层核心筒内自爬升水平硬防护施工工法》1 项、省部级工法 8 项等一系列的科技成果。

西安绿地中心 B 座项目是中建新疆建工成立以来承接的第一个超高层项目，"小潘"总工被公司临阵点将，以公司副总工程师身份兼任项目总工程师。爬模施工始终是超高层建筑的重中之重，面对这个精度要求高、零碎部件多、载重负荷大，四面总长 80 m、高 18 m 的庞然大物，项目部没有类似施工经验，员工们有些不知所措。"当时我就想，怕啥呢，别人可以做，凭啥我们中建新疆建工就做不了呢？我们不仅要做好，还要做得更好、更快！""小潘"说。利用一个多星期马不停蹄地参观考察西安市在建的超高层项目的爬模安装施工后，他对施工过程中的重点、难点、风险点了然于胸，迅速组织力量拟订了安装方案，给大家做了详细的讲解与交底，并亲自带领项目员工组织安装工作，创造了西北地区爬模安装的最快纪录：10 天完成安装！

针对超高层施工垂直交叉作业下层难防护的问题，他想到了利用液压爬模的工艺原理制作自爬升式硬防护的方法，即利用液压爬模的预埋点，在液压爬模爬升后在其下方再安装 4 个液压爬模机位并简单安装下面部分架体使之能自爬升，并在爬模的模板层标高处用花纹钢板进行全封闭形成一个防护平台，将下方施工区域完全防护起来。爬模生产厂家评价这套自爬升系统："这在行业内绝对是一个金点子，这套系统在任何一个施工项目都至少能节约成本 500 万元以上！"如今经济实用的自爬模系统已经获得了国家级工法及实用新型发明专利，并荣获全国建筑业企业创新管理成果二等奖，并被《工程管理学报》收录。

2016 年，公司成立了"潘长河职工创新工作室"，在"小潘"总工的带领下，工作室共确立课题 33 项，产生并推广技术革新 24 项，发明创造 9 项，先进操作工法 12 项，荣获国家实用新型专利 11 项，国家 QC 成果两项，陕西省 QC 成果一等奖 7 项，二等奖 10 项，三等奖 4 项，在《陕西建筑》等媒体发表《超厚筏板钢筋型钢马凳支撑施工技术》等专业论文 12 篇，共创新经济效益 768.24 万元。

"小潘"总工，年纪虽轻，但身上表现出一种彻底而又纯粹的工匠追求和工匠精神，平凡岗位，静默无言，精雕细琢，追求品质，用自己的智慧、自身的学识为行业做出典范，

为新时代贡献力量。他发挥精雕细琢、敢于吃苦、乐于奉献、善于分享的敬业品格，研发出一大批行业成果和国家专利，就是新时代"工匠精神"的体现。

复习思考题

一、选择题

1. 钢筋套筒灌浆连接所用的材料包括( )。
   A. 带肋钢筋
   B. 钢筋连接用灌浆套筒
   C. 灌浆料
   D. 隔离剂
   E. 连接件

2. 下列不属于采用套筒灌浆连接的混凝土构件设计应符合的规定是( )。
   A. 接头连接钢筋的强度等级不应高于灌浆套筒规定的连接钢筋强度等级
   B. 构件配筋方案应根据灌浆套筒外径、长度及灌浆施工要求确定
   C. 竖向构件配筋设计应结合灌浆孔、出浆孔位置
   D. 接头连接钢筋的直径规格应大于灌浆套筒规定的连接钢筋直径规格

3. 在套筒灌浆连接技术中，当装配式混凝土结构采用套筒灌浆连接接头时，下列说法正确的是( )。
   A. 全部构件纵向受力钢筋可在同一截面上连接
   B. 混凝土结构中全截面受拉构件同一截面不宜全部采用钢筋套筒灌浆连接
   C. 混凝土结构中全截面受压构件同一截面不宜全部采用钢筋套筒灌浆连接
   D. 全部构件纵向受拉钢筋可在同一截面上连接

4. 半灌浆套筒按非灌浆一端连接方式分为三种，下列不属于半灌浆套筒的是( )。
   A. 滚轧直螺纹灌浆套筒
   B. 剥肋滚轧直螺纹灌浆套筒
   C. 镦粗滚轧直螺纹灌浆套筒
   D. 镦粗直螺纹灌浆套筒

5. 预制梁板柱接头连接时，键槽混凝土浇筑前应将键槽内的杂物清理干净，并提前( )h浇水湿润。
   A. 6
   B. 8
   C. 12
   D. 24

6. 墙板安装时，调节斜撑杆完毕后，需再次校核墙体的( )、相邻墙体的平整度。
   A. 水平位置
   B. 标高
   C. 垂直度
   D. 支撑杆
   E. 材料

7. 工程应用套管灌浆接头时，应由生产厂家提供有效的( )。
   A. 型式检验报告
   B. 钢筋的牌号
   C. 螺栓规格
   D. 管线的数量与位置

二、判断题

1. 起重机的起重三要素为起重量、工作半径和起吊高度。( )

2. 汽车式起重机可在松软、泥泞的地面上作业，且可以在崎岖不平的场地行驶。( )

3. 钢筋套筒灌浆连接是在金属套筒中插入多根带肋钢筋并注入灌浆料拌合物，通过拌合物硬化形成整体并实现传力的钢筋对接连接。( )

4. 装配整体式混凝土结构的模板与支撑应根据工程结构形式、预制构件类型、荷载大

小、施工设备和材料供应等条件确定。（　　）

5. 装配整体式混凝土结构后浇混凝土模板宜采用水性脱模剂。（　　）

6. 装配整体式混凝土结构工程应在安装施工及浇筑混凝土前完成隐蔽项目的现场验收。（　　）

三、简答题

1. 装配式混凝土结构常用起重机械有哪些？

2. 简述装配式混凝土结构的优点及缺点。

3. 简述装配式混凝土构件吊装的工艺流程及施工要点。

4. 简述钢筋套筒灌浆连接施工流程及技术要点。

5. 钢筋套筒灌浆连接的质量保证措施有哪些？

6. 在装配式混凝土构件安装过程中，如何保证人身安全？

7. 在装配式混凝土构件安装过程中，如何保证各个构件的安装质量？

模块七　防水及保温工程施工

案例引入

某屋面防水材料选用彩色焦油聚氨酯，涂膜厚度为 2 mm。施工时因进货渠道不同，底层与面层涂料分别为两家不同生产厂的产品。施工后发现三个质量问题：一是大面积涂膜呈龟裂状，部分涂膜表面不结膜；二是整个屋面颜色不均，面层厚度普遍不足；三是局部（约 3%）涂膜有皱折、剥离现象。

案例分析

涂膜开裂和表面不结膜主要与涂膜厚度不足有关。由于厚度较薄，面层涂料的初期自然养护时，材料固化时产生的收缩应力大于涂膜的结膜强度，所以容易产生龟裂现象。

屋面颜色不均匀主要是 A、B 两组分配置时搅拌不均匀造成的。因底层与面层涂料来自不同生产厂，所以颜色不均与两种材料之间的覆盖程度、颜色的均匀性与厚度大小、涂刷相隔时间有关。

涂膜施工后，在阳光照射下，多余水分因温度上升会产生巨大蒸气压力，使涂膜粘结不实的部位出现皱折或剥离现象。

1. 分析屋面防水施工出现龟裂的原因。
2. 地下防水工程的等级及要求是什么？
3. 该项目案例应从哪些方面采取防治措施？

📑 **所需知识**

单元一　防水工程概述

建筑工程防水是建筑产品使用功能中一项极其重要的内容，防水工程质量好坏不仅关系到建筑物的使用寿命，还直接关系到生产活动和人们的居住环境及卫生条件等。影响防水工程质量的因素有设计的合理性、防水材料的选择、施工工艺及施工质量、保养与维修管理等。其中，防水工程的施工质量是关键因素。

建筑工程的防水，按其构造做法可分为结构构件自身防水和采用不同材料的防水层防水；按其材料的不同分为柔性防水和刚性防水；按建筑工程不同部位分为屋面防水、地下防水、室内厕浴间的楼地面防水等。

对整个建筑工程而言，防水所占工程量不大，但关系重大。防水属于隐蔽工程，如果发生渗漏，将给各方面造成巨大的损失，需要花大量的精力和时间重新翻修，投入的维修费用和造成的社会影响极大。因此，防水可以说得上是"安居"的第一步，重要性不言而喻！

一、地下防水工程施工的要求

地下防水工程是保证地下构筑物或地下室使用功能正常发挥的一项重要工程。地下防水工程的设计和施工应遵循"防、排、截、堵相结合，刚柔相济，因地制宜，综合治理"的原则。地下防水工程的施工应符合《地下防水工程技术规范》(GB 50108—2008)、《地下防水工程质量验收规范》(GB 50208—2011)等国家现行有关标准的规定。

地下防水工程的防水等级分四级（表 7-1），防水混凝土的适用环境温度不得高于80 ℃。

表 7-1　地下工程防水等级标准及适用范围

防水等级	防水标准	适用范围
一级	不允许渗水，结构表面无湿渍	人员长期停留的场所；因有少量湿渍会使物品变质、失效的储物场所及严重影响设备正常运转和危及工程安全运营的部位；极重要的战备工程、地铁车站

防水等级	防水标准	适用范围
二级	不允许渗水，结构表面可有少量湿渍； 房屋建筑地下工程：总湿渍面积不应大于总防水面积(包括顶板、墙面、地面)的1/1 000；任意100 m² 防水面积上湿渍不超2处，单个湿渍的最大面积不大于0.1 m²； 其他地下工程：总湿渍面积不应大于总防水面积的2/1 000；任意100 m² 防水面积上的湿渍不超过3处，单个湿渍的最大面积不大于0.2 m²	人员经常活动的场所；在有少量湿渍的情况下不会使物品变质、失效的储物场所及基本不影响设备正常运转和工程安全运营的部位；重要的战备工程
三级	有少量漏水点，不得有线流和漏泥砂； 任意100 m² 防水面积上的漏水点数不超过7处，单个漏水点的最大漏水不大于2.5 L/d，单个湿渍的最大面积不大于0.3 m²	人员临时活动的场所；一般战备工程
四级	有漏水点，不得有线流和漏泥砂； 整个工程平均漏水量不大于2 L/(m²·d)；任意100 m² 防水面积的平均漏水量不大于4 L/(m²·d)	对渗漏水无严格要求的工程

地下防水工程施工前，施工单位应进行图纸会审，掌握工程主体及细部构造的防水技术要求，编制防水工程施工方案。

地下防水工程必须由具备相应资质的专业防水施工队伍进行施工，主要施工人员应持有建设行政主管部门或其指定单位颁发的执业资格证书。

地下工程的防水方案一般采用以下三种：

(1)采用防水混凝土结构，通过调整混凝土配合比或掺外加剂等方法，提高混凝土的密实性和抗渗性，使其具有一定防水能力。

(2)在地下结构表面附加防水层，如铺贴卷材防水层或抹水泥砂浆防水层等。

(3)采用防水加排水措施，即"防排结合"方案。排水方案常采用盲沟排水、渗排水与内排法排水等方法将地下水排走，以达到防水的目的。

地下工程的防水设防要求，应根据使用要求、结构形式、环境条件、施工方法及材料性能等因素合理确定。地下工程的施工方法分为明挖法和暗挖法两种。房屋建筑地下工程一般采用明挖法施工。明挖法是指敞口开挖基坑，再在基坑中修建地下工程结构，最后用土石回填恢复地面的施工方法(图7-1)。

地下防水工程的施工，应建立各道工序的自检、交接检和专职人员检查的制度，并有完整的检查记录；工程隐蔽前，应由施工单位通知有关单位进行验收，并形成隐蔽工程验收记录；未经监理单位或建设单位代表对上道工序的检查确认，不得进行下道工序的施工。

地下防水工程施工期间，必须保持地下水水位稳定在工程底部最低高程500 mm以下，必要时应采取降水措施。对采用明沟排水的基坑，应保持基坑干燥。

地下防水工程不得在雨天、雪天和5级风及其以上时施工；防水材料施工环境气温条件宜符合表7-2的规定。

地下防水工程使用的防水材料及其配套材料，应符合现行行业标准的规定，不得对周围环境造成污染。地下防水工程所使用防水材料的品种、规格、性能等必须符合现行国家或行业产品标准和设计要求。防水材料必须经具备相应资质的检测单位进行抽样检验，并出具产品性能检测报告。

图 7-1　明挖法

表 7-2　防水材料施工环境气温条件

防水材料	施工环境气温条件
高聚物改性沥青防水卷材	冷粘法、自粘法不低于 5 ℃，热熔法不低于－10 ℃
合成高分子防水卷材	冷粘法、自粘法不低于 5 ℃，焊接法不低于－10 ℃
有机防水涂料	溶剂型－5 ℃～35 ℃，反应型、水乳型 5 ℃～35 ℃
无机防水涂料	5 ℃～35 ℃
防水混凝土、防水砂浆	5 ℃～35 ℃
膨润土防水材料	不低于－20 ℃

二、屋面防水工程施工的要求

1. 屋面防水等级

屋面防水工程应根据建筑物的类别、重要程度、使用功能要求确定防水等级，并应按相应等级进行防水设防；对防水有特殊要求的建筑屋面，应进行专项防水设计。屋面防水等级和设防要求应符合表 7-3 的规定。

表 7-3　屋面防水等级和设防要求

防水等级	建筑类别	设防要求
Ⅰ级	重要建筑和高层建筑	两道防水设防
Ⅱ级	一般建筑	一道防水设防

2. 防水材料选择的基本原则

(1)外露使用的防水层，应选用耐紫外线、耐老化、耐候性好的防水材料；

(2)上人屋面，应选用耐霉变、拉伸强度高的防水材料；

(3)长期处于潮湿环境的屋面，应选用耐腐蚀、耐霉变、耐穿刺、耐长期水浸等性能的防水材料；

(4)波壳、装配式结构、钢结构及大跨度建筑屋面，应选用耐候性好、适应变形能力强的防水材料；

(5)倒置式屋面应选用适应变形能力强、接缝密封保证率高的防水材料；

(6)坡屋面应选用与基层粘结力强、感温性小的防水材料；

(7)屋面接缝密封防水，应选用与基材粘结力强和耐候性好、适应位移能力强的密封材料；

(8)基层处理剂、胶粘剂和涂料，应符合现行行业标准的有关规定。

3. 屋面防水基本要求

(1)屋面防水应以防为主，以排为辅。在完善设防的基础上，应选择正确的排水坡度，将水迅速排走，以减少渗水的机会。

混凝土结构层宜采用结构找坡，坡度不应小于 3％；当采用材料找坡时，宜采用质量轻、吸水率低和有一定强度的材料，坡度宜为 2％。檐沟、天沟纵向找坡不应小于 1％。找坡应按屋面排水方向和设计坡度要求进行，找坡层最薄处厚度不宜小于 20 mm。

(2)保温层上的找平层应在水泥初凝前压实抹平，并应留设分隔缝，缝宽宜为 5～20 mm，纵横缝的间距不宜大于 6 m，养护时间不得少于 7 d。卷材防水层的基层与突出屋面结构的交接处，以及基层转角处，找平层均应做成圆弧形，且应整齐平顺。

(3)严寒和寒冷地区屋面热桥部位，应按设计要求采取节能保温等隔断热桥措施。

(4)找平层设置的分格缝可兼作排气道，排气道的宽度宜为 40 mm；排气道应纵横贯通，并应与和大气连通的排气孔相通，排气孔可设在檐口下或纵横排气道的交叉处；排气道纵横间距宜为 6 m，屋面面积每 36 m² 宜设置一个排气孔，排气孔应做防水处理；在保温层下也可铺设带支点的塑料板。

(5)涂膜防水层的胎体增强材料宜采用无纺布或化纤无纺布；胎体增强材料长边搭接宽度不应小于 50 mm，短边搭接宽度不应小于 70 mm；上下层胎体增强材料的长边搭接缝应错开，且不得小于幅宽的 1/3；上下层胎体增强材料不得相互垂直铺设。

4. 构造要求

屋面一般构造层次有结构层、粘结层、保温层、找平层、防水层和保护层，如图 7-2 所示，施工时以设计为施工依据。

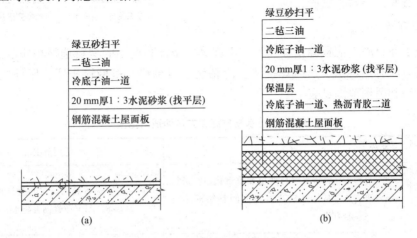

图 7-2 卷材防水屋面构造层次

(a)无保温层屋面；(b)含有保温层屋面

单元二 卷材防水工程施工

卷材防水属于柔性防水，卷材防水层应选用高聚物改性沥青防水卷材和合成高分子防水卷材(图 7-3)。这种防水层具有良好的韧性和延伸性，可以适应一定的结构振动和微小变形，防水效果较好，目前仍作为防水方案而被较广泛采用。卷材防水层施工时所选用的基层处理剂、胶泥剂、密封材料等配套材料，均应与铺贴的卷材材性相容。柔性防水层的缺点是发生渗漏后修补较为困难。卷材防水层是依靠结构的刚度由多层卷材铺贴而成的，要求结构层坚固、形式简单，粘贴卷材的基层面要平整干燥。

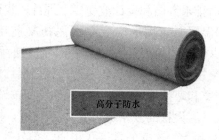

SBS 卷材防水

高分子防水

图 7-3 防水卷材

一、屋面卷材防水工程施工

1. 施工工艺

卷材防水层施工工艺流程：基层清理→雨水口等细部密封处理→涂刷基层处理剂→细部附加层铺设→定位、弹线试铺→从天沟或雨水口开始铺贴→收头固定密封→检查修理→蓄水试验。

视频：屋面卷材
防水工程施工(一)

视频：屋面卷材
防水工程施工(二)

2. 施工方法

屋面防水卷材施工应根据设计要求、工程具体条件和选用的材料选择相应的施工工艺。常用的施工方法有热熔法、热风焊接法、冷粘法、自粘法、机械钉压法、压埋法等。防水卷材施工方法和适用范围见表 7-4。

表 7-4 防水卷材施工方法和适用范围

工艺类别	名称	做法	适用范围
热施工工艺	热熔法	将防水卷材底层加热熔化后，进行卷材与基层或卷材之间粘结的施工方法	底层涂有热熔胶的高聚物改性沥青防水卷材，如 SBS、APP 改性沥青防水卷材
	热风焊接法	采用热风焊接进行热塑性卷材铺贴的施工方法	合成高分子防水卷材搭接缝焊接，如 PVC 高分子防水卷材

工艺类别	名称	做法	适用范围
冷施工工艺	冷粘法	在常温下采用胶粘剂将卷材与基层或卷材之间粘结的施工方法	高分子防水卷材、高聚物改性沥青防水卷材，如三元乙丙、氯化聚乙烯、SBS改性沥青卷材
	自粘法	直接粘贴基面采用带有自粘胶的防水卷材进行粘贴的施工方法	自粘高分子防水卷材、自粘高聚物改性沥青防水卷材
机械固定工艺	机械钉压法	采用镀锌钢钉或铜钉固定防水卷材的施工方法	用于木质基层上铺设高聚物改性沥青防水卷材等
	压埋法	卷材与基层大部分不粘连，上面采用卵石压埋，搭接缝及周边全粘	用于空铺法、倒置式屋面

3. 冷粘法（图7-4）

(1)铺贴工序。基面涂刷胶粘剂→卷材反面涂胶→卷材粘贴→滚压排气→搭接缝粘贴压实→搭接缝密封。

(2)施工要点。

1)胶粘剂涂刷应均匀，不得露底、堆积；卷材空铺、点粘、条粘时，应按规定的位置及面积涂刷胶粘剂。

2)应根据胶粘剂的性能与施工环境、气温条件等，控制胶粘剂涂刷与卷材铺贴的间隔时间；基层处理完成后，将卷材展开摊铺在整洁的基层上，用滚刷蘸满氯丁系胶粘剂（CX-404胶等）均匀涂刷在卷材和基层表面，待胶粘剂结膜干燥至用手触及表面似粘非粘时，即可铺贴卷材。

图7-4 冷粘法

3)铺贴卷材时应排除卷材下面的空气（注意：不得用力拉伸卷材），并应辊压粘贴牢固。

4)铺贴的卷材应平整顺直，搭接尺寸应准确，不得扭曲、皱折；搭接部位的接缝应满涂胶粘剂，辊压应粘贴牢固。

5)合成高分子卷材铺好压粘后，应将搭接部位的粘合面清理干净，并应采用与卷材配套的接缝专用胶粘剂，在搭接缝粘合面上应涂刷均匀，不得露底、堆积，应排除缝间的空气，并用辊压粘贴牢固。

6)合成高分子卷材搭接部位采用胶粘带粘结时，粘合面应清理干净，必要时可涂刷与卷材及胶粘带材性相容的基层胶粘剂，撕去胶粘带隔离纸后应及时粘合接缝部位的卷材，并应辊压粘贴牢固；低温施工时，宜采用热风机加热。

7)搭接缝口应用材性相容的密封材料封严。

4. 热熔法（图7-5）

(1)铺贴工序。热源烘烤滚铺卷材→排气压实→接缝热熔焊接压实→接缝密封。

(2)施工要点。

1)火焰加热器的喷嘴距卷材面的距离应适中，一般为 0.5 m 左右，幅宽内加热应均匀，应以卷材表面熔融至光亮黑色为度，不得过分加热卷材；厚度小于 3 mm 的高聚物改性沥青防水卷材，严禁采用热熔法施工；

2)卷材表面沥青热熔后应立即滚铺卷材，滚铺时应排除卷材下面的空气，并辊压粘结牢固，不得有空鼓现象；

3)搭接缝部位宜以溢出热熔的改性沥青胶结料为度，溢出的改性沥青胶结料宽度宜为 8 mm，并宜均匀顺直；当接缝处的卷材上有矿物粒或片料时，应用火焰烘烤及清除干净后再进行热熔和接缝处理；

图 7-5　热熔法

4)铺贴卷材时应以预留的或现场弹出的粉线作为标准进行施工作业，保证铺贴的卷材平整顺直，搭接尺寸准确，不得出现扭曲、皱折等现象。

5. 自粘法(图 7-6)

(1)铺贴工序。卷材就位并撕去隔离纸→自粘卷材铺贴→辊压粘结排气→搭接缝热压粘合→粘合密封胶条。

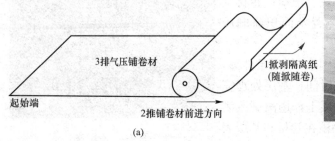
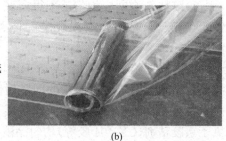

图 7-6　自粘法施工

(a)自粘法施工示意；(b)自粘法施工现场

(2)施工要点。

1)铺粘卷材前，基层表面应均匀涂刷基层处理剂，干燥后应及时铺贴卷材；

2)铺贴卷材时应将自粘胶底面的隔离纸完全撕净；

3)铺贴卷材时应排除卷材下面的空气，并应辊压粘贴牢固；

4)铺贴的卷材应平整顺直，搭接尺寸应准确，不得扭曲、皱折；低温施工时，立面、大坡面及搭接部位宜采用热风机加热，加热后应随即粘贴牢固；

5)搭接缝口应采用材性相容的密封材料封严。

6. 铺贴方法、顺序和方向

(1)铺贴方法。防水卷材的铺贴方法有满粘法、空铺法、条粘法和点粘法，具体做法及适用范围见表 7-5。卷材防水层易拉裂部位，宜选用空铺、点粘、条粘或机械固定等施工方法；在坡度较大和垂直面上粘贴防水卷材时，宜采用机械固定和对固定点进行密封的方法。

表 7-5　防水卷材铺贴方法和适用范围

铺贴方法	具体做法	适用范围
满粘法	又称全粘法，即在铺贴卷材时，卷材与基层全部粘结牢固的施工方法。通常热熔法、冷粘法、自粘法使用此方法铺贴卷材。铺贴时，宜减少卷材短边搭接；找平层分格缝处宜空铺，空铺宽度宜为 100 mm	屋面防水面积较小，结构变形不大，找平层干燥，立面或大坡面铺贴的屋面
空铺法	铺贴防水卷材时，卷材与基层仅在四周一定宽度内粘结的施工方法。注意在檐口、屋脊、转角、出气孔等部位，应采用满粘。粘结宽度不小于 800 mm	适用基层潮湿、找平层水汽难以排除，结构变形较大的屋面
条粘法	铺贴防水卷材时，卷材与屋面采用条状粘结的施工方法。每幅卷材粘结面不少于 2 条，每条粘结宽度不小于 150 mm。檐口和屋脊等处的做法同空铺法	适用结构变形较大、基面潮湿、排气困难的屋面
点粘法	铺贴防水卷材时，卷材与基面采用点状粘结的施工方法。要求每平方米范围内至少有 5 个粘结点，每点面积不小于 100 mm×100 mm。檐口和屋脊等处的做法同空铺法	适用结构变形较大，基面潮湿、排气有一定困难的屋面

(2)铺贴顺序和方向。卷材铺贴应遵守"先高后低、先远后近"的施工顺序。即高跨低跨屋面，应先铺高跨屋面，后铺低跨屋面；在等高的大面积屋面，应先铺离上料点较远的部位，后铺较近部位。卷材大面积铺贴前，应先做好节点密封、附加层和屋面排水较集中部位(屋面与落水口连接处、檐口、天沟、变形缝、管道根部等)与分格缝的空铺条处理等，通常采用附加卷材或防水涂料、密封材料做附加增强处理，然后由屋面最低标高处向上施工。施工段的划分宜设在屋脊、檐口、天沟、变形缝等处。卷材铺贴方向应根据屋面坡度和周围是否有振动来确定。当屋面坡度小于3％时，卷材宜平行于屋脊铺贴；屋面坡度在3％~15％时，卷材可平行或垂直屋脊铺贴。屋面坡度大于15％或受振动时，为防止卷材下滑，沥青防水卷材应垂直屋脊铺贴；高聚物改性沥青防水卷材和合成高分子防水卷材可平行或垂直屋脊铺贴，但上下层卷材不得相互垂直铺贴。

(3)搭接要求。卷材平行于屋脊方向铺贴时，长边搭接不小于 70 mm；短边搭接，平屋面不应小于100 mm，坡屋面不小于 150 mm，相邻两幅卷材短边接缝应错开不小于500 mm；上下两层卷材应错开 1/3 或 1/2 幅度。油毡水平铺贴搭接如图 7-7 所示。

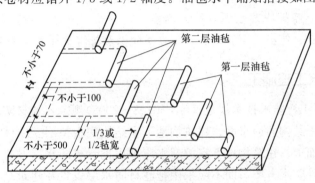

图 7-7　油毡水平铺贴搭接(单位：mm)

卷材铺贴应采用搭接法，各种卷材的搭接宽度应符合表7-6的要求。同时，相邻两幅卷材的接头还应相互错开300 mm以上，以免接头处多层卷材相重叠而粘结不实。叠层铺贴，上下层两幅卷材的搭接缝也应错开1/3或1/2幅宽。

表7-6　卷材搭接宽度表

搭接方向		短边搭接宽度/mm		长边搭接宽度/mm	
卷材种类		满粘法	空铺法、点粘法、条粘法	满粘法	空铺法、点粘法、条粘法
沥青防水卷材		100	150	70	100
高聚物改性沥青防水卷材		80	100	80	100
合成高分子防水卷材	胶粘剂	80	100	80	100
	胶粘带	50	60	50	60
	单缝焊	60，有效焊接宽度不小于25			
	双缝焊	80，有效焊接宽度10×2＋变腔宽			

卷材垂直于屋脊铺贴时，每幅卷材都应铺过屋脊不小于200 mm；屋脊上下不得留短边搭缝；一幅卷材也不得从檐口的一边一直铺到檐口的另一边，以防屋脊处卷材被拉断。卷材防水屋面屋脊处铺贴如图7-8所示。

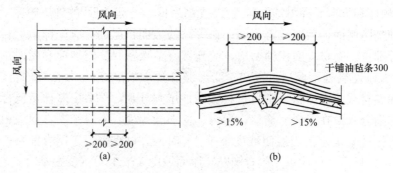

图7-8　卷材防水屋面屋脊处铺贴
(a)平面；(b)屋脊处剖面

特别提示

卷材屋面施工是高空、高温作业，必须采取必要的措施，防止发生火灾、中毒、烫伤和坠落等工伤事故。高聚物改性沥青防水卷材、高分子卷材施工时，其细部做法如檐沟、檐口、泛水、变形缝、伸出屋面管道、落水口等处以及排水屋面施工要求应一致。

二、地下防水工程施工

国家标准《地下工程防水技术规范》(GB 50108—2008)规定：卷材防水层应铺设在混凝土结构的迎水面、建筑物地下室结构底板垫层至墙体设防高度的结构基面上。建筑物地下室的迎水应采用把卷材防水层设置在建筑结构外侧的外防水方案，而不应采用把卷材防水层设置在建筑结构内侧的内防水方案。外防水方案，根据立面卷材防水层直接铺设的位

视频：地下防水
工程施工

置可分为外防外贴法（图 7-9）和外防内贴法（图 7-10）两种。

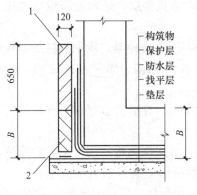

图 7-9　外贴法
1—临时保护墙；2—永久保护墙

图 7-10　内贴法
1—待施工的构筑物；2—防水层；
3—保护层；4—垫层

外防外贴法是将立面卷材防水层直接铺设在地下混凝土结构的外墙外表面的方法；外防内贴法是将立面卷材防水层直接铺设在永久保护墙内表面的方法。由于外防外贴法的防水效果优于外防内贴法，所以在施工场地和条件不受限制时一般均采用外防外贴法。

目前在工程中选用改性沥青防水卷材热熔法施工较多，以下主要介绍外防外贴法改性沥青防水卷材热熔法施工的工艺，如图 7-11 所示。

图 7-11　热熔法

1. 施工工艺

外防外贴法的工艺流程：在混凝土垫层上砌筑下部保护墙→在保护墙及垫层上抹找平层→涂刷基层处理剂→铺贴卷材附加层→铺贴大面卷材→抹保护层→地下室底板及墙体施工→地下室外墙面抹找平层→涂布底胶→铺阴阳角附加层→地下室外墙面卷材施工→上部保护墙施工。

2. 施工要点

(1)在地下室底板外侧的混凝土垫层上，用 M5 水泥砂浆砌筑宽度不小于 120 mm 厚的永久性保护墙，墙的高度不小于结构底板厚度再加 120 mm。在永久性保护墙上用石灰砂浆直接砌临时保护墙，墙高为 300 mm。

（2）在垫层和永久性保护墙上抹 1∶3 水泥砂浆找平层，转角处应做成圆弧或 45°坡角。在临时保护墙上用石灰砂浆抹找平层。

（3）找平层干燥并清扫干净后，按照所用的不同卷材种类，涂刷相应的基层处理剂；当基面潮湿时，应涂刷湿固化型胶粘剂或潮湿界面隔离剂。如采用空铺法，可不涂基层处理剂。

（4）待基层处理剂干燥后，按设计要求在阴阳角、穿墙管道根部、预埋件等部位先铺贴一层卷材附加层，附加层宽度不应小于 500 mm。

（5）采用热熔法大面积铺贴卷材时，首先应点燃火焰喷枪，用火焰喷枪烘烤卷材底面与基层交界处，使卷材表面的沥青熔化，喷枪距卷材的距离根据火焰大小而定，一般距离为 0.3～0.5 m，沿卷材幅宽往返烘烤，同时向前滚动卷材，然后用压辊滚压或用小抹子抹平、粘牢。施工时应注意火焰大小和移动速度，使卷材表面熔化，熔化时切忌烤透卷材，以防粘连。

进行卷材搭接时，用喷枪加热搭接外露部分，使沥青熔化，然后用抹子将搭接处抹平，使卷材的接缝粘结牢固。

（6）防水层施工完毕并经检查验收合格后，宜在平面卷材防水层上干铺一层卷材作为保护隔离层，在其上做水泥砂浆或细石混凝土保护层；在立面卷材上涂布一层胶后撒砂，将砂粘牢后，在永久性保护墙区段抹 20 mm 厚 1∶3 水泥砂浆，在临时保护墙区段抹石灰砂浆，作为卷材防水层的保护层。

（7）底板和墙体混凝土施工完毕，拆除墙体模板后，在外墙外表面抹 1∶3 水泥砂浆找平层。

（8）拆除临时保护墙，清除石灰砂浆，并将卷材上的浮灰和污物清洗干净，再将此区段的外墙外表面上补抹水泥砂浆找平层，将卷材分层错槎搭接向上铺贴。

（9）外墙防水层经检查验收合格，确认无渗漏隐患后，做外墙防水层的保护层（墙），并及时进行槽边土方回填施工。

3. 施工要求

（1）基层处理剂应与卷材及其粘结材料的材性相容；基层处理剂喷涂或刷涂应均匀一致，不应露底，表面干燥后方可铺贴卷材。

（2）采用外防外贴法铺贴卷材防水层时，应先铺平面，后铺立面，交接处应交叉搭接。弹性体改性沥青防水卷材及改性沥青聚乙烯胎防水卷材的搭接宽度应为 100 mm，搭接宽度的允许偏差应为 −10 mm。铺贴双层卷材时，上下两层和相邻两幅卷材的接缝应错开 1/3～1/2 幅宽，且两层卷材不得相互垂直铺贴。

（3）结构底板垫层混凝土部位的卷材可采用空铺法或点粘法施工，其粘结位置、点粘面积应按设计要求确定；侧墙采用外防外贴法的卷材及顶板部位的卷材应采用满粘法施工。从底面折向立面的卷材与永久性保护墙的接触部位，应采用空铺法施工；卷材与临时性保护墙或围护结构模板的接触部位，应将卷材临时贴附在该墙上或模板上，并应将顶端临时固定。

（4）热熔法铺贴卷材时，火焰加热器加热卷材应均匀，不得加热不足或烧穿卷材；卷材表面热熔后应立即滚铺，排除卷材下面的空气，并辊压粘结牢固，不得有空鼓；卷材接缝部位应溢出热熔的改性沥青胶料，并粘贴牢固，封闭严密；铺贴后的卷材应平整、顺直，搭接尺寸应正确，不得有扭曲、折皱、翘边和起泡等缺陷。

（5）混凝土结构完成，铺贴立面卷材时，应先将接槎部位的各层卷材揭开，并应将其表面清理干净，如卷材有局部损伤，应及时进行修补；卷材接槎的搭接长度，高聚物改性沥青类卷材应为 150 mm，合成高分子类卷材应为 100 mm；当使用两层卷材时，卷材应错槎接缝，上层卷材应盖过下层卷材。卷材防水层甩槎、接槎构造如图 7-12 所示。

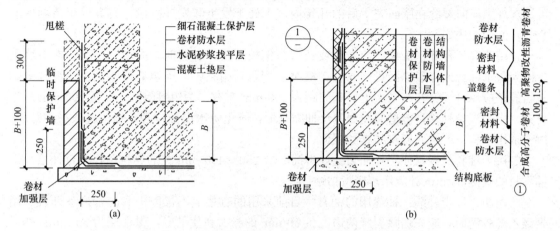

图 7-12　卷材防水层甩槎、接槎的做法

(a)甩槎；(b)接槎

（6）铺贴立面卷材防水层时，应采取防止卷材下滑的措施。

（7）地下室外墙卷材防水层的保护层应与防水层结合紧密。

特别提示

外贴法的优点是建筑物与保护墙不均匀沉降时，对防水层影响较小；做好后即可进行漏水试验，修补方便。缺点是工期较长，占地面积较大；底板与墙身接头处卷材易受损。

内贴法的优点是防水层的施工比较方便，不必留接头；施工占地面积小。缺点是建筑物与保护墙不均匀沉降时，对防水层影响较大；保护墙稳定性差；竣工后如发现漏水较难修复。

三、卷材防水工程常见的质量问题处理

1. 卷材屋面开裂

（1）现象。卷材屋面开裂一般有两种情况：一种是装配式结构屋面上出现的有规则横向裂缝。当屋面无保温层时，这种横向裂缝往往是通长和笔直的，位置正对屋面板支座的上端；当屋面有保温层时，裂缝往往是断

视频：卷材防水
工程施工常见的
质量问题处理

续的、弯曲的，位于屋面板支座两边 10～50 cm 的范围内。这种有规则裂缝一般在屋面完工后 1～4 年的冬季出现，开始细如发丝，以后逐渐加剧，发展到 1～2 mm 甚至更宽。另一种是无规则裂缝，其位置、形状、长度各不相同，出现的时间也无规律，一般贴补后不再裂开。

（2）原因分析。

1）产生有规则横向裂缝的主要原因：温度变化，屋面板产生胀缩，引起板端角变。此外，卷材质量低、老化或在低温条件下产生冷脆，韧性和延伸度降低等原因也会产生横向裂缝。

2)产生无规则裂缝的原因：卷材搭接太小，卷材收缩后接头开裂、翘起，卷材老化龟裂、鼓泡破裂或外伤等。此外，找平层的分格缝设置不当或处理不好，以及水泥砂浆不规则开裂等，也会引起卷材的无规则开裂。

（3）治理。对于基层未开裂的无规则裂缝（老化龟裂除外），一般在开裂处补贴卷材即可。有规则横向裂缝在屋面完工后的几年内，正处于发生和发展阶段，只有逐年治理方能收效。治理方法如下：

1)用盖缝条补缝：盖缝条用卷材或镀锌薄钢板制成。补缝时，先清理屋面，在裂缝处先嵌入防水油膏或浇灌热沥青。卷材盖缝条应用玛琋脂粘贴，周边要压实刮平。镀锌薄钢板盖缝条应用钉子钉在找平层上，其间距为 200 mm 左右，两边再附贴一层宽 200 mm 的卷材条。用盖缝条补缝，能适应屋面基层伸缩变形，避免防水层被拉裂，但盖缝条易被踩坏，故不适用于积灰严重、扫灰频繁的屋面。

2)用干铺卷材做延伸层：在裂缝处干铺一层 250～400 mm 宽的卷材条作为延伸层。干铺卷材的两侧 20 mm 处应用玛琋脂粘贴。

3)用防水油膏补缝：补缝用的油膏，目前采用的有聚氯乙烯胶泥和焦油麻丝两种。用聚氯乙烯胶泥时，应先切除裂缝两边宽各 50 mm 的卷材和找平层，保证深为 30 mm。然后清理基层，热灌胶泥至高出屋面 5 mm 以上。用焦油麻丝嵌缝时，先清理裂缝两边宽各 50 mm 的绿豆砂保护层，再灌上油膏即可。油膏配合比（质量比）为焦油∶麻丝∶滑石粉＝100∶15∶60。

2. 卷材屋面流淌

（1）现象。

1)严重流淌：流淌面积占屋面 50％以上，大部分流淌距离超过卷材搭接长度。卷材大多折皱成团，垂直面卷材拉开脱空，卷材横向搭接有严重错动。在一些脱空和拉断处，产生漏水。

2)中等流淌：流淌面积占屋面 20％～50％，大部分流淌距离在卷材搭接长度范围之内，屋面有轻微折皱，垂直面卷材被拉开 100 mm 左右，只有天沟卷材脱空耸肩。

3)轻微流淌：流淌面积占屋面 20％以下，流淌长度仅为 2～3 cm，在屋架端坡处有轻微折皱。

（2）原因分析。

1)胶结料耐热度偏低。

2)胶结料粘结层过厚。

3)屋面坡度过陡，而采用平行屋脊铺贴卷材；或采用垂直屋脊铺贴卷材，在半坡进行短边搭接。

（3）治理。严重流淌的卷材防水层可考虑拆除重铺。轻微流淌如不发生渗漏，一般可不予治理。中等流淌可采用下列方法治理：

1)切割法：对于天沟卷材耸肩脱空等部位，可先清除保护层，切开将要脱空的卷材，刮除卷材底下积存的旧胶结料，待内部冷凝水晒干后，将下部已脱开的卷材用胶结料粘贴好，加铺一层卷材，再将上部卷材盖上。

2)局部切除重铺：对于天沟处折皱成团的卷材，先予以切除，仅保存原有卷材较为平整的部分，使之沿天沟纵向成直线（也可用喷灯烘烤胶结料后，将卷材剥离）。新旧卷材的搭接应按接槎法或搭槎法进行。

①接槎法：先将旧卷材槎口切齐，并铲除槎口边缘 200 mm 处的保护层。新旧卷材按槎口分层对接，最后将表面一层新卷材搭入旧卷材 150 mm 并压平，上做一油一砂，此法一般用于治理天窗泛水和山墙泛水处。

②搭槎法：将旧卷材切成台阶形槎口，每阶宽大于 80～150 mm。用喷灯将旧胶结料烤软后，分层掀起 80～150 mm，把旧胶结料除净，晒干卷材下面的水气。最后把新铺卷材分层压入旧卷材下面，此法多用于治理天沟处。

3）钉钉子法：当施工后不久，卷材有下滑趋势时，可在卷材的上部离屋脊 300～450 mm 范围内钉三排 50 mm 长圆钉，钉眼上灌胶结料。卷材流淌后，横向搭接若有错动，应清除边缘翘起处的旧胶结料，重新浇灌胶结料，并压实刮平。

3. 卷材起鼓(图 7-13)

(1)现象：卷材起鼓一般在施工后不久产生。在高温季节，有时上午施工下午就起鼓。鼓泡一般由小到大，逐渐发展，大的直径可达 200～300 mm，小的数十毫米，大小鼓泡还可能成片串联。起鼓一般从底层卷材开始。将鼓泡剖开后可见，鼓泡内呈蜂窝状，胶结料被拉成薄壁，鼓泡越大，"蜂窝壁"越高，甚至被拉断。"蜂窝孔"的基层，有时带小白点，有时呈深灰色，还有冷凝水珠。

图 7-13　卷材起鼓、老化

(2)原因分析。在卷材防水层中粘结不实的部位，窝有水分和气体；当其受到太阳照射或人工热源影响后，体积膨胀，造成鼓泡。

(3)治理。

1）直径 100 mm 以下的中、小鼓泡可用抽气灌胶法治理。先在鼓泡的两端用铁钻子钻眼，然后在孔眼中各插入一支兽医用的针管，其中一支抽出鼓泡内部的气体，另一支灌入纯 10 号建筑石油沥青稀液，边抽边灌。灌满后拔出针管，用力把卷材压平贴牢，用热沥青封闭针眼，并压上几块砖，几天后将砖移去即可。

2）直径 100～300 mm 的鼓泡可先铲除鼓泡处的保护层，再用刀将鼓泡按斜十字形割开，放出鼓泡内气体，擦干水分，清除旧胶结料，用喷灯把卷材内部吹干。随后按顺序把旧卷材分片重新粘贴好，再新贴一块方形卷材(其边长比开刀范围大 100 mm)，压入旧卷材下，最后粘贴覆盖好卷材，四边搭接好用铁熨斗加热抹压平整后，重做保护层。上述分片铺贴顺序是按屋面流水方向先下再左右后上。

3）直径更大的鼓泡用割补法治理。先用刀把鼓泡卷材割除，按上一做法进行基层清理，再用喷灯烘烤旧卷材槎口，并分层剥开，除去旧胶结料后，依次粘贴好旧卷材，上铺贴一层新卷材（四周与旧卷材搭接不小于 100 mm）。再依次粘贴旧卷材，上面覆盖第二层新卷材，周边压实刮平，重做保护层。

4. 山墙、女儿墙部位漏水

（1）现象：山墙、女儿墙部位漏水。

（2）原因分析。

1）卷材收口处张口，固定不牢；封口砂浆开裂、剥落，压条脱落。

2）压顶板滴水线破损，雨水沿墙进入卷材。

3）山墙或女儿墙与屋面板缺乏牢固拉结，转角处没有做成钝角，垂直面卷材与屋面卷材没有分层搭槎，基层松动（如墙外倾或不均匀沉陷）。

4）垂直面保护层因施工困难而被省略。

（3）治理。

1）清除卷材张口脱落处的旧胶结料，烤干基层，重新钉上压条，将旧卷材贴紧钉牢，再覆盖一层新卷材，收口处用防水油膏封口。

2）凿除开裂和剥落的压顶砂浆，重抹 1：（2～2.5）水泥砂浆，并做好滴水线。

3）将转角处开裂的卷材割开，旧卷材烘烤后分层剥离，清除旧胶结料，将新卷材分层压入旧卷材，并搭接粘贴牢固。再在裂缝表面增加一层卷材，四周粘贴牢固。

5. 天沟漏水

（1）现象：天沟纵向找坡太小，甚至有倒坡现象，天沟堵塞，排水不畅或漏水。

（2）治理。

1）凿掉天沟找坡层，再拉线找坡，然后按下述方法进行处理。将转角处开裂的卷材割开，旧卷材烘烤后分层剥离，清除旧胶结料。

2）治理四周卷材裂缝严重的雨水斗时，应将该处的卷材铲除，检查短管是否紧贴板面或铁水盘，如短管系浮搁在找平层上，应将该处的找平层凿掉，清除后安装好短管，再用搭槎法重铺三毡四油防水层，并做好雨水斗附近卷材的收口和包贴。

单元三　刚性防水工程施工

刚性防水依靠结构构件自身的密实性或采用刚性材料作为防水层以达到建筑物的防水目的。在屋面刚性防水施工中，为了防止屋面因温度变化或房屋不均匀沉陷而引起开裂，在细石混凝土或防水砂浆面层中应设分割缝。

一、刚性防水屋面施工

刚性防水屋面用细石混凝土、块体材料或补偿收缩混凝土等材料作为屋面防水层，依靠混凝土密实性并采取一定的构造措施，以达到防水的目的。

刚性防水屋面所用材料容易取得，价格低、耐久性好、维修方便，但是对地基不均匀沉降、温度变化、结构振动等因素都非常敏感，容易产生变形开裂，且防水层与大气直接接触，表面容易碳化和风化。如果处理不

视频：刚性防水
屋面施工

当，极易发生渗漏水现象。

1. 细石混凝土材料要求

细石混凝土不得使用火山灰质水泥；砂采用粒径 0.3～0.5 mm 的中粗砂，粗集料含泥量不应大于 1％；细集料含泥量不应大于 2％；采用自来水或可饮用的天然水；混凝土强度不应低于 C20，每立方米混凝土水泥用量不少于 330 kg，水胶比不应大于 0.55；含砂率宜为 35％～40％；灰砂比宜为 1：2～1：2.5。

2. 构造要求

刚性防水屋面构造如图 7-14 所示。

3. 细石混凝土防水层施工

《屋面工程质量验收规范》（GB 50207—2012）强制性条文："细石混凝土防水层不得有渗漏或者积水现象。"

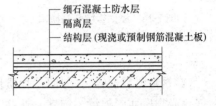

图 7-14　刚性防水屋面构造

（1）分格缝留置。分格缝又称分仓缝，应按设计要求设置。如设计无明确规定，留设原则：分格缝应设在屋面板的支承端、屋面转折处、防水层与突出层面结构的交接处，其纵横间距不宜大于 6 m。一般为一间一分格，分格面积不超过 20 m²；分格缝上口宽为 30 mm，下口宽为 20 mm，应嵌填密封材料。

（2）防水层细石混凝土浇捣。在混凝土浇捣前，应清除隔离层表面浮渣、杂物，先在隔离层上刷水泥浆一道，使防水层与隔离层紧密结合，随即浇筑细石混凝土。

混凝土的浇捣按先远后近、先高后低的原则进行。

施工时，一个分格缝范围内的混凝土必须一次浇完，不得留施工缝；分格缝做成直立反边（图 7-15），并与板一次浇筑成型。

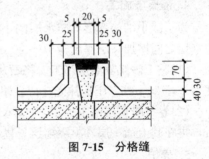

图 7-15　分格缝

（3）分格缝及其他细部做法。分格缝的盖缝式做法及贴缝式做法如图 7-16 和图 7-17 所示。

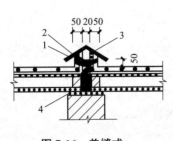

图 7-16　盖缝式

1—石灰砂浆 1：3；2—沥青砂浆；
3—脊瓦；4—沥青麻丝

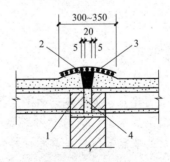

图 7-17　贴缝式

1—沥青麻丝；2—玻璃布贴缝（油毡贴缝）；
3—防水接缝材料；4—细石混凝土

檐口节点如图 7-18 所示。屋面穿管节点如图 7-19 所示。

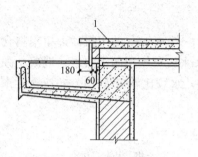

图 7-18 屋面板端头挑檐口
1—细石混凝土防水层

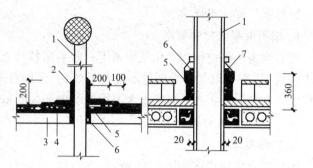

图 7-19 管道穿过屋面
1—金属管；2—二布二油；3—屋面板；4—防水层；
5—油膏嵌缝；6—沥青麻丝；7—镀锌薄钢板

（4）密封材料嵌缝。《屋面工程质量验收规范》(GB 50207—2012)强制性条文："密封材料嵌缝必须密实、连续、饱满、粘结牢固，无气泡、开裂、脱落等缺陷。"

密封防水部位的基层应牢固，表面应平整、密实，不得有蜂窝、麻面、起皮和起砂现象；嵌填密封材料的基层应干净、干燥。

密封防水处理的基层，应涂刷与密封材料相配套的基层处理剂，处理剂应配比准确，搅拌均匀。

4. 隔离层施工

为了减小结构变形对防水层的不利影响，可将防水层和结构层完全脱离，在结构层和防水层之间增加一层厚度为 10～20 mm 的黏土砂浆，或铺贴卷材隔离层。

（1）黏土砂浆隔离层施工。将石灰膏∶砂∶黏土＝1∶2.4∶3.6 材料均匀拌和，铺抹厚度为 10～20 mm，压平抹光，待砂浆基本干燥后，进行防水层施工。

（2）卷材隔离层施工。用 1∶3 水泥砂浆找平结构层，在干燥的找平层上铺一层干细砂后，再在其上铺一层卷材隔离层，搭接缝用热沥青玛㻫脂。

5. 养护

混凝土浇筑 12～24 h 后进行养护，养护时间不应少于 14 d，养护初期屋面不允许上人。养护方法可采取洒水润湿，也可覆盖塑料薄膜、喷涂养护剂等，但必须保证细石混凝土处于润湿状态。

特别提示

刚性防水屋面主要适用防水等级为一般建筑的屋面防水，也可用作特别重要或对防水有特殊要求的建筑、重要建筑和高层建筑的屋面多道防水设防中的一道防水层；不适用设有松散保温层的屋面、大跨度和轻型屋盖的屋面，以及受振动或冲击的建筑屋面。而且，刚性防水层的节点部位应与柔性材料复合使用，才能保证防水的可靠性。

二、地下防水混凝土施工

防水混凝土以调整混凝土的配合比或掺入外加剂的方法来提高混凝土本身的密实度、抗渗性、抗蚀性，从而满足设计对地下建筑的抗渗要求，达到防水的目的。防水混凝土通过控制材料的选择、混凝土拌制、浇筑、振捣的施工质量，减少混凝土内部的空隙和消除空隙间的连通，最后达到防水的要求。

防水混凝土具有取材容易、施工简便、工期较短、耐久性好、工程造价低等优点，因此在地下工程中得到广泛的运用。目前，在实际工程中主要采用的防水混凝土有普通防水混凝土、外加剂防水混凝土等，其抗渗等级应符合表 7-7 的规定，并应根据地下工程所处的环境和工作条件，满足抗压、抗冻和抗侵蚀性等耐久性要求。防水混凝土结构厚度不应小于 250 mm。

表 7-7　防水混凝土设计抗渗等级

工程埋置深度 H/m	设计抗渗等级
$H<10$	P6
$10 \leqslant H<20$	P8
$20 \leqslant H<30$	P10
$H \geqslant 30$	P12

1. 施工工艺

地下防水混凝土施工的工艺流程：垫层施工→钢筋绑扎→模板支设→混凝土配制→混凝土运输→混凝土浇筑和振捣→混凝土养护→拆模。

2. 施工要点

(1)垫层施工。基坑开挖后，铺设 300～400 mm 厚毛石，上铺 50 mm 粒径 25～40 mm的石子，夯实或碾压，然后浇灌厚 100 mm 的 C15 混凝土垫层。

(2)钢筋绑扎。防水混凝土的钢筋绑扎除应满足普通钢筋绑扎的基本要求外，还应满足下列要求：

1)绑扎钢筋时，应按设计要求留足保护层，且迎水面钢筋保护层厚度不应小于 50 mm。留设保护层，应以相同配合比的细石混凝土或水泥砂浆制成垫块，将钢筋垫起，严禁以垫铁或钢筋头垫钢筋，或将钢筋用钢钉及铁丝直接固定在模板上。

2)防水混凝土内部设置的各种钢筋或绑扎钢丝均不得接触模板。绑扎钢筋的钢丝应向里侧弯曲，不得外露。采用铁马凳架设钢筋时，在不便取掉铁马凳的情况下，应在铁马凳上加焊止水环。

(3)模板支设。

1)模板应平整，拼缝严密，并应有足够的刚度、强度和较低的吸水性，支撑牢固，装拆方便，以钢模、木模、木(竹)胶合板模板为宜。

2)固定模板尽量避免采用螺栓或钢丝贯穿混凝土墙的方法，以避免水沿缝隙渗入。在条件适宜的情况下，可采用滑模施工或采取在模板外侧进行加固的方法。

3)防水混凝土结构内部设置的各种钢筋或绑扎钢丝，不得接触模板。

4)固定模板用的螺栓必须穿过混凝土结构时，可采用工具式螺栓或螺栓加堵头，螺栓应加焊方形止水环，止水环边缘距螺栓不小于 3 cm。管道、套管等穿墙时，应加焊止水环，并焊满。固定模板用螺栓的防水构造如图 7-20 所示。

(4)混凝土配制。防水混凝土的施工配合比应通过试验确定，并应符合下列规定：防

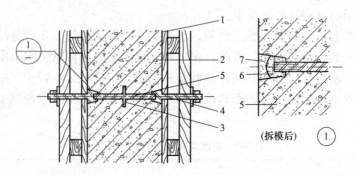

图 7-20　固定模板用螺栓的防水构造

1—模板；2—结构混凝土；3—止水环；4—工具式螺栓；

5—固定模板用螺栓；6—嵌缝材料；7—聚合物水泥砂浆

水混凝土可通过调整配合比，或掺入外加剂、掺合料等措施配制而成，其抗渗等级不得小于 P6，其试配要求的抗渗等级应比设计要求提高 0.2 MPa。胶凝材料总用量不宜小于 320 kg/m³，在满足混凝土抗渗等级、强度等级和耐久性条件下，水泥用量不宜小于 260 kg/m³，砂率宜为 35%～40%，泵送时可增至 45%，水胶比不得大于 0.50，有侵蚀性介质时水胶比不宜大于 0.45；防水混凝土采用预拌混凝土时，入泵坍落度宜控制为 120～160 mm，坍落度每小时损失值不应大于 20 mm，坍落度总损失值不应大于 40 mm；掺加引气剂或引气型减水剂时，混凝土含气量应控制为 3%～5%；预拌混凝土的初凝时间宜为 6～8 h。

防水混凝土配料应按配合比准确称量。使用减水剂时，减水剂宜配制成一定浓度的溶液。防水混凝土拌合物应采用机械搅拌，搅拌时间不宜小于 2 min。掺外加剂时，搅拌时间应根据外加剂的技术要求确定。

（5）混凝土运输。常温下，拌好的混凝土应在 0.5 h 内运至现场，于初凝前浇筑完毕。运送距离远或气温较高时，可掺入缓凝型减水剂。防水混凝土拌合物在运输后如出现离析，必须进行二次搅拌。当坍落度损失后不能满足施工要求时，应加入原水胶比的水泥浆或掺加同品种的减水剂进行搅拌，严禁直接加水。

（6）混凝土浇筑和振捣。防水混凝土应分层连续浇筑，分层厚度不得大于 500 mm。一般应在下层混凝土初凝前接着浇灌上一层混凝土，否则应留施工缝。通常，分层浇灌的时间间隔不超过 2 h；气温在 30 ℃ 以上时，不超过 1 h。防水混凝土浇灌高度一般不超过 1.5 m，否则应用串筒、溜槽等方法浇筑。

防水混凝土应采用机械振捣，振捣时间宜为 10～30 s，以混凝土泛浆后不冒气泡为准，应避免漏振、欠振和超振。混凝土振捣后须用铁锹拍实，等混凝土初凝后用铁抹子压光，以增加表面的致密性。

（7）混凝土养护。防水混凝土的养护条件对其抗渗有重要影响。因此，防水混凝土终凝后应立即进行养护，养护时间不得少于 14 d。掺早强型外加剂或微膨胀水泥配制的防水混凝土，更应加强早期养护。

（8）拆模。拆模时，结构表面温度与周围气温的温差不得超过 15 ℃。拆模后，应将用对拉螺栓固定模板时留下的凹槽用密封材料封堵密实，并应用聚合物水泥砂浆抹平；地下结构应及时回填，不应长期暴露，以避免因干缩和温差产生裂缝。

3. 施工要求

（1）施工缝。

1）防水混凝土应连续浇筑，宜少留施工缝。当留设施工缝时，应符合下列规定：

①墙体水平施工缝不应留在剪力最大处或底板与侧墙的交接处，应留在高出底板表面不小于 300 mm 的墙体上。拱（板）墙结合的水平施工缝，宜留在拱（板）墙接缝线以下 150～300 mm 处。墙体有预留孔洞时，施工缝距孔洞边缘不应小于 300 mm。

②垂直施工缝应避开地下水和裂隙水较多的地段，并宜与变形缝相结合。

2）施工缝的施工应符合下列规定：

①水平施工缝浇筑混凝土前，应将其表面浮浆和杂物清除，然后铺设净浆或涂刷混凝土界面处理剂、水泥基渗透结晶型防水涂料等材料，再铺 30～50 mm 厚的 1：1 水泥砂浆，并应及时浇筑混凝土；

②垂直施工缝浇筑混凝土前，应将其表面清理干净，再涂刷混凝土界面处理剂或水泥基渗透结晶型防水涂料，并应及时浇筑混凝土；

③遇水膨胀止水条（胶）应与接缝表面密贴；

④选用的遇水膨胀止水条（胶）应具有缓胀性能，7 d 的净膨胀率不宜大于最终膨胀率的 60%，最终膨胀率宜大于 220%；

⑤采用中埋式止水带或预埋式注浆管时，应定位准确、固定牢靠。

（2）大体积防水混凝土。大体积防水混凝土的施工，应符合下列规定：

1）宜选用水化热低和凝结时间长的水泥，宜掺入减水剂、缓凝剂等外加剂和粉煤灰、磨细矿渣粉等掺合料。

2）在设计许可的情况下，掺粉煤灰混凝土设计强度等级的龄期宜为 60 d 或 90 d。

3）高温期施工时，入模温度不应大于 30 ℃。

4）混凝土内部预埋管道，宜进行水冷散热。

5）应采取保温保湿养护。混凝土中心温度与表面温度的差值不应大于 25 ℃，表面温度与大气温度的差值不应大于 20 ℃，养护时间不应少于 14 d。

（3）地下室外墙窗墙管必须采取止水措施，单独埋设的管道可采用套管式穿墙防水。当管道集中多管时，可采用穿墙群管的防水方法。

特别提示

防水混凝土也称结构自防水，可通过调整混凝土的配合比或掺加外加剂、钢纤维、合成纤维等，并配合严格的施工及施工管理，减少混凝土内部的空隙率或改变孔隙形态、分布特征，从而达到防水（防渗）的目的。在《地下工程防水技术规范》（GB 50108—2008）中规定：一、二、三级明挖法地下工程防水设防应包括一道防水混凝土。防水混凝土为在 0.6 MPa 以上水压下不透水的混凝土。

三、刚性防水工程施工常见的质量问题及处理

1. 混凝土刚性防水屋面开裂（图 7-21）

（1）现象：混凝土刚性屋面开裂一般分为结构裂缝、温度裂缝和施工裂缝三种。结构裂缝通常出现在屋面板拼缝上，宽度较大，并穿过防水层

视频：刚性防水工程施工常见的质量问题及处理

而上下贯通；温度裂缝都是有规则的、通长的，裂缝分布比较均匀；施工裂缝一般是不规则的、长度不等的断续裂缝，也有一些是因水泥收缩而产生的龟裂。

图 7-21 刚性防水屋面开裂

(2)治理：

1)混凝土刚性防水屋面开裂属于结构和温度裂缝，应在裂缝处将混凝土凿开，形成分开缝；然后，按规定嵌填防水油膏，防止渗漏水。

2)防水层表面若出现一般裂缝，首先应将板面有裂缝的地方剔出缝槽，并将表面松动的石子、砂浆、浮灰等清理干净；然后，再涂刷冷底子油一道，待干燥后再嵌填防水油膏，上面用防水卷材覆盖。防水卷材可用玻璃布、细麻布等，胶结料可用防水涂料或稀释油膏。

2. 混凝土刚性防水屋面渗漏

(1)现象：混凝土刚性屋面的渗漏有一定的规律性，容易发生的部位主要有山墙或女儿墙、檐口、屋面板板缝、烟囱或雨水管穿过防水层处。

(2)治理：

1)混凝土刚性防水屋面渗漏属于结构和温度裂缝，应在裂缝处将混凝土凿开，形成分开缝；然后，按规定嵌填防水油膏，防止渗漏水。

2)防水层表面若出现一般裂缝，首先应将板面有裂缝的地方剔出缝槽，并将表面松动的石子、砂浆、浮灰等清理干净，然后涂刷冷底子油一道，待干燥后再嵌填防水油膏，上面用防水卷材覆盖。防水卷材可用玻璃布、细麻布等，胶结料可用防水涂料或稀释油膏。

3)分格缝中的油膏如嵌填不实或已变质，应将旧油膏剔除干净，然后按操作规程重新嵌填油膏。

4)对于女儿墙和楼梯间墙与防水层分格缝相交部位的渗漏，治理方法是将分格缝沿泛水部分打通。

3. 地下防水工程通病及治理

(1)防水混凝土出现蜂窝、麻面、孔洞而渗漏水(图 7-22)。

图 7-22 防水混凝土蜂窝、麻面、孔洞

1)现象：混凝土表面局部缺浆粗糙、有许多小凹坑，但无露筋；混凝土局部酥松，砂浆少，石子多，石子间形成蜂窝；混凝土内有空腔，没有混凝土。

2)治理：根据蜂窝、麻面、孔洞及渗漏水、水压大小等情况，查明渗漏水的部位，然后进行堵漏和修补处理。堵漏和修补处理可依次进行或同时穿插进行，可采用促凝灰浆、氰凝灌浆、集水井等堵漏法；蜂窝、麻面不严重的，可采用水泥砂浆抹面法；蜂窝、孔洞面积不大但较深，可采用水泥砂浆捻实法；蜂窝、孔洞严重的，可采用水泥压浆和混凝土浇筑方法。

(2)防水混凝土施工缝渗漏水(图7-23)。

1)现象：施工缝处混凝土松散，集料集中，接槎明显，沿缝隙处渗漏水。

2)治理：

①根据渗漏、水压大小情况，采用促凝胶浆或氰凝灌浆堵漏。

②不渗漏的施工缝，可沿缝剔成八字形凹槽，松散石子剔除，用水泥素浆打底，抹1：2.5水泥砂浆找平压实。

图 7-23　施工缝渗漏

(3)防水混凝土裂缝渗漏水。

1)现象：混凝土表面有不规则的收缩裂缝，且贯通于混凝土结构，有渗漏水现象。

2)治理：

①采用促凝胶浆或氰凝灌浆堵漏。

②对不渗漏的裂缝，可用灰浆或用水泥压浆法处理。

③对于结构出现的环形裂缝，可采用埋入式橡胶止水带、后埋式止水带、粘贴式氯丁胶片以及涂刷式氯丁胶片等方法。

(4)预埋件部位渗漏水。

1)现象：沿预埋件周边，或预埋件附件出现渗漏水。

2)治理：

①先将周边剔成环形裂缝，然后用促凝胶浆或氰凝灌浆堵漏方法处理。

②严重的需将预埋件拆除，制成预制块，其表面抹好防水层，并剔凿出凹槽供埋设预制块用。埋设前在凹槽内先嵌入快凝砂浆，再迅速埋入预制块。待快凝砂浆具有一定强度后，周边用胶浆堵塞，并用素浆嵌实，然后分层抹防水层补平。

③如果埋件密集，可用水泥压浆法灌入快凝水泥浆，待凝固后，漏水量明显下降时，再参照本治理①和②方法处理。

(5)管道穿墙或穿地部位渗漏水。

1)现象：一般常温管道周边阴湿或有不同程度的渗漏。热力管道周边防水层隆起或酥浆、渗漏水。

2)治理：

①热水管道穿透内墙部位出现渗漏水时，可剔大穿管孔眼，采用预制半圆混凝土套管埋设法处理。即热力管道带填料可埋在半圆形混凝土套管内，两个半圆混凝土套管包住热力管道。半圆混凝土套管外表是粗糙的，在半圆混凝土套管与原混凝土之间再用促凝胶浆或氰凝灌浆堵塞处理。

②热力管道穿透外墙部位出现渗漏水时，需将地下水水位降低至管道标高以下，用设置橡胶止水套的方法处理。

(6)水泥砂浆防水层局部阴湿与渗漏水。

1)现象：防水层上有一块块潮湿痕迹，在通风不良、水分蒸发缓慢的情况下，阴湿面积会徐徐扩展或形成渗漏，地下水从某一漏水点以不同渗水量自墙上流下或由地上冒出。

2)治理：把渗漏部位擦干，立即均匀撒上一层干水泥粉，表面出现的湿点为漏水点，然后采用快凝砂浆或胶浆堵漏。

(7)水泥砂浆防水层空鼓、裂缝、渗漏水。

1)现象：防水层与基层脱离，甚至隆起，表面出现交叉裂缝。处于地下水水位以下的裂缝处，有不同程度的渗漏。

2)治理：

①无渗漏水的空鼓裂缝，必须全部剔除，其边缘剔成斜坡，清洗干净后再按各层次重新修补平整。

②有渗漏水的空鼓裂缝，先剔除后找出漏水点，并将该处剔成凹槽，清洗干净。再用直接堵塞法或下管引水法堵塞。砖砌基层则应用下管引水法堵漏，并重新抹上防水层。

③对于未空鼓、不漏水的防水层收缩裂缝，可沿裂缝剔成八字形边坡沟槽，按防水层做法补平。对于渗漏水的裂缝，先堵漏，经查无漏水后按防水层做法分层补平。

④对于结构开裂的防水层裂缝，应先进行结构补强，征得设计人员同意，可采用水泥压浆法处理，再抹防水层。

(8)地下室墙面漏水(图7-24)。

1)原因：地下室未做防水或防水没做好。内部不密实有微小孔隙，形成渗水通道，地下水在压力作用下进入这些通道，造成墙面漏水。

2)处理：将地下水水位降低，尽量在无水状态下进行操作，先将漏水墙面刷洗干净，空鼓处去除补平，墙面凿毛，用防水快速止漏材料涂抹墙面，

图7-24　地下室墙面渗水

待凝固后，用合适的防水涂料或新型防水材料再涂刷一遍。根据墙面漏水情况，可采用多种方法治漏，如氯化铁防水砂浆抹面处理，喷涂 M1500 水泥密封剂、氰凝剂处理法等。

（9）墙面潮湿。

1）原因：刚性防水层薄厚不均匀。抹压不密实或漏抹，刚性防水层抹完后未充分养护，砂浆早期脱水，防水层中有微小裂缝。

2）处理：环氧立得粉处理法。用等量乙二胺和丙酮反应，制成丙酮亚胺，加入环氧树脂和二丁酯混合液中，掺量为环氧树脂的 16％，并加入一定量的立得粉，在清理干净、经过干燥化处理的墙上涂刷均匀。

特别提示

防水工程设计应遵循"迎水面设防""以防为主，防排结合"的原则，并采用"多道设防""刚柔并济""节点密封"等措施，根据不同的环境，因地制宜地利用各种手段进行综合治理，以确保达到预期的防水效果。

单元四　涂膜防水工程施工

涂膜防水是在基层上涂刷防水涂料，经固化后形成一层有一定厚度和弹性的整体涂膜，从而达到防水目的的一种防水形式。

涂料有厚质涂料和薄质涂料之分。厚质涂料有石灰乳化沥青防水涂料、膨润土乳化沥青涂料、石棉沥青防水涂料、黏土乳化沥青涂料等。薄质涂料分三大类：沥青基橡胶防水涂料、化工副产品防水涂料、合成树脂防水涂料。同时，涂料又分为溶剂型和乳液型两种类型。溶剂型涂料是高分子材料溶解于溶剂中形成的溶液。乳液型涂料以水作为分散介质，是高分子材料以极微小的颗粒稳定悬浮于水中形成的乳液，水分蒸发后成膜。

以下主要介绍室内防水工程。室内防水工程适用建筑室内厕浴间、厨房、浴室、水池、游泳池等有防水要求的工程。由于防水卷材的剪口和接缝较多，很难粘结牢固、封闭严密，难以形成一个有弹性的整体防水层，比较容易发生渗漏的质量事故；而防水涂膜涂布于复杂的细部构造部位能形成没有接缝的、完整的涂膜防水层。因此，室内防水工程多采用涂膜防水层。

一、室内涂膜防水工程的施工质量要求

（1）材料检测报告、材料进现场的复试报告及其他存档资料符合设计及国家相关标准要求。

（2）涂膜厚度、卷材厚度、复合防水层厚度均应达到设计要求。

（3）涂膜防水层应均匀一致，不得有开裂、脱落、气泡、孔洞及收头不严密等缺陷。

（4）卷材铺贴表面应平整、无皱折、搭接缝宽度一致，卷材粘贴牢固、嵌缝严密，不得有翘边、开裂及鼓泡等现象。

（5）刚柔防水各层次之间应粘结牢固，防水层表面涂膜均匀一致、平整，不得有气泡、

脱落、孔洞及收头不严密等缺陷。

（6）水泥基渗透结晶型防水材料施工的基面应为混凝土，非混凝土基面上必须做水泥砂浆基层后才能涂刷，其表面应坚实、平整，不得有露筋、蜂窝、孔洞、麻面和渗漏水现象；混凝土裂缝不应大于 0.2 mm，且不得有贯通裂缝。

（7）水泥基渗透结晶型防水涂层应均匀，水泥基渗透结晶型防水砂浆应压实；两项均不应有起皮、空鼓、裂纹等缺陷；水泥基渗透结晶型防水土层及防水砂浆层均应做 3～7 d 的喷雾养护，养护后再做蓄水试验。

（8）界面渗透型防水液喷涂应均匀一致（检查方法：喷涂防水液后应立即观察表面粉色酚酞反映显示状况，确定漏喷或不均匀现象，应采取措施补喷）。

（9）防水细部构造处理应符合设计要求，施工完应立即验收，并做隐蔽工程记录。

二、室内涂膜防水工程的一般构造层次

（1）结构基层。一般采用无施工缝的现浇钢筋混凝土板或整块预制钢筋混凝土板，楼板四周除门洞外做混凝土翻边。

（2）找平层。一般用 1∶3 水泥砂浆，找平层厚度为 15～20 mm。

（3）防水层。采用涂膜防水层，选用合成高分子涂料、高聚物改性沥青防水涂料。

（4）楼地面及墙面面层。楼地面一般为马赛克或地面砖，墙面一般为瓷砖面层或耐水涂料。

三、室内涂膜防水工程的施工

1. 施工工艺

室内涂膜防水工程的施工工艺：基层处理→涂刷处理剂→涂刷附加层涂料→涂刷第一道涂料、涂刷第二道涂料、涂刷第三道涂料→蓄水试验→地面面层施工→第二次蓄水试验。

2. 施工要点

（1）基层处理。将基层清扫干净，有起砂、麻面、裂缝处用聚氨酯调水泥腻子刮平；如有油污，应用钢丝刷和砂纸刷掉。

（2）涂刷基层处理剂。将聚氨酯甲料与乙料及二甲苯按 1∶1.5∶2 的比例配制，搅拌均匀，制成基层处理剂。涂刷时可用油漆刷蘸基层处理剂在阴阳角、管道根部均匀涂刷一遍，然后进行大面积涂刷。涂刷时，应均匀一致，不见白露底。一般涂刷量以 0.15～0.2 kg/m² 为宜。涂刷后要干燥 4 h 以上，才能进行下道工序。

（3）涂刷附加层涂料。在厕浴间的地漏、管道根部、阴阳角等容易漏水部位，先用聚氨酯涂料甲料∶乙料＝1∶1.5 的比例混合，均匀涂刷一道作为附加层，涂刷宽度为 100 mm。

（4）涂刷第一、第二、第三道涂料。将聚氨酯防水涂料甲料与乙料及二甲苯按 1∶1.5∶0.2 的比例配料，用油漆刷均匀涂刷一遍，要求薄厚一致，用料量在 0.8～1.0 kg/m² 为宜，立面涂刮高度不小于 100 mm。待第一道涂膜固化干燥以后，再按上述方法，涂刮第二道涂料。涂刮方向应与第一道相垂直，用量与第一道相同。待第二道涂膜固化后，再按上述方法涂刮第三道涂料，用料量为 0.4～0.5 kg/m²。

在第三道涂膜涂刷以后还未固化时，在表面稀撒少许干净的直径为 2 mm 不带棱角的砂粒。

(5)蓄水试验(图 7-25)。防水涂层施工完毕要做蓄水试验。蓄水深度在地面最高处应有 20 mm 的积水,24 h 后检查是否渗漏。待聚氨酯完全固化后,可进行第一次蓄水试验,蓄水 24 h 无渗漏为合格。

图 7-25 蓄水试验

(6)地面面层施工。当防水涂膜完全固化,并经检验合格以后,即可抹水泥砂浆保护层或粘铺地板砖、马赛克等饰面层。

(7)第二次蓄水试验。装饰工程完工后,要进行第二次蓄水试验,以检验防水层完工以后是否被水电或其他装饰工序所损坏。蓄水试验合格,室内防水工程才算完成。

特别提示

涂膜防水可单独做成一道设防,同时涂膜防水又具有整体性好,对屋面异形节点和不规则屋面便于防水处理等特点,所以涂膜防水屋面可用作特别重要或对防水有特殊要求的建筑、重要建筑和高层建筑屋面多道设防中的一道防水层。

四、涂膜防水工程的质量问题及处理

1. 空鼓

(1)现象。防水涂膜空鼓,鼓泡随气温的升降而膨大或缩小,使防水涂膜被不断拉伸变薄并加快老化。

(2)原因。

1)基层含水率过高,在夏期施工,涂层表面干燥成膜后,基层水分蒸发,水汽无法排除而产生气泡、空鼓。

2)冬期低温施工,水性涂膜没有干就涂刷上层涂料,有时涂层太厚,内部水分不易逸出,被封闭在内,受热后鼓泡。

3)基层没有清理干净,涂膜与基层粘结不牢。

4)没有按规定涂刷基层处理剂。

(3)防治措施。基层必须干燥,清理干净,先涂刷基层处理剂,干燥后涂刷首道防水涂料,干燥后,经检查无气泡、空鼓后方可涂刷下道涂料。

2. 裂缝

(1)现象。沿屋面预制板端头的规则裂缝，也有不规则裂缝或龟裂、翘皮，导致渗漏。

(2)原因。

1)建筑物不均匀下沉，结构变形、温差变形和干缩变形，常造成屋面板胀缩、变形，使防水涂膜被拉裂。

2)使用伪劣涂料，有效成分挥发老化，涂膜厚度薄，抗拉强度低等也可使涂膜被拉裂或涂膜自身产生龟裂。

(3)防治措施。

1)基层要按规定留设分格缝，嵌填柔性密封材料并在分格缝、排气槽面上涂刷宽300 mm的加强层，严格涂料施工工艺，每道工序检查合格后方可进行下道工序的施工，防水涂料必须经抽样测试合格后方可使用。

2)在涂膜由于受基层影响而出现裂缝后，沿裂缝切割 20 mm×20 mm(宽×深)的槽，扫刷干净，嵌填柔性密封膏，再用涂料进行加宽涂刷加强，与原防水涂膜粘结牢固。涂膜自身出现龟裂现象时，应清除剥落、空鼓部分，再用涂料修补。对龟裂的地方可采用涂料进行两度嵌涂。

3. 渗漏

(1)现象。雨水沿洞内及周边的缝隙向下渗漏。

(2)原因。过水洞及周围有贯通性孔、缝，又未做好防水处理，而产生渗漏水。当过水洞有预埋管时，预埋管端头与混凝土的接缝处密封不好，也会产生渗漏水。

(3)防治措施。过水洞周围的混凝土应浇捣密实，过水洞宜用完好、无接头的预埋管，管两端头应凸出反挑梁侧面 10 mm，并留设 20 mm×20 mm 的槽，用柔性密封膏嵌填。过水洞及周围的防水层应完整，无破损，粘结牢固，过水洞畅通。

当过水洞出现渗漏时，应检查预埋管是否破裂。无埋管时，应检查洞内及周边的防水层是否完整，并按上面方法更换预埋管，修补完善好防水层。

单元五　外墙外保温工程施工

外墙外保温系统是由保温层、保护层与固定材料(胶粘剂、锚固件等)构成并且安装在外墙外表面的非承重保温构造的总称。将外墙外保温系统通过组合、组装、施工或安装固定在外墙外表面上所形成的建筑物实体，称为外墙外保温工程。外墙外保温工程适用严寒地区、寒冷地区以及夏热冬冷地区新建居住建筑物或旧建筑物的墙体改造工程。

目前，比较成熟的外墙外保温技术主要有聚苯乙烯泡沫板(又称 EPS 板)薄抹灰外墙外保温系统、胶粉 EPS 颗粒保温浆料外墙外保温系统、EPS 板现浇混凝土外墙外保温系统、EPS 钢丝网架板现浇混凝土外墙外保温系统等。其中，聚苯乙烯泡沫板薄抹灰外墙外保温系统集节能、保温、防水和装饰功能为一体，采用阻燃、自熄型聚苯乙烯泡沫塑料板材，外用专用抹面胶浆铺贴抗碱玻璃纤维网格布，形成浑然一体的坚固保护层，表面可涂美观、耐污染的高弹性装饰涂料和贴各种面砖；具有节能、牢固、防水、体轻、阻燃、易施工等优点，在工程上应用最为广泛。这里最主要介绍 EPS 板薄抹灰外墙外保温系统(简称 EPS 板薄抹灰系统)施工。EPS 板薄抹灰系统构造如图 7-26 所示。

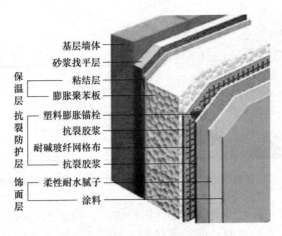

图 7-26　EPS 板薄抹灰系统构造

（图中标注，自上而下、左侧保温层）

基层墙体
砂浆找平层

保温层：粘结层、膨胀聚苯板

抗裂防护层：塑料膨胀锚栓、抗裂胶浆、耐碱玻纤网格布、抗裂胶浆

饰面层：柔性耐水腻子、涂料

EPS 板薄抹灰系统由 EPS 板保温层、薄抹面层和饰面涂层构成，EPS 板用胶粘剂固定在基层上，薄抹面层中满铺玻纤网。当建筑物高度在 20 m 以上时，在受负风压作用较大的部位宜使用锚栓辅助固定。

一、外墙外保温工程施工工艺

1. 工艺流程

外墙外保温工程施工工艺流程：基面检查或处理→工具准备→阴阳角、门窗膀挂线→基层墙体湿润→配制聚合物砂浆，挑选 EPS 板→粘贴 EPS 板→EPS 板塞缝，打磨、找平墙面→配制聚合物砂浆→EPS 板面抹聚合物砂浆，门窗洞口处理，粘贴玻纤网，面层抹聚合物砂浆→找平修补，嵌密封膏→外饰面施工。

2. 粘贴聚苯乙烯板（EPS 板）施工要点

（1）配制聚合物砂浆必须有专人负责，以确保搅拌质量；将水泥、砂子用量桶称好后倒入铁灰槽进行混合，搅拌均匀后按配合比加入粘结液进行搅拌，搅拌必须均匀，避免出现离析。根据和易性可适当加水，加水量为胶粘剂的 5%。聚合物砂浆应随用随配，配好的聚合物砂浆最好在 1 h 之内用光。聚合物砂浆应在阴凉处放置，避免阳光暴晒。

（2）EPS 板薄抹灰系统的基层表面应清洁，无油污、脱模剂等妨碍粘结的附着物。凸起、空鼓和疏松部位应剔除并找平。找平层应与墙体粘结牢固，不得有脱层、空鼓、裂缝，面层不得有粉化、起皮、爆灰等现象。

（3）粘贴 EPS 板时，应将胶粘剂涂在 EPS 板背面，涂胶粘剂面积不得小于 EPS 板面积的 40%。EPS 板应按顺砌方式粘贴，竖缝应逐行错缝。EPS 板应粘贴牢固，不得有松动和空鼓。

（4）墙角处保温板应交错互锁（图 7-27）。门窗洞口四角处保温板不得拼接，应采用整块保温板切割成型，保温板接缝应离开角部至少 200 mm（图 7-28）。

（5）应做好系统在檐口、勒脚处的包边处理。装饰缝、门窗四角和阴阳角等处应做好局部加强网施工。变形缝处应做好防水和保温构造处理。

（6）基层上粘贴的聚苯板，板与板之间缝隙不得大于 2 mm，对下料尺寸偏差或切割等原因造成的板间小缝，应用聚苯板裁成合适的小片塞入缝中。

图 7-27 保温板排列

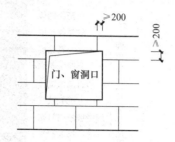

图 7-28 门窗洞口保温板排列

(7)聚苯板粘贴 24 h 后方可进行打磨，用粗砂纸、挫子或专用工具对整个墙面打磨一遍，打磨时不要沿板缝平行方向，而是做轻柔圆周运动将不平处磨平。墙面打磨后，应将聚苯板碎屑清理干净，随磨随用 2 m 靠尺检查平整度。

(8)网布必须在聚苯板粘贴 24 h 以后进行施工，应先安排朝阳面贴布工序；女儿墙压顶或凸出物下部，应预留 5 mm 缝隙，便于网格布嵌入。

(9)EPS 板板边除有翻包网格布的可以在 EPS 板侧面涂抹聚合物砂浆外，其他情况均不得在 EPS 板侧面涂抹聚合物砂浆。

(10)装饰分格条须在 EPS 板粘贴 24 h 后，用分隔线开槽器挖槽。

3. 粘贴玻纤网格布的施工要点

(1)配制聚合物砂浆必须专人负责，按配合比进行搅拌，确保搅拌均匀。

(2)聚合物砂浆应随用随配，配好的聚合物砂浆最好在 1 h 之内用光。聚合物砂浆应于阴凉处放置，避免阳光暴晒。

(3)在干净、平整的地方按预先需要长度、宽度从整卷玻纤网布上剪下网片，留出必要的搭接长度，下料必须准确，剪好的网布必须卷起来，不允许折叠、踩踏。

(4)在建筑物阳角处做加强层(图 7-29、图 7-30)，加强层应贴在最内侧，每边 150 mm。

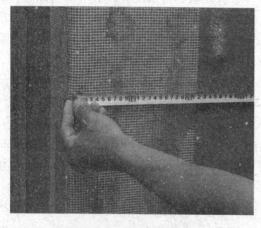

图 7-29 阳角处加强层

图 7-30 加强层布置

(5)涂抹第一遍聚合物砂浆时，应保持 EPS 板面干燥，并去除板面有害物质或杂质。

(6)在聚苯板表面刮上一层聚合物砂浆，所刮面积应略大于网布的长或宽，厚度应一致(约 2 mm)。除有包边要求者外，聚合物砂浆不允许涂在聚苯板侧边。

(7)刮完聚合物砂浆后，应将网布置于其上，网布的弯曲面朝向墙，从中央向四周抹压平整，使网布嵌入聚合物砂浆，网布不应折皱，不得外露。待表面干后，再在其上施抹一层聚合物砂浆。网布周边搭接长度不得小于 70 mm，在被切断的部位应采用补网搭接，搭接长度不得小于 70 mm。

(8)门窗周边应做加强层(图 7-31)，加强层网格布贴在最内侧。若门窗框外皮与基层墙体表面大于 50 mm，网格布与基层墙体粘贴；若小于 50 mm，需做翻包处理。大墙面铺设的网格布应嵌入门窗框外侧粘牢。

图 7-31　窗周边加强层

(9)门窗口四角处，在标准网施抹完后，再在门窗四角加盖一块 200 mm×300 mm 标准网，与窗角平分线呈 90°放置，贴在最外侧，用以加强；在阴角处加盖一块 200 mm 长、与窗膀同宽的标准网片，贴在最外侧。一层窗台以下，为了防止撞击带来的伤害，应先安置加强型网布，再安置标准型网布，加强网格布应对接。

(10)网布自上而下施抹，同步施工先施抹加强型网布，再做标准型网布。墙面粘贴的网格布应覆盖在翻包的网格布上。

(11)网布粘完后，应防止雨水冲刷或撞击；容易碰撞的阳角，门窗应采取保护措施；上料口部位应采取防污染措施，发生表面损坏或污染必须立即处理。

(12)施工后保护层 4 h 内不能被雨淋，保护层终凝后应及时喷水养护，养护时间昼夜平均气温高于 15 ℃时不得少于 48 h，低于 15 ℃时不得少于 72 h。

二、质量要求

(1)保温隔热材料的厚度必须符合设计要求。

(2)保温板材与基层及各构造层之间的粘结或连接必须牢固。粘结强度和连接方式应符合设计要求。保温板材与基层的粘结强度应做现场拉拔试验。

(3)当墙体节能工程的保温层采用预埋或后置锚固件固定时，其锚固件数量、位置、锚固深度和拉拔力应符合设计要求。后置锚固件应进行锚固力现场拉拔试验。

（4）外墙外保温工程的饰面层不应渗漏。当外墙外保温工程的饰面层采用饰面板开缝安装时，保温层表面应具有防水功能或采取其他相应的防水措施。

（5）外墙外保温层及饰面层与其他部位交接的收口处，应采取密封措施。

（6）当采用加强网做防止开裂的加强措施时，玻纤网格布的铺贴和搭接应符合设计和施工方案的要求。砂浆抹压应严实，不得空鼓，加强网不得折皱、外露。

（7）施工产生的墙体缺陷，如穿墙套管、脚手眼、孔洞等，应按照施工方案采取隔断热桥措施，不得影响墙体热工性能。

（8）墙体保温板材接缝方法应符合施工工艺要求。保温板拼缝应平整、严密。

【实践教学】

请学生根据项目案例要求，结合实际，利用所学知识，完成本项目案例中防水工程施工方案的制定。

本模块项目案例中出现问题的防治措施：

1. 涂膜厚度：在施工时，确保材料用量与分次涂刷，同时还应加强基层平整度的检查。对个别有严重缺陷的地方，应该用同类材料的胶泥嵌补平整。

2. 施工工艺：在施工时应严格按配合比施工，并且加强搅拌。B组分中有粉状填料，应适当延长搅拌时间。

3. 材料品种：焦油聚氨酯防水涂料与水泥类基层的粘结性一般很好，剥离强度较高；而底涂层与面涂层之间剥离强度相对较低。

4. 请思考：在以后的工作中如何将工程防水问题消灭在施工阶段？

【建筑大师】

清代建筑匠师梁九

梁九，中国清代建筑匠师。顺天府（今北京市）人。生于明代天启年间，卒年不详。梁九曾拜冯巧为师。冯巧是明末著名的工匠，技艺精湛，曾任职于工部，多次负责宫殿营造事务。冯巧死后，梁九接替他到工部任职。清代初年宫廷内的重要建筑工程都由梁九负责营造。康熙三十四年（1695年）紫禁城内主要殿堂——太和殿焚毁，由梁九主持重建。动工以前，他按十分之一的比例制作了太和殿的木模型，其形制、构造、装修一如实物，据之以施工，当时被誉为绝技。他重建的太和殿保存至今。

【榜样引领】

防水行业元老级人物——黄培栋先生

黄培栋是河南省项城市贾岭镇闫老寨人，早在1973年就利用沥青防水技术，为贾岭粮管所做防水防止小麦霉变，在全省率先达到"四无"（无水分、无霉变、无鼠害、无虫蛀）粮仓标准。

1966年至1968年期间，黄培栋在青海省参加支援边疆建设，当时同去的还有十几名贾岭籍工人，他们的任务是参加一个保密单位的基建工作。他们十几个人参加公路修建，运石子，熬沥青，整路基，浇筑混凝土，十分辛劳。其他老乡受不了，又回到基建队，但黄培栋坚持了下来，并掌握了熬制沥青的技巧。

有一天，单位的小粮库因为地面潮湿而令大家一筹莫展。黄培栋心想，能不能用沥青来试试呢？他征得领导同意后，就在一间 20 m² 的小房子里进行试验，结果过了一段时间发现屋子很干燥，为了检验这是不是巧合，单位就找了一个抽水机往这间屋子里灌水，发现不渗水，把水排出去后，割开一个小口，发现下面果然没有渗水。防水防潮技术研发成功。于是，这项技术就应用在大仓库上面。进而又扩展到整个驻马店地区的粮食部门。

这期间，黄培栋并没有停止研究。刚开始，浇筑沥青用的是盆、废料，而且难以操作，他发现茶壶的外形可以借鉴，就研制了一种沥青专用桶，这种桶与茶壶的区别就是壶嘴在下面。这一发明很快被推广开来。

沥青防潮还有一个难点，那就是在熬制的过程中，有时候把握不住火候，容易燃烧起火，而且用水也浇不灭。有一天，黄培栋在洗衣服时，看到熬制的沥青着火了，慌乱之中把洗衣粉水泼了上去，没想到火奇迹般地灭了。为此，他又做了几次实验，发现了这一窍门，每次熬制沥青时，就提前准备一盆洗衣粉水。

随着时间的推移，黄培栋的防水队很快名满中原。这一时期，黄培栋发现一层沥青一层布防水效果虽好，但不持久，两三年后可能因沥青风化而渗水。于是，他又改为一毡二油、二毡三油，甚至三毡四油。这样，防水技术又上了一个新台阶。

随着时间的推移，国家对防水防潮业有了新的技术要求，大力推广SBS等技术。贾岭镇人敏锐地察觉到这一信息，1988年，时任贾岭镇党委书记的李培仁和黄培栋从上海请来了专家，培训新技术。用了一周的时间，共培训了300多人。这次培训点燃了大家创业的激情，为防水防潮业的发展插上了腾飞的翅膀。2008年，项城被中国建筑业协会防水分会授予"中国建设工程防水之乡"称号，2011年被中国硅酸盐学会防水材料专业委员会授予"建筑防水之都"称号。

老一代防水人以无私奉献、忘我工作的拼搏精神，给我们树起学习的榜样，是我们投身工作的不竭动力。

 复习思考题

一、选择题

1. 当屋面坡度小于3%时，卷材宜（　　）于屋脊铺贴。

    A. 垂直　　　　　　　B. 交叉　　　　　　　C. 平行或垂直　　　　D. 平行

2. 高聚物改性沥青防水卷材施工的施工方法使用最多的是（　　）。

    A. 冷粘贴　　　　　　B. 热熔法　　　　　　C. 自粘法　　　　　　D. 热焊法

3. 下面关于高分子防水卷材的特点，说法正确的是（　　）。

    A. 单层结构防水、冷施工、使用寿命长

    B. 多层结构防水、热施工、使用寿命长

    C. 单层结构防水、热施工、使用寿命短

    D. 单层结构防水、冷施工、使用寿命短

4. 混凝土浇筑（　　）h后进行养护，养护时间不应少于（　　）d，养护初期屋面不允许上人。

    A.24～48，15　　　B.12～24，14　　　C.12～24，15　　　D.24～48，14

5. 防水混凝土的后浇缝的混凝土施工，应在其两侧混凝土浇筑完毕并养护（　　）周，待混凝土收缩变形基本稳定后再进行。

    A.4　　　　　　　　　B.5　　　　　　　　　C.6　　　　　　　　　D.7

6. 施工缝是防水结构容易发生渗漏的薄弱部位，宜少留施工缝。墙体一般只允许留水平施工缝，其位置应留在高出底板上表面(   )mm 的墙身上。

A. 200　　　　　　　　B. 250　　　　　　　　C. 300　　　　　　　　D. 350

7. 地下工程围护结构按防水要求，分(   )个防水等级。

A. 2　　　　　　　　　B. 3　　　　　　　　　C. 4　　　　　　　　　D. 5

8. 地下防水等级的 1 级标准是(   )。

A. 不允许漏水，结构表面可有少量湿渍

B. 有少量漏水点，不得有线流和漏泥

C. 有漏水点，不得有线流和漏泥沙

D. 不允许渗水，结构表面无湿渍

9. 卷材防水时，上下层卷材的接缝应相互错开(   )卷材宽度。

A. 1/4～1/3　　　B. 1/3～2/3　　　C. 1/3～1/2　　　D. 1/2～2/3

二、判断题

1. 改性沥青防水卷材尤其适用寒冷地区和结构变形频繁的建筑物防水。(   )

2. 不适用防水等级为 Ⅰ～Ⅱ 的屋面卷材是石油沥青麻布胎卷材。(   )

3. 屋面铺贴卷材时，平行于屋脊的搭接缝应顺主导风向搭接；垂直于屋脊的搭接缝，应顺水流方向搭接。(   )

4. 当屋面坡度为 3％～15％ 时，防水卷材可以采取平行屋脊铺贴或垂直屋脊铺贴。但二层以上时，不得交叉铺贴。(   )

5. 当屋面坡度大于 15％ 吋，沥青防水卷材的铺贴方向应垂直于屋脊。(   )

6. 屋面油毡铺设时，上下两层之间应相互垂直铺贴。(   )

三、简答题

1. 试述卷材防水屋面的构造和各层的作用。

2. 卷材防水层对基层的要求是什么？为什么找平层要留分隔缝？

3. 卷材的铺贴方向是如何确定的？

4. 卷材防水屋面的质量要求有哪些？

5. 沥青卷材屋面防水层最容易产生哪些质量问题？如何处理？

6. 卷材屋面保护层的做法有哪几种？

7. 试述刚性防水屋面的构造。

8. 如何预防刚性防水屋面的开裂和渗漏？

9. 地下室卷材防水层施工中外防外贴法施工顺序是什么？试述其施工要点。

10. 地下防水层的卷材铺贴方案有哪些？

11. 在防水混凝土施工中应注意哪些问题？

12. 试述防水混凝土的防水原理和配制。

13. 简述外墙外保温工程的施工要点。

模块八　装饰工程施工

知识目标

1. 掌握墙面、顶棚、地面、吊顶、隔墙等部位的装饰构造；
2. 掌握墙面、顶棚、地面、吊顶、隔墙等部位的装饰工程施工工艺；
3. 熟悉新材料、新技术、新工艺的知识。

能力目标

1. 能够分析墙面、顶棚、地面、吊顶、隔墙等装饰构造特点；
2. 具备进行墙面、顶棚、地面、吊顶、隔墙等装饰工程施工的能力；
3. 能掌握装饰新材料、新技术、新工艺的应用。

建筑规范

《建筑地面工程施工质量验收规范》(GB 50209—2010)
《建筑装饰装修工程质量验收标准》(GB 50210—2018)

案例引入

某高层钢结构工程，建筑面积为 28 000 m²，地下 1 层，地上 12 层，外围护结构为玻璃幕墙和石材幕墙，外墙保温材料为新型保温材料；屋面为现浇钢筋混凝土板，防水等级为 I 级，卷材防水。在施工过程中，施工单位对幕墙与各楼层楼板间的缝隙防火隔离处理进行了检查，对幕墙的抗风压性能、空气渗透性能、雨水渗透性能、平面变形性能等有关安全和功能检测项目进行了见证取样或抽样检验。

案例分析

案例涉及幕墙工程的施工、幕墙中防火材料的安装、幕墙与主体结构之间的缝隙如何处理等问题。

问题导向

1. 幕墙工程的组成有哪些？幕墙的特点是什么？
2. 幕墙工程中应检测哪些项目？
3. 建筑幕墙与各楼层楼板间的缝隙隔离的主要防火构造做法有哪些？

建筑装饰装修工程应在基体或基层的质量验收合格后施工。建筑装饰装修工程主要包括抹灰工程、饰面板（砖）工程、地面工程、幕墙工程、吊顶工程、轻质隔墙工程、涂饰工程、裱糊工程等分项工程。建筑装饰装修工程施工前应有主要材料的样板或做样板间（件），并经有关各方确认；必须组织材料进场，并对其进行检查、加工和配制；必须做好机械设备和施工工具的准备；必须做好图纸审查、制定施工顺序与施工方法、进行材料试验试配工作、组织结构工程验收和工序交接检查、进行技术交底等有关技术准备工作；必须进行预埋件、预留洞的埋设和基层的处理等。

装饰工程的施工顺序对保证施工质量起着控制作用。室外抹灰和饰面工程的施工，一般应自上而下进行；高层建筑采取措施后，可分段进行；室内装饰工程的施工，应待屋面防水工程完工后，在不致被后续工程损坏和污染的条件下进行；室内抹灰在屋面防水工程完工前施工时，必须采取防护措施。室内吊顶、隔墙的罩面板和花饰等工程，应待室内地（楼）面湿作业完工后施工。

单元一　墙面装饰工程施工

一、抹灰工程施工

视频：抹灰工程施工

抹灰工程是指将抹面砂浆、石屑浆、石子浆涂抹在建筑物基体表面上的装饰工程。抹灰工程应分层进行。抹灰层分为底层、中层和面层（图8-1）。底层主要起粘结作用，中层主要起找平作用，面层主要起装饰作用。抹灰工程按部位分为墙面抹灰、顶棚抹灰、地面抹灰（图8-2）；按使用材料和装饰效果，分为一般抹灰和装饰抹灰。一般抹灰适用石灰砂浆、水泥砂浆、混合砂浆、聚合物水泥砂浆、膨胀珍珠岩水泥砂浆、麻刀灰、纸筋灰、石膏灰等。装饰抹灰的底层和中层与一般抹灰做法基本相同，其面层主要有水刷石、斩假石、干粘石、喷涂、滚涂、弹涂、仿石和彩色抹灰等。

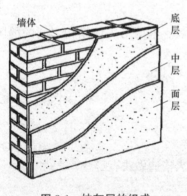

图8-1　抹灰层的组成

图8-2　抹灰工程

1. 抹灰工程分类、组成及要求

一般抹灰(表 8-1)按质量要求分为普通抹灰和高级抹灰。普通抹灰由一道底层、一道中层和一道面层组成，要求表面光滑、洁净、接槎平整、分格缝清晰。高级抹灰由一道底层、数道中层和一道面层组成，要求表面光滑、洁净、颜色均匀、无抹纹、分格缝和灰线清晰美观。抹灰层的平均总厚度应符合设计要求，一般不应超过 25 mm。当抹灰总厚度大于 35 mm 时，应采取加强措施。抹水泥砂浆每遍厚度宜为 5～7 mm；抹石灰砂浆或混合砂浆每遍厚度宜为 7～9 mm。

表 8-1　一般抹灰的组成

层次	作用	基层材料	一般做法
底层抹灰	主要起与基层粘结的作用，起初步找平作用	砖墙基层	室内墙面一般采用混合砂浆或石灰砂浆打底；室内墙面、勒脚、屋檐以及室内有防水、防潮要求，采用水泥砂浆面层时，可采用水泥砂浆打底
		混凝土和加气混凝土基层	宜先用水冲洗干净，并刷掺水量 10％的 108 胶水泥浆粘结层，采用水泥石灰砂浆(1∶1∶8)打底；高级装修工程的预制混凝土板顶棚，宜用乳胶水泥砂浆打底
		木板条和钢丝网基层	宜用混合砂浆或麻刀灰、玻璃丝灰打底并将灰浆挤入基层缝隙内，以加强拉结
中层抹灰	主要起找平作用	—	所用材料基本同底层；根据施工质量要求，可以一次抹成，也可分次进行
面层抹灰	主要起装饰作用	—	要求大面平整，无裂痕，颜色均匀；室内一般采用麻刀灰、纸筋灰、混合砂浆，较高级墙面用石灰膏等。室外用混合砂浆、水泥砂浆和各种装饰抹灰

(1)抹灰工程施工顺序的确定。

1)抹灰工程在基层质量检验合格后方可施工。高级抹灰施工前，还应做出样板，鉴定合格后方可施工。

2)室内外抹灰顺序，一般是先室外、后室内。室外抹灰和饰面工程的施工，应自上而下进行；高层建筑(≥9 层)采取措施后，可分段从下向上进行。室内抹灰也是从上层往下层按层施工。

3)室内抹灰工程应待隔墙、门框、窗框、暗装管道、电线管和电器预埋件、预制钢筋混凝土楼板灌缝等完工后进行。

特别提示

装饰施工的顺序主要考虑后一道工序是否会污染前面已经完成的工程，故一般是顶棚、墙面抹灰后再进行地面施工，地面施工完成后再进行顶棚、墙面涂料涂饰工程。如果地面是木、竹地板、地毯或其他涂饰地面，则在顶棚、墙面涂料涂饰工程完成后再进行面层施工。

(2)抹灰工程的砂浆品种选用要求。抹灰工程的砂浆品种，按设计要求选用；如设计无要求，应符合下列规定：

1)外墙门窗洞口外侧壁、屋檐、压檐墙等的抹灰采用水泥砂浆或水泥混合砂浆；勒脚宜采用水泥砂浆。

2)温度较大的房间、车间的抹灰采用水泥砂浆，不宜采用水泥混合砂浆。

3)混凝土板和墙的底面抹灰采用水泥砂浆或水泥混合砂浆。

4)硅酸盐砌块的底面抹灰采用水泥混合砂浆。

5)板条、金属网顶棚和墙的底层和中层抹灰采用麻刀石灰砂浆或纸筋石灰砂浆。

6)加气混凝土块的底层采用混合砂浆或聚合物水泥砂浆。

2. 抹灰工程的工艺流程

抹灰工程的工艺流程：处理基层→找规矩→做标志块→设标筋→做护角→抹底层、中层灰→抹面层灰。

抹灰工程的施工要点如下：

(1)处理基层。抹灰前应对基体表面的灰尘、污垢、油渍、碱膜、跌落砂浆等进行清除，对墙面上的孔洞、剔槽等用水泥砂浆进行填嵌。门窗框与墙体交接处缝隙应用水泥砂浆或混合砂浆分层嵌堵。不同基层材料(如砖和混凝土、砖和木板条)相接处(图 8-3)，应铺钉金属网并绷紧钉牢，金属网与各基层材料的搭接宽度从相接处起每边不小于 100 mm。

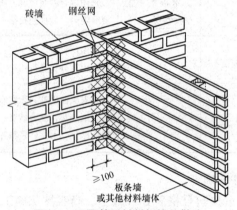

图 8-3　不同基层材料相接处做法

1)砖墙基层的处理。先清理砖墙表面浮灰、砂浆、泥土等杂物，再进行墙面浇水湿润。浇水时应从墙上部缓慢浇下，防止墙面吸水处于饱和状态。

2)混凝土墙基层的处理。混凝土墙基层有三种处理方法：一是对光滑的混凝土表面进行凿毛处理；二是采用甩浆法(图 8-4)；三是刷界面剂。

3)轻质混凝土基层的处理。先钉钢丝网(图 8-5)，然后在网格上抹灰，也可以在基层刷上一道增强粘结力的封闭层，再抹灰。

(2)找规矩，定墙面的基准厚度。找规矩即将房间找方或找正(当房间较大或有柱网时，应在地面弹出十字线，便于找方)。找方后将线弹在地面上，根据墙面的垂直度、平整度和抹灰总厚度规定，与找方线进行比较，决定抹灰的厚度，从而找到一个抹灰的假想平面。将此平面与相邻墙面的交线弹于相邻的墙面上，作为该墙面的基准线，并以此为标志作为标筋的厚度标准。

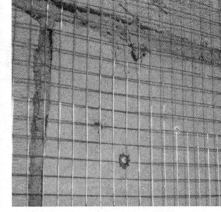

图 8-4　甩浆法　　　　　　　　　　　　　图 8-5　钉钢丝网

（3）做标志块（灰饼）。

1）做灰饼前，应先确定灰饼的厚度。先用托线板和靠尺检查整个墙面的平整度及垂直度，根据检查结果确定灰饼的厚度，一般最薄处不应小于 7 mm。

2）在距顶棚约 20 cm 处，做上标志块（灰饼）（图 8-6）。灰饼一般 5 cm 见方，用水泥砂浆或混合砂浆制作。以上标志块（灰饼）为基础，吊线做下标志块（灰饼）。下标志块（灰饼）的位置一般在踢脚线上方 20～25 cm 处，标志块厚度正好是抹灰厚度。

3）标志块做好后，再在标志块附近砖墙缝内钉上钉子，拴线挂水平通线（注意小线要离开标志块 1 mm），然后按间距 1.2～1.5 m，加做若干标志块，凡窗口、垛角处必须做标志块。

（4）设标筋。标筋也称为冲筋（图 8-7），是以灰饼为准在灰饼间所做的灰埂，作为抹灰平面的基准。具体做法是用与底层抹灰相同的砂浆在上下两个灰饼间先抹一层，再抹第二层，形成宽度为 100 mm 左右、厚度比灰饼高出 10 mm 左右的灰埂，然后，用木杠紧贴灰饼搓动，直至把标筋搓得与灰饼齐平为止。最后，要将标筋两边用刮尺修成斜面，以便与抹灰面接槎顺平。标筋的另一种做法是采用横向水平标筋。此种做法与垂直标筋相同。同一墙面的上下水平标筋应在同一垂直面内。标筋通过阴角时，可用带垂球的阴角尺上下搓动，直至上下两条标筋形成角度相同且角顶在同一垂线上的阴角。阳角可用长阳角尺同样在上下标筋的阳角处搓动，形成角顶在同一垂线上的标筋阳角。水平标筋的优点是可保证墙体在阴、阳转角处的交线顺直，并垂直于地面，避免出现阴、阳角交线扭曲不直的弊病。同时，水平标筋通过门窗框，由标筋控制，墙面与框面可接合平整。

（5）做护角（图 8-8）。在室内抹面的门窗洞口及墙角、柱面的阳角处应做水泥砂浆门窗护角。护角高度一般不低于 2 m，每侧宽度不小于 50 mm。

做护角的第一步，先将阳角用方尺规方，靠门框一边以门框离墙的空隙为准，另一边以墙面灰饼厚度为依据。最好在地面上画好准线，按准线用砂浆粘好靠尺板，用拖线板吊直，方尺找方。

第二步，在靠尺板的另一边墙角分层抹 1：2 水泥砂浆，与靠尺板的外口平齐。然后，把靠尺板移动至已抹好护角的一边，用钢筋卡子卡住。用拖线板吊直靠尺板，把护角的另一面分层抹好。

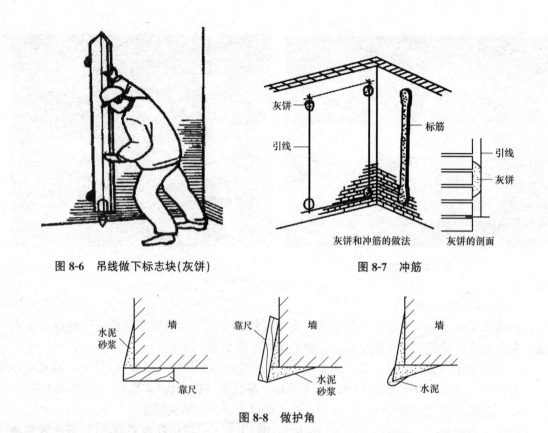

图 8-6　吊线做下标志块(灰饼)

灰饼
引线
标筋
引线
灰饼
灰饼和冲筋的做法
灰饼的剖面

图 8-7　冲筋

水泥砂浆
墙
靠尺
靠尺
墙
水泥砂浆
墙
水泥

图 8-8　做护角

　　第三步，取下靠尺板，待砂浆稍干时，用阳角抹子和水泥素浆捋出护角的小圆角，最后用靠尺板沿顺直方向留出预定宽度，将多余砂浆切出一定斜面，以便抹面时与护角接槎。

　　(6)抹底层灰、中层灰。待标筋有一定强度后，即可用方头铁抹子在两标筋间抹上底层灰，用木抹子压实搓毛。待底层灰收水后，即可抹中层灰，抹灰厚度应略高于标筋。中层抹灰后，随即用木杠沿标筋刮平，不平处补抹砂浆，再刮，直至墙面平直为止，可用靠尺检查抹灰层平整度。紧接着用木抹子搓压，使表面平整、密实。阴角处先用方尺上下核对方正(水平横向标筋可免去此步)，然后用阴角器上下抽动捋平，使室内四角方正为止(图 8-9)。

图 8-9　抹底层、中层灰

　　(7)抹面层灰。待中层灰有 6～7 成干时，即可抹面层灰。操作一般从阴角或阳角处开始，自左向右进行。一人在前抹面灰，另一人在其后找平整，并用铁抹子压实赶光。阴、阳角处用阴、阳角抹子捋光。高级抹灰的阳角必须用拐尺找方。

二、饰面板(砖)工程施工

饰面板(砖)工程是指饰面材料镶贴到基层上的一种装饰工程。饰面板(砖)工程主要包括饰面板工程施工和饰面砖工程施工。饰面板主要包括瓷板、石材、木材、塑料、金属饰面板；饰面砖主要分为外墙面砖和内墙面砖。饰面板(砖)工程所有材料进场时应对品种、规格、外观和尺寸进行验收。其中，应复验室内用花岗石、瓷砖的放射性；粘贴用水泥的凝结时间、安定性和抗压强度；外墙陶瓷面砖的吸水率；寒冷地面外墙陶瓷砖的抗冻性。

(一)饰面板工程施工

饰面板种类很多，其施工工艺也不尽相同。下面主要介绍石材、瓷板饰面板施工。

石材、瓷板饰面板的施工方法主要有钢筋网片锚固灌浆法(图 8-10)和干挂法(图 8-11)等。在这里主要介绍钢筋网片锚固灌浆法，干挂法在幕墙工程中介绍。

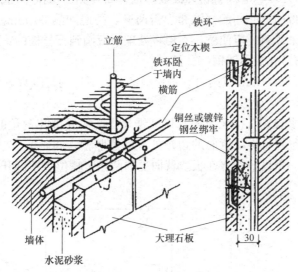

铁环
立筋
定位木楔
铁环卧于墙内
横筋
铜丝或镀锌钢丝绑牢
墙体
大理石板
水泥砂浆
30

图 8-10　钢筋网片锚固灌浆法

图 8-11　干挂法

钢筋网片锚固灌浆法是一种传统的施工方法，可用于混凝土墙，也可用于砖墙。由于其造价较低，所以仍被广泛采用。但也有一些缺点，如施工进度慢、周期长；对工人的技术水平要求高；饰面板容易发生花脸、变色、锈斑、空鼓、裂缝等，而且对几何形体复杂及不规则的墙面不易施工。

1. 工艺流程

饰面板工程施工的工艺流程：饰面板进场检查→选板、预拼、排号→石材防碱背涂处理→石板开槽(钻孔)→穿不锈钢(铜)丝→基层处理→放线→墙体钻孔→固定膨胀螺栓→绑扎钢筋网→板材固定→板材调平靠直→封缝→分层浇筑→清理→擦缝→打蜡或罩面。

2. 施工要点

(1)饰面板进场检查。逐块进行检查，将破碎、变色、局部污染和缺棱掉角的全部挑拣出来，另行堆放；进行边角垂直测量、平整度检验、裂缝检验、棱角缺陷检验，确保安装后的尺寸宽、高一致。

(2)选板、预拼、排号。按照板材的尺寸偏差，分类码放；有缺陷的板，应改小使用或安装在不显眼的部位。

(3)石材防碱背涂处理。清理石材饰面板，把背面和侧面擦拭干净。将石材处理剂搅拌均匀，用毛刷在石材板的背面和侧面涂布，需两遍，两遍间隔 20 min。待第一遍石材处理剂干燥后，方可涂布第二遍。应注意，不得将处理剂流淌到石材板的正面。

(4)石板开槽(钻孔)、穿不锈钢(铜)丝。

1)钻孔：当板宽在 500 mm 以内时，每块板的上、下边的打眼数量均不得少于 2 个；如超过 500 mm，应不少于 3 个。

2)开槽：用电动手提式石材无齿切割机圆锯片，在需要绑扎钢丝的部位上开槽。采用四道槽法，四道槽的位置：板块背面的边角处开两道竖槽，间距为 30~40 mm；板块侧边处的两竖槽位置上开一条横槽，再在板块背面上的两条竖槽位置下部开一条横槽(图 8-12)。

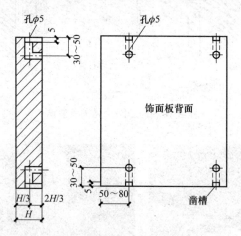

图 8-12 石板开槽

3)穿丝：将备好的 18 号或 20 号不锈钢丝或铜丝剪成 300 mm 长，并弯成 U 形。将 U 形不锈钢丝先套入板背面横槽，U 形的两条边从两条竖槽内穿出后，在板块侧面横槽处交叉。再通过两条竖槽将不锈钢丝在板块背面扎牢。注意，不锈钢丝不得拧得太紧。

(5)基层处理、放线。基层应干净、平整、粗糙，平整度应达到中级抹灰要求。放线时依照室内标准水平线，找出地面标高，按板材面积计算纵横的皮数，用水平尺找平，并弹出板材的水平和垂直控制线。柱子饰面板的安装，应按设计轴线距离，弹出柱子中心线和水平标高线。

(6)墙体钻孔、固定膨胀螺栓、绑扎钢筋网。用冲击电钻先在基层打深度不小于 60 mm 的孔，再将 $\phi6\sim\phi8$ mm 短钢筋埋入，外露 50 mm 以上并弯钩。在同一标高的插筋上置水平钢筋，两者靠弯钩或焊接固定(图 8-13)。

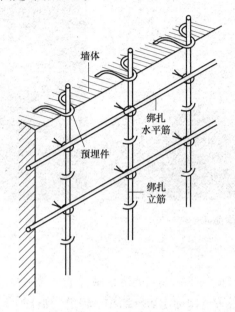

图 8-13 绑扎钢筋网

(7)板材固定、调平靠直。按照放好的线预排、拉通线，然后从下向上施工。每一层的安装从中间或一端开始均可，用不锈钢丝(或铜丝)把板材与结构表面的钢筋骨架绑扎牢固，随时用托线板调平靠直，保证板与板交接处四角平整(图 8-10)。

(8)封缝。用石膏将底及两侧缝隙堵严，上下口用石膏临时固定，较大的板材固定时要加支撑。

(9)分层浇筑。固定后用 1∶2.5 水泥砂浆(稠度宜为 80∼120 mm)分层灌注。每层灌入高度为 150∼200 mm，并应小于或等于 1/3 板高。灌注时用小铁钎轻轻插捣，切忌猛捣猛灌。一旦发现外胀，应拆除板材重新安装。第一层灌完后 1∼2 h，检查板材无移动，确认下口铜丝与板材均已锚固，待初凝后再继续灌下一层浆，直到距上口 50∼100 mm 停止。

将上口临时固定的石膏剔掉，清理干净缝隙，再安装第二行板材。这样，依次由下往上安装固定、灌浆。采用浅色的大理石、汉白玉饰面板材时，灌浆应用白水泥和白石屑。

(10)清理、擦缝、打蜡或罩面。每日安装固定后，应将饰面清理干净。安装固定后的板材如面层光泽受到影响，应重新打蜡出光。全部板材安装完毕后，清洁表面，用与板材相同颜色的水泥砂浆，边嵌边擦，使缝隙嵌浆密实，颜色一致。进行擦拭或用高速旋转帆布擦磨，抛光上蜡。光面和镜面的饰面板经清洗晾干后，方可打蜡擦亮。

饰面板的结合层在凝结前应防止风干、暴晒、水冲、撞击和振动。饰面板表面需打蜡上光时，涂擦应注意防止利器划伤石材表面。饰面板安装完成后，应及时贴纸或贴塑料薄膜保护，容易碰触到的口、角部分应使用木板钉成护角保护。及时清擦干净残留在门窗框、扇的砂浆。特别是铝合金门窗框、扇，事先应粘贴好保护膜，预防污染。

（二）饰面砖工程施工

饰面砖工程施工分为内墙饰面砖粘贴（图 8-14）和外墙饰面砖粘贴（图 8-15）。

图 8-14　内墙饰面砖粘贴

图 8-15　外墙饰面砖粘贴

1. 釉面砖工程施工

（1）工艺流程。基层处理→挂线、贴灰饼、做冲筋、抹底中层灰→排砖、弹线、分格→选砖→浸砖→做标志块→镶贴→嵌缝、清理。

（2）施工要点。

视频：饰面砖
工程施工

1）基层处理。基层处理的目的是使找平层与基层粘结牢固，处理结果要求基层干净、平整、粗糙。

当基体为混凝土时，先剔凿混凝土基体上凸出部分，使基体基本保持平整、毛糙，然后刷结合层。在不同材料的交接处应铺设钢丝网，表面有孔洞需用 1∶3 水泥砂浆找平。

砌块墙应在基体清理干净后，先刷结合层一道，再满钉机制镀锌钢丝网一道。

当基体为砖砌体时，应用钢錾子剔除砖墙面多余灰浆，然后用钢丝刷清除浮土，并用清水将墙体充分润湿，使润湿深度为 2～3 mm。

2）挂线、贴灰饼、做冲筋、抹底中层灰。做法同一般抹灰工程施工。

3）排砖、弹线、分格。按设计要求和施工样板进行排砖。同一墙面只能有一行与一列非整块饰面砖，非整块面砖应排在紧靠地面处或不显眼的阴角处，同时非整砖宽度不得小于整砖宽度的 1/3。排砖时可用调整砖缝宽度的方法解决，一般饰面砖缝宽可在 1～1.5 mm 中变化。凡有管线、卫生设备、灯具支撑等时，应该用整砖套割吻合，不得用非整砖拼凑镶贴。通常做法是将面砖裁成 U 形口套入，再将裁下的小块截去一部分，套入原砖 U 形口嵌好。

弹线分格是在找平层上用墨线弹出饰面砖分格线。弹线前应根据镶贴墙面长、宽尺寸，将纵、横面砖的皮数画在皮数杆上，定出水平标准。

外墙面砖水平缝应与窗台平齐；竖向要求阳角及窗口处都是整砖。窗间墙、墙垛等处要事先测好中心线、水平分格线、阴阳角垂直线。

4）选砖。选砖是保证饰面砖镶贴质量的关键工序。必须在镶贴前按颜色的深浅、规格的差异进行分选。一般应保证每一行砖的尺寸相同；每一面墙的颜色相同。在分选饰面砖的同时，注意砖的平整度，不合格者不得使用。最后，挑选配件砖，如阴角条、阳角条、压顶等。

5）浸砖。采用陶瓷釉面砖作为饰面砖时，在铺贴前应充分浸水，防止干砖铺贴上墙后，吸收灰浆中的水分，致使砂浆中水泥不能完全水化，造成粘贴不牢或面砖浮滑。一般浸水时间不少于 2 h，取出阴干到表面无水膜，通常为 6 h 左右；以手摸无水感为宜。

6）做标志块。用废面砖按镶贴厚度，在墙面上下左右做标志，并以标准砖棱角作为基准线，上下用靠尺吊直，横向用靠尺或细线拉平。标志间距一般为 1 500 mm。阳角处除正面做标志外，侧面也相应有标志块，即所谓的双面挂直(图 8-16)。

7）镶贴。镶贴时每一施工层必须由下往上贴，而整个墙面可采用从下往上，也可采用从上往下的施工顺序(如外墙砖镶贴)。

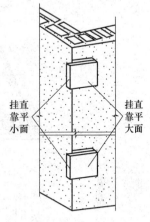

图 8-16　标志块

以弹好的地面水平线为基准，嵌上直靠尺或八字形靠尺，第一排饰面砖下口应紧靠直靠尺上沿，保证基准行平直。如地面有踢脚板，靠尺上口应为踢脚板上沿位置，以保证面砖与踢脚板接缝美观。墙面与地面的交角处用阴三角条镶贴时，需将阴三角条的位置留出后，方可放置直靠尺或八字形靠尺。

一个施工层由下往上，从阳角开始沿水平方向逐一铺贴。饰面砖粘结砂浆厚度宜为5～8 mm。砂浆可以是水泥砂浆，也可以是混合砂浆，水泥砂浆以配比 1：2 或 1：3(体积比)为宜。用铲刀在砖背面满刮砂浆，再准确镶嵌到位，然后用铲刀木柄轻轻敲击饰面砖表面，使其落实镶贴牢固，并将挤出的砂浆刮净。

在镶贴中，应随贴、随敲击、随用靠尺检查表面平整度和垂直度。检查发现高出标准砖面时，应立即压砖挤浆；如已形成凹陷，必须揭下重新抹灰再贴，严禁从砖边塞砂浆造成空鼓。当贴到最上一行时，要求上口成一直线。

镶贴墙面时，应先贴大面，后贴阴阳角、凹槽等费工多、难度大的部位。在粘结层初凝前或允许的时间内，可调整釉面砖的位置和接缝宽度；在初凝后，严禁振动或移动面砖。

8）嵌缝、清理。饰面砖镶贴完毕后，应用棉纱将砖面灰浆拭净，同时用勾缝剂嵌缝，嵌缝中务必注意应全部封闭缝中镶贴时产生的气孔和砂眼。嵌缝后，应用棉纱仔细擦拭干净污染的部位。如饰面砖砖面污染严重，可用稀盐酸刷洗后，再用清水冲洗干净。

2. 陶瓷马赛克工程施工

(1)工艺流程。基层处理→抹找平层→弹线→镶贴马赛克→润湿面纸、揭纸、调缝→擦缝、清洗。

(2)施工要点。

1)基层处理、抹找平层。基层处理、抹找平层同一般抹灰工程。

2)预排、分格、弹线。按照设计图纸色样要求，在抹灰层上从上到下弹出若干水平线，在阴阳角、窗口处弹出垂直线，作为粘贴马赛克的控制线。

3)镶贴马赛克。

①陶瓷马赛克镶贴。根据已弹好的水平线稳好平尺板，在已湿润的底子灰上刷素水

泥浆一道，再抹结合层，并用靠尺刮平。同时，将陶瓷马赛克铺放在木垫板上，底面朝上，缝里撒灌1：2干水泥砂，并用软毛刷子刷净底面浮砂，薄薄涂上一层粘结灰浆（图8-17），然后逐张拿起，清理四边余灰，按平尺板上口，由下往上随即往墙上粘贴，如图8-18所示。

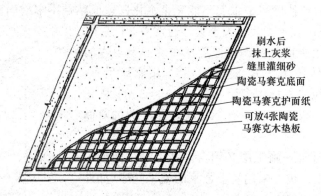

图8-17　陶瓷马赛克底面涂粘结灰浆

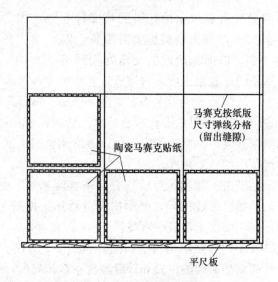

图8-18　陶瓷马赛克镶贴

②玻璃马赛克镶贴。墙面浇水后抹结合层（用42.5级或42.5级以上普通硅酸盐水泥，水胶比0.32，厚度2 mm），待结合层手按无坑，但能留下清晰指纹时铺贴。按标志块挂横、竖控制线。将玻璃马赛克背面朝上平放在木垫板上，并在其背面薄薄涂抹一层水泥浆。将玻璃马赛克逐张沿着控制线铺贴。用木抹子轻轻拍平压实，使玻璃马赛克与基层灰牢固粘结。如铺贴后横、竖缝间出现误差，可用木拍板赶缝，进行调整。

4)润湿面纸、揭纸、调缝。马赛克镶贴后，用软毛刷将马赛克护面纸刷水湿润，约0.5 h后揭纸，揭纸应从上往下揭。揭纸后检查缝平直大小情况。若缝不直，用开刀拨正调直，再用小锤敲击拍板一遍，用刷子带水将缝里的砂刷出，并用湿布擦净马赛克砖面，必要时可用小水壶由上往下浇水冲洗。

5)擦缝、清洗。粘贴48 h后用素水泥浆擦缝。工程全部完工后，应根据不同污染程度用稀盐酸刷洗，之后用清水冲刷。

少数工种(水电、通风、设备安装等)的施工应在陶瓷马赛克镶贴之前完成，防止损坏面砖。油漆粉刷不得将油漆喷滴在已完的饰面砖上。若不慎污染饰面砖，应及时擦净，必要时可采用贴纸或粘胶带等保护措施。各抹灰层在凝结前应防止风干、暴晒、水冲和振动，以保证各层有足够的强度。对施工中可能发生碰损的入口、通道、阳角等部位，应采取临时保护措施。

三、涂饰与裱糊工程施工

(一)涂饰工程施工

涂饰工程可分为水性涂料涂饰工程、溶剂型涂料涂饰工程两类。
水性涂料包括合成树脂乳液涂料(乳胶漆)、水溶性涂料、水稀释性涂料等。水性涂料、水性胶粘剂和水性处理剂，进入现场时应有产品合格证书、性能检测报告、出场质量保证书、进场验收记录。基层处理选用的腻子应注意其配置品种、性能及适用范围，应当根据基体、室内外的区别及功能要求选用适宜的配制腻子或成品腻子。

1. 工艺流程

涂饰工程施工的施工工艺流程：基层处理→刮腻子→涂底层封闭涂料→涂面层涂料。

2. 施工方法

(1)喷涂(图 8-19)。喷涂是利用高速气流产生的负压力将涂料带到所喷物体的表面，形成涂膜。其优点是涂膜外观质量好，施工速度快，适合大面积施工。

(2)滚涂(图 8-20)。滚涂是利用蘸涂料的辊子在物体表面上滚动的涂饰方法。常用辊子有羊毛辊子、橡胶辊子、海绵辊子。滚涂时路线需直上直下，以保证涂层薄厚均匀，一般两遍成活。

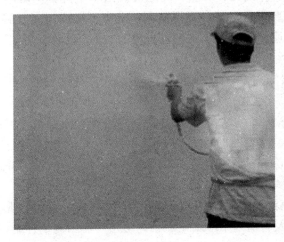
图 8-19　喷涂

图 8-20　滚涂

(3)弹涂(图 8-21)。弹涂是借助专用的电动(或手动)筒形弹力器，将各种颜色的涂料弹到饰面基层上，形成直径为 2～8 mm、大小近似、颜色不同、互相交错的圆粒状色点，或深、浅色点相互衬托，形成一种彩色装饰面层。这种饰面粘结能力强，对基层的适应性较广，可以直接弹涂在底子灰上和基层较平整的混凝土墙板、加气板、石膏板等墙面上。

（4）刷涂（图8-22）。刷涂是用涂料刷子刷，涂刷时方向应与行程方向一致，涂料浸满全刷毛的1/2。勤蘸短刷，不能反复刷。

图8-21　弹涂

图8-22　刷涂

3. 施工要点

（1）基层处理。工程施工前，应认真检查基层质量，基层经验收合格后方可进行下道工序操作。基层处理方法如下：先将装修表面上的灰块、浮渣等杂物用开刀铲除，如表面有油污，应用清洗剂和清水洗净，干燥后再用棕刷将表面灰尘清扫干净；表面清扫后，用水与界面剂（配合比为10：1）的稀释液刷一遍，再用底层石膏或嵌缝石膏将底层不平处填补好，石膏干透后局部需贴牛皮纸或网格布进行防裂处理，干透后进行下一步施工。

（2）刮腻子。刮三遍腻子：第一遍腻子填补气孔、麻点、缝隙及凹凸不平处，干后用0～2号砂纸打磨平；之后，满刮两遍腻子，要求尽量薄，不得漏刮，接头不得留槎，直至表面光滑、平整，线角及边棱整齐为止。两遍腻子刮批方向应相互垂直。腻子干后，应用砂纸磨光、磨平，清理干净。

（3）涂底层封闭涂料。封闭涂料喷涂或滚涂一遍，涂层均匀，不得漏涂，其作用是封闭基层、减少基层吸收面层的水分，同时防止基层内的水封渗透到涂料底层，影响粘结强度。

（4）涂面层涂料。待底层封闭涂料干燥2～3 h以后，方可进行面层施工。面层施工可根据需要，采用不同的施涂方法。

1）刷涂：涂刷前用手提式涂料搅拌器将涂料搅拌均匀，如稠度较大，可加清水稀释并搅匀。

2）滚涂：施工前要遮盖非涂刷区域，滚涂一面墙要从一端开始，一气呵成，避免出现接槎、刷迹重叠。沾污到其他地方的乳胶要及时清理干净。刷不到的阴角处需用刷子补刷，不得漏涂。

3）喷涂：施工顺序一般为墙→柱→顶，以不增加重复遮挡和不影响已完成饰面为原则。一般两遍成活，两遍间隔时间约为6 h。

施涂墙面涂料时，不得污染地面、踢脚线、阳台、窗台、门窗及玻璃等已完成的分部分项工程。

最后一道涂料施涂完后，室内空气要流通，预防漆膜干燥后表面无光或光泽不足。涂料未干前，不应打扫室内地面，严防灰尘等沾污墙面涂料。涂料墙面完工后要妥善保护，不得磕碰污染墙面。

(二)裱糊工程施工

视频：裱糊工程施工

裱糊工程中常用的材料有塑料壁纸、金属壁纸、墙布、纯纸壁纸、木纤维壁纸、液体壁纸、硅藻土壁纸等。这里，主要介绍塑料壁纸裱糊施工。裱糊工程施工应符合现行国家有关标准的规定。

开工前将按照设计要求和甲方确定的材料样品准备齐全，并且按照壁纸的存放要求分类进行保管。在壁纸进场前对使用的壁纸进行检验，各项指标应达到设计要求，并具有环保检测报告。一般采用与壁纸材料相配套的专用壁纸胶，要求使用的粘结材料具有合格证和粘结力的检验报告。

1. 工艺流程

基层处理→基层弹线→裁纸→刷封闭底胶→刷胶→裱糊→饰面清理。

2. 施工要点

(1)基层处理。基层采用腻子将墙面找平。特别注意墙面的阴阳角顺直、方正，不能有掉角；墙面应保证平整，不能有凸出麻点，以达到基层坚实、牢固，无疏松、起皮、掉粉现象。

不同材质的基层其表面处理方法也有所区别：

1)纸面石膏板基层。由于纸面石膏板表面比较平整，第1遍批腻子主要对板材的对缝处与钉孔处进行大面找平。腻子刮完后，对缝处还需用纸带贴缝，防止开裂。第2遍腻子用塑料刮板进行进一步找平及修整压光。

2)混凝土基层。使用胶皮刮板满刮腻子1遍，若有气孔、麻点、凹凸不平现象时，应增加满刮腻子遍数，每刮一遍应对表面进行打磨，以保证质量。

3)木质基层。要求板材接缝处不显接槎，接缝、钉眼应用腻子补平并刮油性腻子第1遍，用砂纸磨平。第2遍可用石膏腻子找平，腻子的厚度应减薄，待半干时用塑料刮板压光。

(2)基层弹线。根据壁纸的规格在墙面上弹出控制线作为壁纸裱糊的依据，并且控制壁纸的拼花接槎部位，花纹、图案线条应纵横贯通。要求每一面墙都要进行弹线，在有窗口的墙面弹出中线和在窗台近5 cm处弹出垂直线，以保证窗间墙壁纸的对称，弹线至踢脚板上口边缘处，在墙面的上面应以挂镜线为准，无挂镜线时应弹出水平线。

(3)裁纸。裁纸前要对所需用的壁纸进行统筹规划和编号，以便保证按顺序粘贴。裁纸要派专人负责，施工面积较大时应设专用架子放置壁纸，以达到方便施工的目的。根据壁纸裱糊的高度，预留出10～30 cm的余量。如果壁纸、墙布带花纹图案，应按照墙体长度裁割出需要的壁纸数量，并且注意编号、对花。裁纸应特别注意切割刀应紧贴尺边，尺子压紧壁纸，用力均匀、一气呵成，不能停顿或变换持刀角度。壁纸边应整齐，不能有毛刺，并平放保存。

(4)刷封闭底胶。裱糊前应用封闭底胶涂刷基层，以保证墙面基层不返潮或防止壁纸因为吸收胶液中的水分而产生变形。

(5)刷胶。壁纸背面和墙面都应涂刷胶粘剂，刷胶应薄厚均匀，墙面刷胶宽度应比壁纸宽50 mm，墙面阴角处应增刷1～2遍胶粘剂。一般采用专用胶粘剂。若现场调试胶粘剂，需要通过 400 孔/cm² 筛子过滤，除去胶中的疙瘩和杂质，调制的胶液应在当日用完。

纺织纤维壁纸和化纤贴布等壁纸、墙布，其背面和基层都应刷胶粘剂，基层表面刷胶宽度约比壁纸宽度多出 50 mm。涂刷要均匀，不裹边，不起堆，涂刷到位，防止漏刷。

玻璃纤维墙布、无纺织墙布，无须在背面刷胶，可以直接将胶粘剂涂在基层上。带背胶壁纸，可将裁好后的壁纸浸泡在水槽中，然后由底部开始，图案面向外，卷成一卷即可上墙裱糊，无须刷胶粘剂。

（6）裱糊。裱糊壁纸时，首先要垂直，后对花拼缝，再用刮板用力抹压平整。原则是先垂直面后水平面，先细部后大面。贴垂直面时先上后下，贴水平面时先高后低。一面墙从所弹垂直线开始至阴角处收口。顺序是选择近窗台角落背光处依次裱糊，可以避免接缝处出现阴影。

1）无花纹、图案的壁纸，可采用搭接法裱糊，相邻两幅间可拼缝重叠 30 mm 左右，并用直钢尺和活动剪刀自上而下，在重叠部分切割，撕下小条壁纸，用刮板从上而下均匀地赶胶，排出气泡，并及时用湿布擦掉多余胶，保证壁纸表面干净。较厚的壁纸须用胶辊进行辊压赶平。发泡壁纸、复合壁纸严禁使用刮板赶压，可采用毛巾、海绵或毛刷赶压，以避免赶压花型出现死皱。

2）带图案、花纹的壁纸，为了保证图案的完整性和连续性，裱糊时采用拼接法，拼贴时先对图案后拼缝。壁纸裱糊时，在阴角处接缝搭接，阳角不能出现拼缝，应包角压实，保证直视 1.5 m 处不显缝，对有色差的壁纸事先挑选调整后施工。

（7）饰面清理。表面的胶水、污斑要用毛巾或海绵及时擦干净，各种翘角、翘边应进行补胶，并用木辊或橡胶辊压实。有气泡的可先用注射针头排气，同时注入胶液，再用辊子压实。

如表面有折皱时，可趁胶液不干时用湿毛巾轻拭纸面，使其湿润，舒展后轻刮壁纸，辊压赶平。

裱糊完的房间应及时清理干净，不准做料房或休息室，避免污染和破坏。在整个裱糊的施工过程中，严禁非操作人员随意触摸墙纸。电气和其他设备等在进行安装时，应注意保护墙纸，防止污染和损坏。铺贴壁纸时，必须严格按照规程施工，施工操作时要做到干净利落，边缝要切割整齐，胶痕必须及时清擦干净。严禁在已裱糊好壁纸的顶、墙上剔眼打洞。若纯属设计变更，也应采取相应的措施，施工时要小心保护，施工后要及时认真修复，以保证壁纸的完整。

四、饰面工程的质量要求

饰面所用材料的品种、规格、颜色、图案及镶贴方法应符合设计要求；饰面工程的表面不得有变色、起碱、污点、砂浆流痕和显著的光泽受损处；突出的管线、支承物等部位镶贴的饰面砖，应套割吻合；饰面板和饰面砖不得有歪斜、翘曲、空鼓、缺楞、掉角、裂缝等缺陷；镶贴墙裙、门窗贴脸的饰面板、饰面砖，其突出墙面的厚度应一致。

饰面板（砖）工程质量验收标准及检验方法应符合表 8-2 的规定。饰面工程质量的允许偏差及检验方法应符合表 8-3 的规定。

表 8-2　饰面板(砖)工程质量验收标准及检验方法

	主控项目	检验方法	一般项目	检验方法
饰面板安装工程	饰面板的品种、规格、颜色和性能应符合设计要求,木龙骨、木饰面板和塑料饰面板的燃烧性能等级应符合设计要求	观察;检查产品合格证书、进场验收记录和性能检测报告	饰面板表面质量应平整、洁净、色泽一致,无裂痕和缺损。石材表面应无泛碱等污染	观察
	饰面板孔、槽的数量、位置和尺寸应符合设计要求	检查进场验收记录和施工记录	饰面板嵌缝应密实、平直、宽度和深度应符合设计要求,嵌填材料色泽应一致	观察;尺量检查
	饰面板安装工程的预埋件(或后置埋件)、连接件的数量、规格、位置、连接方法和防腐处理必须符合设计要求。饰面板安装必须牢固	手扳检查;检查进场验收记录、现场拉拔检测报告、隐蔽工程验收记录和施工记录	采用湿作业法施工的饰面板工程,石材应进行防碱背涂处理。饰面板与基体之间的灌注材料应饱满、密实	用小锤轻击检查;检查施工记录
			饰面板上的孔洞应套割吻合,边缘应整齐	观察
			饰面板安装的允许偏差和检验方法应符合规范规定	尺量检查
饰面砖粘结工程	饰面砖的品种、规格、图案颜色和性能应符合设计要求	观察;检查产品合格证书、进场验收记录、性能检测报告和复验报告	饰面砖表面应平整、洁净、色泽一致,无裂痕和缺损	观察
			阴阳角处搭接方式、非整砖使用部位应符合设计要求	观察
	饰面砖粘结工程的找平、防水、粘结和勾缝等材料及施工方法应符合设计要求及国家现行产品标准和工程技术标准的规定	检查产品合格证书、复验报告和隐蔽工程验收记录	墙面突出物周围的饰面砖应整砖套割吻合,边缘应整齐。墙裙、贴脸突出墙面的厚度应一致	观察;尺量检查
	饰面砖粘结必须牢固	检查样板件粘结强度检测报告和施工记录	有排水要求的部位应做滴水线(槽)。滴水线(槽)应顺直,流水坡向应正确,坡度应符合设计要求	观察;用水平尺检查
	满粘法施工的饰面砖工程应无空鼓、裂缝	观察;用小锤轻击检查	饰面砖粘贴的允许偏差和检验方法应符合规范规定	

表 8-3　饰面工程质量允许偏差

项次	项目	允许偏差/mm									检查方法
		饰面板安装							饰面砖粘贴		
		天然石			瓷板	木板	塑料板	金属板	外墙面砖	内墙面砖	
		光面	剁斧石	蘑菇石							
1	立面垂直度	2	3	3	2	2	2	2	3	2	用 2 m 垂直检测尺检查
2	表面平整度	2	3	—	2	1	3	3	4	3	用 2 m 靠尺和塞尺检查
3	阴阳角方正	2	4	4	2	2	3	3	3	3	用 200 mm 直角检测尺检查
4	接缝直线度	2	4	4	2	2	1	2	3	2	拉 5 m 线，用钢尺检查
5	墙裙、勒脚上口直线度	2	3	3	2	2	2	2	—	—	拉 5 m 线，不足 5 m 拉通线，用钢尺检查
6	接缝高低差	1	3	—	1	1	1	1	1	1	用钢直尺和塞尺检查
7	接缝宽度	1	2	2	1	1	1	1	1	1	用钢直尺检查

单元二　楼地面工程施工

一、水泥砂浆地面施工

1. 工艺流程

基层处理→设界格条→搅拌砂浆→抹灰饼和冲筋→刷结合层→铺砂浆面层→搓平压光→养护。

2. 施工要点

(1)基层处理。基层表面应保持洁净、粗糙、湿润并不得有积水，对水泥类基层其抗压强度不得小于 1.2 MPa。

视频：水泥砂浆
地面施工

（2）设界格条。界格条在处理完垫层时预埋，主要设置在不同房间的交接处和结构变化处。

（3）搅拌砂浆。水泥砂浆应用机械搅拌，搅拌要均匀，颜色一致，搅拌时间不应小于2 min。水泥砂浆的稠度，当在炉渣类基层上铺设时，宜为25～35 mm；当在水泥类基层上铺设时，宜采用干硬性水泥砂浆，以手捏成团稍出浆为止。水泥砂浆的体积比（强度等级）必须符合设计要求，且体积比应为1:2，强度等级不应小于M15。

（4）抹灰饼和冲筋。根据房间内四周墙上弹的水平标高线，确定面层厚度（应符合设计要求，且不应小于20 mm），然后拉水平线开始抹灰饼，灰饼上平面即为地面标高。如果房间较大，为了保证整体面层平整度，还须冲筋。冲筋宽度与灰饼宽度相同，用木抹子拍成与灰饼上表面相平。铺抹灰饼和冲筋的砂浆材料配合比均与抹地面的砂浆相同。

（5）刷结合层。在铺设面层之前，应涂刷水胶比为0.4～0.5的水泥浆一层。

（6）铺水泥砂浆面层。涂刷水泥浆后紧跟着铺水泥砂浆，在灰饼之间将砂浆铺均匀，然后用木刮杆按灰饼高度刮平。铺砂浆时如果灰饼已硬化，木刮杆刮平后，同时将利用过的灰饼敲掉，并用砂浆填平。当采用掺有水泥拌合料做踢脚线时，不得用石灰砂浆打底。

（7）搓平压光。木刮杆刮平后，立即用木抹子将面层在水泥初凝前搓平压实，由内向外退着操作，并随时用2 m靠尺检查其平整度，偏差不应大于4 mm。面层压光宜用铁抹子分三遍完成，并逐遍加大用力。当采用地面抹光机压光，在压第二、第三遍时，水泥砂浆应比手工压光时稍干一些。压光工作应在水泥终凝前完成。当水泥砂浆面层干湿度不适宜时，可采取淋水或撒布干拌的1:1水泥和砂（体积比，砂须过3 mm筛）进行抹平压光工作。当面层按照设计要求需分格时，应在水泥初凝后进行弹线分格。先用木抹子搓一条约一抹子宽的面层，用铁抹子压光，并用分格器压缝。分格缝应平直，深浅要一致。水泥砂浆面层如遇管线等出现局部面层厚度减薄处并在10 mm及10 mm以下时，必须采取铺设钢丝网或其他有效防止开裂措施，符合设计要求后方可铺设面层。

（8）养护。面层铺好后1 d内应以砂或锯末覆盖，并在7～10 d内每天浇水不少于1次。如室温大于15 ℃时，开始3～4 d内应每天浇水不少于两次。也可采取蓄水养护法，蓄水深度宜为20 mm。冬期施工时，室内温度不得低于5 ℃。水泥砂浆面层抗压强度达到5 MPa后，方准上人行走。抗压强度达到设计要求后，方可正常使用。

（9）抹踢脚板。基层应清理干净，在踢脚上口弹控制线，预埋玻璃条或塑料条，以控制踢脚板的出墙厚度。抹面前一天充分浇水湿润。抹面时先在基层上刷一度素水泥浆，水胶比控制在0.4左右，并随刷随抹。水泥砂浆稠度应控制在35 mm左右，一次粉抹厚度以10 mm为宜，粉抹过厚应分层操作。按做地面的工艺进行压光和养护。

（10）抹楼梯踏步。基层应清理干净，在踏步侧面的墙上弹控制线，抹面前一天充分浇水湿润。抹面时先在基层上刷一度素水泥浆，水胶比控制在0.4左右，并随刷随抹。水泥砂浆稠度应控制在35 mm左右，一次粉抹厚度以10 mm为宜，粉抹过厚应分层操作。按做地面的工艺进行压光和养护。

面层施工应防止碰撞损坏门框、管线、预埋铁件、墙角及已完的墙面抹灰等。施工时注意保护好地漏、出水口等部位，做临时堵口或覆盖，以免灌入砂浆等造成堵塞。水泥砂浆面层完工后在养护过程中应进行遮盖和拦挡，避免受侵害。面层养护期间，不允许车辆行走或堆压重物。面层养护时间符合要求可以上人操作时，防止硬器划伤地面。在油漆刷浆过程中，防止污染面层。不得在已做好的面层上拌和砂浆。冬期施工环境温度低于5 ℃

时，应采取必要的防寒保温措施，防止发生冻害。

二、大理石地面施工

1. 工艺流程

处理基层→选料试拼→弹线找方→铺设石板→灌浆擦缝→养护→镶贴踢脚板。

视频：大理石地面施工

2. 施工要点

(1)处理基层。将基层表面的油污、杂物等清理干净。如局部凹凸不平，应将凸处凿平，凹处用1:3砂浆补平。大理石和花岗石板材在铺砌前，应按设计要求或实际的尺寸在施工现场进行切割和磨平的处理。

(2)选料试拼。在铺设前，板材应按设计要求，根据石材的颜色、花纹、图案、纹理等试拼编号；同一房间、开间应按配花、颜色、品种挑选尺寸基本一致、色泽均匀、花纹通顺的石材进行试拼，并编号待用。试拼中，应将色泽好的石材排放在显眼部位，花色和规格较差的石材铺砌在较隐蔽处，尽可能使楼面、地面的整体图面与色调和谐统一，以体现大理石和花岗石饰面建筑的艺术效果。当板材有裂缝、掉角、翘曲和表面有缺陷时应予剔除，品种不同的板材不得混杂使用。

(3)弹线找方。应将相连房间的分格线连接起来，并弹出楼面、地面标高线，以控制表面平整度。放线后，应先铺若干条干线作为基准，起标筋作用。一般先由房间中部向两侧采取退步法铺砌。凡有柱子的大厅，宜先铺砌柱子与柱子中间的部分，然后向两边展开。小房间从里向外。

(4)铺设石板。

1)板材在铺砌前应先浸水湿润，阴干或擦干后备用。结合层与板材应分段同时铺砌，铺砌要先进行试铺。待合适后将板材揭起，再在结合层上均匀撒布一层干水泥面并淋水一遍。也可采用1:2水胶比的水泥浆粘结，同时在板材背面洒水，正式铺砌。

2)铺砌时，板材要四角同时下落，并用木槌或皮锤敲击平实。

(5)灌浆擦缝。铺贴完成24 h后，经检查石块表面无断裂、空鼓后，用稀水泥(颜色与石板块调和)将板缝嵌填饱满，并随即用布擦净至无残灰、污迹为止。大理石、花岗石面层的表面应洁净、平整、坚实；板材间的缝隙宽度当设计无规定时，不应大于1 mm。待结合层的水泥砂浆强度达到要求后，打蜡至光滑、亮洁。

(6)养护。在面层铺设后，表面应覆盖、湿润，其养护时间不应少于7 d。

(7)镶贴踢脚板。镶贴前先将石板块刷水湿润，阳角接口板要割成45°。将基层浇水湿透，均匀涂刷素水泥浆，边刷边贴。在墙两端先各镶贴一块踢脚板，其上口高度应在同一水平线内，突出墙面厚度应一致，然后沿两块踢脚板上棱拉通线，用1:2水泥砂浆逐块依顺序镶贴。镶贴时随时检查踢脚板的平顺和垂直，板间接缝应与地面贯通，擦缝做法同地面。

铺砌大理石(或花岗石)板块及碎拼大理石板块过程中，操作人员应做到随铺随用干布揩净大理石面上的水泥痕迹。在大理石(或花岗石)地面及碎拼大理石地面上行走时，找平层水泥砂浆的抗压强度不应低于1.2 MPa。一般情况下，铺好板块后两天内禁止行人和堆放物品。大理石(或花岗石)地面及碎拼大理石地面完工后，房间应封闭或在其表面加以覆盖保护。在地面上进行其他工序施工时，对面层覆盖保护。

三、实木地板地面施工

1. 工艺流程

处理基层→找方、弹线→铺设木搁栅→铺设毛地板→铺设面层板→安装木踢脚板(踢脚线)→修饰面层。

2. 施工要点

(1)处理基层。基层表面要求坚硬、平整,符合《建筑地面工程施工质量验收规范》(GB 50209—2010)的要求,表面含水率不得大于8%。

(2)找方、弹线。实木地板铺设前,应事先预拼合缝、找方;长条板应事先在企口凸边上阴角处钻45°左右的斜孔,间距同搁栅间距,孔径为钉径的70%~80%。按设计分格在地面上弹线并消除误差。

(3)铺设木搁栅(木龙骨)。木搁栅的截面尺寸、间距和稳固方法等均应符合设计要求,木搁栅的两端应垫实钉牢,木搁栅与墙间应留出大于30 mm的间隙。木搁栅的表面应平直,偏差不大于3 mm(2 m直尺检查时)。

(4)铺设毛地板。毛底板应与搁栅呈30°或45°并应斜向钉牢,使髓心向上;其板间缝隙应不大于3 mm。毛地板与墙之间应留8~12 mm空隙。每块毛地板应在每根搁栅上各钉两个钉子固定,钉子的长度应为板厚的2.5倍。当在毛地板上铺钉长条木板或拼花木板时,宜先铺设一层防潮垫,以隔声和防潮。

(5)铺设面层板。面层板为宽度不大于120 mm的企口板,为防止在使用中发出声响和受潮气的侵蚀,铺钉前先铺一层防潮层。在铺设单层木板面层时,应与搁栅成垂直方向钉牢,每块长条木板应钉牢在每根搁栅上,钉长应为板厚的2~2.5倍。钉帽砸扁,并从侧面斜向钉入板中,钉头不应露出。木板端头接缝应在搁栅上,并应间隔错开。板与板之间应紧密,仅允许个别地方有缝隙,其宽度不应大于1 mm;当采用硬木长条形板时,不应大于0.5 mm。木板面层与墙之间应留10~20 mm的缝隙,表面应刨平磨光,并用木踢脚板封盖。

(6)安装木踢脚板。木踢脚板应在面层刨平磨光后安装,背面应做防腐处理。踢脚板接缝处应以企口相接,踢脚板用钉钉牢在墙内防腐木砖上,钉帽砸扁冲入板内。踢脚板要求与墙贴紧,安装牢固,上口平直。

(7)修饰面层。待室内装饰工程完工后,方可涂油上蜡。

铺钉地板和踢脚时,注意不要损坏墙面抹灰和木门框。地板材料进现场后,经检验合格,应码放在室内,分规格码放整齐,使用时轻拿轻放,不可乱扔乱堆,以免损坏棱角。铺钉面层时,操作人员要穿软底鞋,且不得在地面上敲砸,防止损坏面层。木地板铺设应注意施工环境的温度、湿度的变化,施工完应及时覆盖塑料薄膜,防止开裂及变形。地板磨光后,及时刷油打蜡。

四、楼地面工程施工质量检查与评定标准

(1)基层表面允许偏差和检验方法,见表8-4。

(2)整体面层的允许偏差和检验方法,见表8-5。

(3)板、块面层的允许偏差和检验方法,见表8-6。

表 8-4 基层表面允许偏差和检验方法

项次	项目	允许偏差/mm													检验方法
		基土	垫层			垫层地板		找平层				填充层		隔离层	绝热层	
		土	砂、砂石、碎石、碎砖	灰土、三合土、四合土、炉渣、水泥混凝土、陶粒混凝土	木搁栅	拼花实木地板、拼花实木复合地板、软木类地板面层	其他种类面层	用胶结料做结合层铺设板块面层	用水泥砂浆做结合层铺设板块面层	用胶粘剂做结合层铺设拼花木板、浸渍纸层压木质地板、实木复合地板、竹地板、软木地板面层	金属板面层	松散材料	板、块材料	防水、防潮、防油渗	板块材料、浇筑材料、喷涂材料	
1	表面平整度	15	15	10	3	3	5	3	5	2	3	7	5	3	4	用2m靠尺和楔形塞尺检查
2	标高	0~50	±20	±10	±5	±5	±8	±5	±8	±4	±4	±4	±4	±4	±4	用水准仪检查
3	坡度	不大于房间相应尺寸的2/1 000，且不大于30														用坡度尺检查
4	厚度	在个别地方不大于设计厚度的1/10，且不大于20														用钢尺检查

表 8-5 整体面层的允许偏差和检验方法   mm

项次	项目	允许偏差/mm									检验方法
		水泥混凝土面层	水泥砂浆面层	普通水磨石面层	高级水磨石面层	硬化耐磨面层	防油渗混凝土和不发火(防爆)面层	自流平面层	涂料面层	塑胶面层	
1	表面平整度	5	4	3	2	4	5	2	2	2	用2m靠尺和楔形塞尺检查
2	踢脚线上口平直	4	4	3	3	4	4	3	3	3	拉5m线和用钢尺检查
3	缝格顺直	3	3	3	3	4	4	3	2	2	

表 8-6　板、块面层的允许偏差和检验方法　　　　　　　　　　　　　　mm

项次	项目	允许偏差/mm											检验方法
		陶瓷马赛克面层、高级水磨石板、陶瓷地砖面层	缸砖面层	水泥花砖面层	水磨石板块面层	大理石面层、花岗石面层、人造石面层、金属板面层	塑料板面层	水泥混凝土板块面层	碎拼大理石、碎拼花岗石面层	活动地板面层	条石面层	块石面层	
1	表面平整度	2.0	4.0	3.0	3.0	1.0	2.0	4.0	3.0	2.0	10	10	用2m靠尺和楔形塞尺检查
2	缝格平直	3.0	3.0	3.0	3.0	2.0	3.0	3.0	—	2.5	8.0	8.0	拉5m线和用钢尺检查
3	接缝高低差	0.5	1.5	0.5	1.0	0.5	0.5	1.5	—	0.4	2.0	—	用钢尺和楔形塞尺检查
4	踢脚线上口平直	3.0	4.0	—	4.0	1.0	2.0	4.0	1.0	—	—	—	拉5m线和用钢尺检查
5	板块间隙宽度	2.0	2.0	2.0	2.0	1.0	—	6.0	—	0.3	5.0	—	用钢尺检查

单元三　顶棚与轻质隔墙工程施工

一、顶棚抹灰施工

(1)顶棚抹灰的工艺流程：处理基层→找规矩→抹底层、中层灰→抹面层灰。

(2)顶棚抹灰的施工要点如下：

1)处理基层。基本同内墙抹灰，另外需注意：顶棚抹灰前，屋面防水层及楼面面层应施工完毕，穿过顶棚的各种管道应安装就绪，顶棚与墙体间及管道安装后遗留空隙应清理并填堵严实。

2)找规矩。顶棚抹灰通常用目测的方法控制其平整度，以无明显高低不平及接槎痕迹为准。先根据顶棚的水平面，确定抹灰厚度，然后在墙面的四周与顶棚交接处弹出水平线，作为抹灰的水平标准。

3)抹底、中层灰。一般底层砂浆采用配合比为水泥：石灰膏：砂=1：0.5：1的水泥混合砂浆，底层抹灰厚度为 2 mm。底层抹灰后紧跟着就抹中层砂浆，其配合比一般采用水泥：石灰：砂＝1：3：9 的水泥混合砂浆，抹灰厚度 6 mm 左右。抹后用软刮尺刮平赶匀，随刮随用长毛刷子将抹印顺平，再用木抹子搓平。顶棚管道周围用小工具顺平。

抹灰的顺序一般是由前往后退，并注意其方向必须同基体的缝隙（混凝土板缝）成垂直方向。抹灰时，厚薄应掌握适度，随后用刮尺赶平。如平整度欠佳，应再补抹和赶平，但不宜二次修补，否则容易搅动底灰而引起掉灰。如底层砂浆吸水快，应及时洒水，以保证与底层粘结牢固。

在顶棚与墙面的交接处，一般是在墙面抹灰完成后再补做，也可在抹顶棚时，先将距顶棚 20～30 cm 的墙面同时完成抹灰，方法是用铁抹子在墙面与顶棚交角处添上砂浆，然后用木阴角器抹平压直即可。

4）抹面层灰。待中层灰达到六至七成干，即用手按不软有指印时（如过干应稍洒水），再开始面层抹灰。如使用纸筋石灰或麻刀石灰时，一般分两遍成活。其涂抹方法及抹灰厚度与内墙面抹灰相同。第一遍抹得越薄越好，紧跟抹第二遍。抹第二遍时，抹子要稍平，抹完后待灰浆稍干，再用塑料抹子顺着抹纹压实压光。

顶棚抹灰一般不设置标筋，只需按抹灰层的厚度在墙面四周弹出水平线作为控制抹灰层厚度的基准线。若基层为混凝土，则需在抹灰前在基层上用掺 10％ 108 胶的水溶液或水胶比为 0.4 的素水泥浆刷一遍作为结合层。抹底灰的方向应与楼板及木模板木纹方向垂直。抹中层灰后用木刮尺刮平，再用木抹子搓平。面层灰宜两遍成活，两道抹灰方向垂直，抹完后按同一方向抹压赶光。顶棚的高级抹灰应加钉长 350～450 mm 的麻束，间距为 400 mm，并交错布置，分别按放射状梳理抹进中层灰浆。

抹灰前应事先把门窗框与墙连接处的缝隙用 1：3 水泥砂浆嵌塞密实（铝合金门窗框应留出一定间隙填塞嵌缝材料，其嵌缝材料由设计确定）；门口钉薄钢板或木板保护。及时清扫干净残留在门窗框上的砂浆。铝合金门窗框必须有保护膜。推小车或搬运东西时，要注意不要损坏阳角和墙面；抹灰用的刮杠和铁锹把不要靠在墙上；严禁蹬踩窗台，防止损坏其棱角。拆除脚手架时要轻拆轻放，拆除后材料码放整齐，不要撞坏门窗、墙角和阳角。墙上的电线槽、盒、水暖设备预留洞等不要随意堵死。

二、吊顶工程施工

吊顶（图 8-23）采用悬吊方式将装饰顶棚支承于屋顶或楼板下面。吊顶按骨架材料不同，可分为木龙骨吊顶和金属龙骨吊顶。以下主要介绍金属龙骨吊顶施工。

视频：吊顶工程施工

图 8-23　吊顶工程

金属龙骨吊顶包括 U 形、T 形、V 形、H 形轻型龙骨吊顶和 T 形铝合金龙骨吊顶。金属吊顶龙骨自重轻，刚度大，防火、抗震性能好，容易加工装配，施工效率高，因此在室内装饰中广泛应用。

(一)轻钢龙骨吊顶

轻钢龙骨吊顶是目前常用的一种吊顶，由轻钢龙骨和罩面板(纸面石膏板、石棉水泥板、矿棉吸声板、浮雕板、铝压缝条或塑料压缝条)组成。轻钢龙骨是以镀锌钢板(带)或彩色塑钢板(带)及薄壁冷轧钢板(带)等薄质轻金属材料，经冷弯或冲压等加工而成的顶棚装饰支撑材料。它可以使吊顶工程实现装配化，可由大、中、小龙骨与吊杆、连接件、挂插件等进行灵活组装，能有效地提高施工效率和装饰效果。

轻钢龙骨(图 8-24)外形要求平整、棱角清晰，切口不允许有毛刺和变形。镀锌层不允许有起皮、起瘤、脱落等缺陷。此外，轻钢龙骨的断面形状尺寸、角度偏差、力学性能也应满足要求。将板材固结于硬质基体(砖、混凝土)上采用水泥钉、射钉或金属膨胀螺栓(图 8-25)；固结于轻钢龙骨或铝合金龙骨上用自攻螺钉(图 8-26)；固结于轻质板材(如加气混凝土)基体上用塑料膨胀螺栓。

  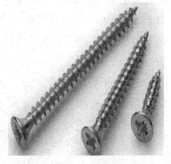

图 8-24　轻钢龙骨及配件　　　　图 8-25　金属膨胀螺栓　　　　图 8-26　自攻螺钉

轻钢龙骨骨架常用的罩面板材料有装饰石膏板、纸面石膏板、吸声穿孔石膏板(图 8-27)、矿棉装饰吸声板、钙塑泡沫装饰板、各种塑料装饰板、浮雕板(图 8-28)、钙塑凹凸板等。压缝常选用铝压条(图 8-29)。嵌填钉孔用石膏腻子，嵌缝时采用石膏腻子和穿孔牛皮纸带，也可使用玻璃纤维网格胶带。胶粘剂应按主粘材的性能选用，使用前做粘结试验。

图 8-27　吸声穿孔石膏板　　　　图 8-28　浮雕板　　　　图 8-29　铝压条

1. 工艺流程

弹线→安装吊点、吊筋→安装轻钢龙骨→安装罩面板→嵌缝。

2. 施工要点

(1)弹线。弹线的内容包括标高线、顶棚造型位置线、吊挂点布局线、大中型灯位线等。弹线应清晰、位置应准确。弹线顺序是先竖向标高后平面造型细部，竖向标高线弹于墙上，平面造型和细部线弹于顶板上。

弹线完成后，对所有标高线、吊点位置线等进行全面检查复核，如有遗漏或尺寸错误，均应彻底补充、纠正。所弹顶棚标高线与四周设备、管线、管道等有无矛盾，对大型灯具的安装有无妨碍，均应一一核实，确保准确无误。

(2)安装吊点、吊筋。吊点安装常采用膨胀螺栓、射钉等方法。吊筋常采用钢筋、角钢、扁铁或方木，其规格应满足承载要求，吊筋与吊点的连接可采用焊接、钩挂、螺栓或螺钉等连接方法。吊筋安装时，应做防腐、防火处理。

(3)安装轻钢龙骨。

1)安装轻钢主龙骨。主龙骨按弹线位置就位，利用吊件悬挂在吊筋上。待全部主龙骨安装就位后进行调直调平定位，将吊筋上的调平螺母拧紧，龙骨中间部分按具体设计起拱。当设计无要求时，应按房间短向跨度的1‰~3‰起拱。

2)安装次龙骨。主龙骨安装完毕即安装次龙骨。次龙骨有通长和截断两种。通长者与主龙骨垂直，截断者(也称为横撑龙骨)与通长者垂直。次龙骨紧贴主龙骨安装，并与主龙骨扣牢，不得有松动及弯曲不直之处。次龙骨安装时应从主龙骨一端开始，高低叠级顶棚应先安装低跨部分。固定板材的次龙骨间距不得大于600 mm，在潮湿地区和场所，间距宜为300~400 mm。用沉头自攻钉安装饰面板时，接缝处次龙骨宽度不得小于40 mm。

3)暗龙骨系列横撑龙骨应用连接件将其两端连接在通长次龙骨上，连接件应错位安装。明龙骨系列的横撑龙骨与通长龙骨搭接处的间隙不得大于1 mm。

4)安装附加龙骨、角龙骨、连接龙骨等。

5)靠近柱子周边，增加附加龙骨或角龙骨时，按具体设计安装。凡高低叠级顶棚、灯槽、灯具、窗帘盒等处，根据具体设计应增加"连接龙骨"。

(4)安装罩面板。

1)石膏板材的安装。石膏板材固定在次龙骨上的方式有下列三种：

①挂结式。板材周边先加工成企口缝(图8-30)，然后挂在倒T形或I形次龙骨上，故又称"隐蔽式"。

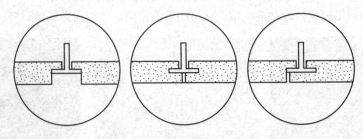

图8-30　用企口缝形式托挂罩面板

②卡结式。板材直接放到次龙骨翼缘上，并用弹簧卡子卡紧，次龙骨露于顶棚面外。

③钉结式。次龙骨和间距龙骨的断面为卷边槽型,以特制吊件悬吊于主龙骨下,板材用平头螺钉钉于龙骨上,龙骨底面预钻螺钉孔。

2)矿棉板和玻璃棉板安装时要求室内湿度不能过大,板与次龙骨的固定方式有下列三种:

①龙骨全露式。它是将方形或矩形板直接搁置在格子形组合的倒 T 形龙骨翼缘上,用卡簧加以固定。此时,应注意饰面板上的灯具、烟感器、喷淋头、风口箅子等设备的位置应正确、美观,与饰面的交接应吻合、严密。

②龙骨全隐蔽式。这种方式是将板材侧面制成企口,卡入 Z 形龙骨的翼缘。

③龙骨半外露半隐蔽式。它是将板材的侧面做成 L 形,搁置在龙骨的翼缘上。

3)硅钙板、塑料板的安装。此类罩面板的规格一般为 600 mm×600 mm,多用于明装龙骨,将面板直接搁置在龙骨上(图 8-31)。安装时保证花样、图案的整体性;饰面板上的灯具、烟感器、喷淋头、风口箅子等设备的位置应正确、美观,与饰面的交接应吻合、严密。

图 8-31 搁置法安装罩面板

4)金属板材的安装。常用的轻质金属板材有薄钢板和铝合金板两大类。金属罩面板按构造形式可分为轻金属条板、网格板和金属方板等。

①轻金属条板通过固定在龙骨上的夹齿与龙骨固定。条板与条板间相接处的板缝处理,有开放式和封闭式。开放式条板离缝处无填充物,便于通风,在上部另加矿棉板或玻璃棉,可作为吸声顶棚用;封闭式条板在离缝处,可另加嵌条或用条板单边的翼缘盖住离缝。

②网格板的安装可以直接卡在龙骨上或直接搁置在倒 T 形龙骨上,有方格排列和圆筒排列方式。

③金属方板安装的构造分搁置式和卡入式两种。搁置式多为 T 形龙骨,方板四边带翼搁置后形成格子型离缝;卡入式的金属方板卷边向上,形同有缺口的盒子,一般边上轧出凸出的卡口,夹入有夹簧的龙骨。方板可以打孔,上面放矿棉或玻璃棉的吸声板,就成为吸声顶棚。

(5)嵌缝。

1)先清扫板缝,用小刮刀将嵌缝石膏腻子均匀饱满地嵌入板缝,并在板缝外刮涂约 60 mm 宽、1 mm 厚的腻子。随即贴上穿孔纸带(或玻璃纤维网格胶带),使用宽约 60 mm 的腻子刮刀顺穿孔纸带(或玻璃纤维网格胶印带)方向压刮,将多余的腻子挤出,并刮平、刮实,不可留有气泡。

2)用宽约150 mm的刮刀将石膏腻子填满宽约150 mm的板缝处带状部分。

3)用宽约300 mm的刮刀再补一遍石膏腻子,其厚度不得超出2 mm。

4)待腻子完全干燥后(约12 h),用2号纱布或砂纸将嵌缝石膏腻子打磨平滑,其中间可部分略微凸起,但要向两边平滑过渡。

(二)铝合金龙骨吊顶

铝合金龙骨(图8-32)主件为T形和L形,特别适合组装单层骨架构造的轻便型不上人吊顶。当需要组合为有承载龙骨的双层构造时,其龙骨可采用U形轻钢龙骨,能上人。

铝合金龙骨多为中龙骨,其断面为T形(安装时倒置),断面高度有32 mm和35 mm两种,在吊顶边上的中龙骨为断面L形。小龙骨(横撑龙骨)的断面为T形(安装时倒置),断面高度有23 mm和32 mm两种。

(a)   (b)

图8-32　铝合金龙骨
(a)T形铝合金龙骨;(b)U形铝合金龙骨

常用罩面材料有矿棉板、玻璃纤维板、装饰石膏板、钙塑装饰板、珍珠岩复合装饰板、钙塑泡沫塑料装饰板、岩棉复合装饰板等轻质板材,也可用纸面石膏板、石棉水泥板、金属压型吊顶板等。

连接与固结材料同轻钢龙骨吊顶。吊杆一般为ϕ4钢筋、8号铁丝2股、10号镀锌铁丝6股。

1. 工艺流程

弹线→安装吊点、吊筋→安装大龙骨→安装中、小龙骨→安装罩面板。

2. 施工要点

(1)弹线。弹线的内容包括标高线、顶棚造型位置线、吊挂点布局线、大中型灯位线等。弹线应清晰、位置应准确。弹线顺序是先竖向标高后平面造型细部,竖向标高线弹于墙上,平面造型和细部线弹于顶板上。

弹线完成后,对所有标高线、平面造型吊点位置线等进行全面检查复核,如有遗漏或尺寸错误,均应彻底补充、纠正。所弹顶棚标高线与四周设备、管线、管道等有无矛盾,对大型灯具的安装有无妨碍,均应一一核实,确保准确无误。

(2)安装吊点、吊筋。吊点安装常采用膨胀螺栓、射钉等方法。吊筋常采用钢筋、角钢、扁铁或方木,其规格应满足承载要求,吊筋与吊点的连接可采用焊接、钩挂、螺栓或螺钉等连接方法。吊筋安装时,应做防腐、防火处理。

(3)安装大龙骨。采用单层龙骨时,大龙骨T形断面高度采用38 mm,适用轻型不上人明龙骨吊顶。单层龙骨安装，首先沿墙面上的标高线固定边龙骨，边龙骨底面与标高线齐平。在墙上用 $\phi20$ mm 钻头钻孔，间距为 500 mm，将木楔子打入孔内；边龙骨钻孔，用木螺钉将龙骨固定于木楔上，也可用 $\phi6$ mm 塑料胀管木螺钉固定。然后再安装其他龙骨，用龙骨吊挂件吊紧龙骨，吊点采用 900 mm×900 mm 或 900 mm×1 000 mm，最后调平、调直、调方格尺寸。

(4)安装中、小龙骨。首先安装边小龙骨，将边小龙骨沿墙面标高线固定在墙上，并与大龙骨挂接，然后安装其他中龙骨。在安装中、小龙骨时，为了保证龙骨间距的准确性，应事先制作一个标准尺杆，用来控制龙骨间距。龙骨的表面要保证平直、一致。整个房间安装完工后，进行检查，调直、调平龙骨。

(5)安装罩面板。当采用明龙骨时，龙骨方格调整平直后，将罩面板直接摆放在方格中，由龙骨翼缘承托饰面板四周。为了便于安装饰面板，龙骨方格内侧净距一般应大于饰面板尺寸 2 mm。当采用暗龙骨时用卡子将罩面板暗挂在龙骨上。

金属龙骨吊顶不得上人踩踏。其他工种的吊挂件不得吊于金属龙骨上。罩面板安装必须在顶棚内管道试水、试压、保温一切工序全部验收合格后进行。

三、轻质隔墙工程施工

轻质隔墙主要包括骨架隔墙、板材隔墙、玻璃隔墙等。骨架隔墙按照骨架材料的不同可分为轻钢龙骨隔墙、木龙骨隔墙、石膏龙骨隔墙等。板材隔墙按照板材材料的不同可分为水泥轻质隔墙板隔墙、玻璃纤维增强水泥混合材料板(GRC 板)隔墙、泰柏板隔墙、石膏空心轻质墙板隔墙等。以下主要介绍轻钢龙骨隔墙工程施工和玻璃纤维增强水泥混合材料板(GRC 板)隔墙施工。

视频：轻质隔墙
工程施工

(一)轻钢龙骨隔墙工程施工

轻钢龙骨主件沿顶龙骨、沿地龙骨、加强龙骨、竖向龙骨、横撑龙骨的规格、尺寸及质量等应符合设计要求及国家标准规定。轻钢骨架配件有支撑卡、卡托、角托、连接件、固定件、护墙龙骨和压条等，应符合设计要求和有关标准的规定。射钉、膨胀螺栓、镀锌自攻螺钉、木螺钉和粘贴嵌缝料，应按设计要求选用。矿棉板、岩棉板等填充隔声材料按设计要求选用。罩面板材材质、规格、性能、颜色应符合设计要求及国家有关产品标准的规定。普通纸面石膏板一般不宜用于厨房、厕所以及空气相对湿度大于70％的潮湿环境中。纸面石膏板应有产品合格证，规格应符合设计图纸的要求。人造板的甲醛含量应符合国家有关规范的规定，进场后应做复试。接缝材料有接缝腻子、玻纤带(布)、108 胶。

1. 施工流程

隔墙放线→地枕基座施工→安装沿顶龙骨和沿地龙骨→安装门洞口框龙骨→竖向龙骨分挡→安装竖龙骨→安装横向贯通龙骨、横撑及卡挡龙骨→门窗等特殊节点处骨架安装→安装一侧罩面板→安装墙体内电管、电盒和电箱等→安装墙体填充材料→安装另一侧罩面板→接缝处理→墙面装饰。

2. 施工要点

(1)隔墙放线。根据设计施工图，在地面上放出隔墙位置线、门窗洞口边框线，并放好顶龙骨位置边线。

（2）地枕带施工。设计有混凝土地枕带（墙垫）时，应先将地面凿毛、清扫，并洒水湿润，然后浇筑 C20 素混凝土地枕带。地枕带上表面应平整，两侧面应垂直，高度不应小于100 mm。

（3）安装沿顶龙骨和沿地龙骨。按已放好的隔墙位置线，安装顶龙骨和地龙骨，用射钉或膨胀螺栓固定于基体上。龙骨的端部应安装牢固，龙骨与基体的固定点间距应不大于 1 000 mm。

（4）安装门洞口框龙骨。放线后按设计要求，先将隔墙的门洞口框龙骨安装完毕。

（5）竖向龙骨分挡。根据隔墙、门洞口位置，在安装沿顶、沿地龙骨后，按罩面板规格板宽确定分挡尺寸，如板宽为 1 200 mm 时，分挡尺寸为 402 mm。不足模数的分挡应避开门洞口边框第一块罩面板位置，使破边石膏罩面板不在靠洞口框处。

（6）安装竖龙骨。按分挡位置安装竖龙骨，竖龙骨上下两端插入沿顶龙骨及沿地龙骨，调整垂直及定位准确后，用抽芯铆钉固定；靠墙柱边龙骨用射钉或木螺钉与墙、柱固定，钉距为 1 000 mm。

（7）安装横向贯通龙骨、横撑及卡挡龙骨，安装横向贯通龙骨。根据设计要求，隔墙高度大于 3 m 时应加横向卡挡龙骨，采用抽芯铆钉或螺栓固定。

（8）门窗等特殊节点处骨架安装。对于隔断的转角等特殊部位，应按照图纸使用附加龙骨、斜撑或双根竖向龙骨等进行安装。装饰性木制门框一般可用螺钉与洞口竖龙骨固定，门框横梁与横龙骨以同样方法连接。

（9）安装一侧罩面板（以安装纸面石膏板为例）。检查龙骨安装质量，门洞口框是否符合设计及构造要求，龙骨间距是否符合石膏板宽度的模数。

安装一侧的纸面石膏板，从门口处开始；无门洞口的墙体由墙的一端开始，石膏板一般用自攻螺钉固定，板边钉距不大于 200 mm，板中间距不大于 300 mm，螺钉距石膏板边缘的距离不得小于 10 mm，也不得大于 16 mm。自攻螺钉紧固时，纸面石膏板必须与龙骨紧靠。

（10）安装墙体内电管、电盒和电箱设备，并进行隐蔽工程检查验收。

（11）安装墙体内防火、隔声、防潮填充材料。

（12）安装另一侧纸面石膏板。安装方法同第一侧纸面石膏板，其接缝应与第一侧面板缝错开。若为双层纸面石膏板隔墙，其安装方法：第二层板的固定方法与第一层相同，但第二层板的接缝应与第一层错开，不能与第一层的接缝落在同一龙骨上。

（13）接缝处理。纸面石膏板墙接缝做法有三种形式，即平缝、凹缝和压条缝，一般做平缝较多，可按以下程序处理：

1）刮嵌缝腻子。刮嵌缝腻子前先将接缝内浮土清除干净，用小刮刀把腻子嵌入板缝，与板面填实刮平。

2）粘贴拉结带。待嵌缝腻子凝固后即粘贴拉接材料，先在接缝上薄刮一层稠度较稀的胶状腻子，厚度为 1 mm，宽度为拉结带宽，随即粘贴拉结带，用刮刀从上而下沿一个方向刮平压实，赶出胶腻子与拉结带之间的气泡。

3）刮中层腻子。拉结带粘贴后，立即在上面再刮一层比拉结带宽 80 mm 左右、厚度约 1 mm 的中层腻子，使拉结带埋入这层腻子。

4）刮找平腻子。用大刮刀将腻子填满楔形槽与板面。

（14）墙面装饰。进行墙面装饰前，板面钉帽应进行防锈处理。纸面石膏板墙面，根据设计要求，可做各种饰面，如涂刷油漆、喷刷浆、彩色喷涂、贴墙纸等。

轻钢骨架隔墙施工中，各工种间应保证已安装项目不受损坏，墙内电线管及附墙设备不得碰动、错位及损伤。轻钢龙骨及纸面石膏板入场，存放使用过程中应妥善保管，保证不变形、不受潮、不污染、无损坏。施工部位已安装的门窗、地面、墙面、窗台等应注意保护，防止损坏。已安装好的墙体不得碰撞，保持墙面不受损坏和污染。

(二)GRC板隔墙施工

玻璃纤维增强水泥混合材料板(GRC板)(图8-33)有标准板、门框板、窗框板、门上板、窗上板、窗下板及异型板。标准板用于一般隔墙。其他板按工程设计确定的规格进行加工。U形钢板卡用于两块条板拼缝处上端，用 $\phi6$ mm膨胀螺栓与结构顶板固定。角钢连接件(又称钢托)用于门上板与承重墙连接处及门上板与门框板连接处，用 $\phi6$ mm膨胀螺栓固定。胶粘剂用于GRC板与基体结构之间的连接固定、板缝处理、粘贴玻纤布条。聚酯无纺布(或玻纤网格布)用于墙角附加层及板缝处理。石膏腻子用于满刮墙面。

图8-33　GRC板

1. 工艺流程

结构墙面、顶面、地面清理和找平→放线、分挡→配板、修补→安U形卡(有抗震要求时)→配制胶粘剂→安装隔墙板→安门窗框→板缝处理→板面装修。

2. 施工要点

(1)结构墙面、顶面、地面清理和找平。清理隔墙板与顶面、地面、墙面的结合部，凡凸出墙面的砂浆、混凝土块等必须剔除并扫净，结合部尽力找平。

(2)放线、分挡。在地面、墙面及顶面根据设计位置，弹好隔墙边线及门窗洞边线，并按板宽分挡。

(3)配板、修补。板的长度应按楼面结构层净高尺寸减20 mm计算，并测量门窗洞口上部及窗口下部的隔板尺寸，按此尺寸配有预埋件的门窗框板。当板的宽度与隔墙的长度不相适应时，应将部分隔墙板预先拼接加宽(或锯窄)成合适的宽度，放置有阴角处。有缺陷的板应修补。

(4)安装U形卡。有抗震要求时，应按设计要求用U形钢板卡固定条板的顶端。在两块条板顶端拼缝之间用射钉将 U 形钢板卡固定在梁或板上，随安板随固定 U 形钢板卡，U 形卡应做防锈处理。

(5)配制胶粘剂。胶粘剂要随配随用。配制的胶粘剂应在 30 min 内用完。

(6)安装隔墙板。隔墙板安装顺序应从与墙的结合处开始，依次顺序安装。板侧清除浮灰，在墙面、顶面、板的顶面及侧面(相拼合面)满刮胶粘剂，按弹线位置安装就位，用木楔顶在板底，再用手平推隔板，使板缝冒浆，一个人用撬棍在板底部向上顶，另一人打木楔，使隔墙板挤紧顶实，然后用开刀(腻子刀)将挤出的胶粘剂刮平。按以上操作办法依次安装隔墙板。

在安装隔墙板时，一定要注意使条板对准预先在顶板和地板上弹好的定位线，并在安装过程中随时用 2 m 靠尺及塞尺测量墙面的平整度，用 2 m 托线板检查板的垂直度。粘结完毕的墙体，应立即用 C20 干硬性混凝土将板下口堵严，当混凝土强度达到 10 MPa 以上，撤去板下木楔，并用 M20 强度的干硬性砂浆灌实。

(7)安门窗框。隔墙板安装顺序应从与墙的结合处开始，依次顺序安装。板侧清除浮灰，在墙面、顶面、板的顶面及侧面(相拼合面)满刮胶粘剂，按弹线位置安装就位，用木楔顶在板底，再用手平推隔板，使板缝冒浆，一个人用撬棍在板底部向上顶，另一人打木楔，使隔墙板挤紧顶实，然后用开刀(腻子刀)将挤出的胶粘剂刮平。按以上操作办法依次安装隔墙板。

(8)板缝处理。隔墙板安装后 10 d，检查所有缝隙是否粘结良好，有无裂缝，如出现裂缝，应查明原因后进行修补。已粘结良好的所有板缝、阴角缝，先清理浮灰，刮胶粘剂，贴 60 mm 宽玻纤网格带(阳角处贴 200 mm 宽玻纤布一层)；待胶粘剂稍干后，再贴第二层玻纤网格带(宽度为 150 mm)，压实、粘牢，表面再用胶粘剂刮平。

(9)板面装修。一般 GRC 板墙面，直接用石膏腻子刮平，打磨后再刮第二道腻子，再打磨平整，最后做饰面层。如遇板面局部有裂缝，在做饰面前应先处理。

施工中各专业工种应紧密配合，合理安排工序，严禁颠倒工序作业。隔墙板粘结后 10 d 内，不得碰撞敲打，不得进行下道工序施工。安装埋件时，宜用电钻钻孔扩孔，用扁铲扩方孔，不得对隔墙用力敲击。对刮完腻子的隔墙，不应进行任何剔凿。严防运输小车等碰撞隔墙板及门口。

四、吊顶及隔墙工程质量要求

1. 吊顶工程质量要求

吊顶工程所用的材料品种、规格、颜色以及基层构造、固定方法等应符合设计要求。罩面板与龙骨应连接紧密，表面应平整，不得有污染、折裂、缺棱掉角、锤伤等缺陷，接缝应均匀一致，粘贴的罩面不得有脱层，胶合板不得有刨透之处，搁置的罩面板不得有漏、透、翘角现象。

2. 隔墙工程质量要求

(1)隔墙所用材料的品种、规格、性能、颜色应符合设计要求。有隔声、隔热、阻燃、防潮等特殊要求的工程，板材应有相应性能等级的检测报告。

(2)板材隔墙安装所需预埋件、连接件的位置、数量及连接方法应符合设计要求，与周边墙体连接应牢固。隔墙骨架与基体结构连接牢固，并应平整、垂直、位置正确。

（3）隔墙板材安装应垂直、平整、位置正确，板材不应有裂缝或缺损；表面应平整光滑、色泽一致、洁净，接缝应均匀、顺墙体表面应平整、接缝密实、光滑、无凸凹现象、无裂缝。

（4）隔墙上的孔洞、槽、盒应位置正确、套割方正、边缘整齐。

（5）隔墙安装的允许偏差和检验方法应符合表 8-7 的要求。

表 8-7　隔墙安装的允许偏差和检验方法

序号	项目	允许偏差/mm						检验方法
		板材隔墙				骨架隔墙		
		金属夹芯板	其他复合板	石膏空心板	增强水泥板、混凝土轻质板	纸面石膏板	人造木板、纤维板	
1	立面垂直度	2	3	3	3	3	4	用 2 m 垂直检测尺检查
2	表面平整度	2	3	3	3	3	3	用 2 m 直尺和塞尺检查
3	阴阳角方正	3	3	3	4	3	3	用 200 mm 直角检测尺检查
4	接缝直线度						3	拉 5 m 线，不足 5 m 拉通线，用钢直尺检查
5	压条直线度						3	
6	接缝高低差	1	2	2	3	1	1	用钢直尺和塞尺检查

单元四　幕墙工程施工

幕墙工程作为子分部工程，主要划分为玻璃幕墙工程、石材幕墙工程、金属幕墙工程、人造板材幕墙工程等分项工程。

一、玻璃幕墙工程施工

玻璃幕墙（图 8-34）按幕墙形式，可分为框支承玻璃幕墙、全玻璃幕墙和点支承玻璃幕墙，框支承玻璃幕墙按幕墙施工方法，可分为单元式玻璃幕墙和构件式玻璃幕墙；按幕墙形式，可分为明框玻璃幕墙、隐框玻璃幕墙和半隐框玻璃幕墙。下面主要介绍构件式框支承玻璃幕墙施工。

铝合金型材应进行表面阳极氧化处理。铝型材的品种、级别、规格、颜色、断面形状、表面阳极氧化膜厚度等，必须符合设计要求，其合金成分及机械性能应有生产厂家的合格证明，并应符合现行国家有关标准。进入现场要进行外观检查；要平直规方，表面无污染、麻面、凹坑、划痕、翘曲等缺陷，并分规格、型号分别码放在室内木方垫上。玻璃的外观质量和光学性能应符合现行的国家标准。橡胶条、橡胶垫应有耐老化阻燃性

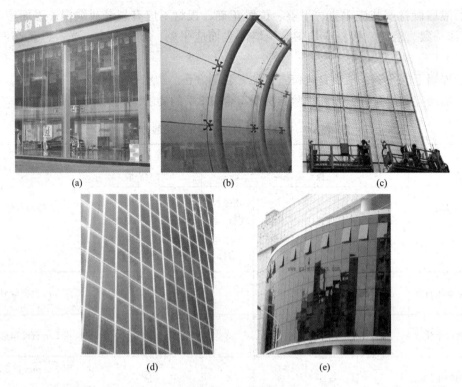

图 8-34　玻璃幕墙

(a)全玻幕墙；(b)点支承玻璃幕墙；(c)单元式玻璃幕墙；(d)明框玻璃幕墙；(e)隐框玻璃幕墙

能试验出厂证明，尺寸符合设计要求，无断裂现象。铝合金装饰压条、扣件颜色一致，无扭曲、划痕、损伤现象，尺寸符合设计要求。竖向龙骨与水平龙骨之间的镀锌连接件、竖向龙骨之间连接专用的内套管及连接件等，均要在厂家预制加工好，材质及规格尺寸要符合设计要求。竖向龙骨与结构主体之间，通过承重紧固件进行连接，紧固件的规格尺寸应符合设计要求，为了防止腐蚀，紧固件表面须镀锌处理，紧固件与预埋在混凝土梁、柱、墙面上的埋件固定时，应采用不锈钢或镀锌螺栓。螺栓、螺母、钢钉等紧固件用不锈钢或镀锌件，规格尺寸符合设计要求，并有出厂证明。接缝密封胶应有出厂证明和防水试验记录。

1. 工艺流程

测量放线、预埋件检查→横梁、立柱装配、楼层紧固件安装→立柱、横梁安装→防火、防雷等材料安装→玻璃安装→嵌缝→清洁、验收。

2. 施工要点

(1)测量放线、预埋件检查。在工作层上放出横、纵两个方向的轴线，用经纬仪依次向上定出轴线。根据各层轴线定出楼板预埋件的中心线，并用经纬仪垂直逐层校核，定各层连接件的外边线。分格线放完后，检查预埋件的位置，不符合要求的应进行调整或预埋件补救处理。

(2)横梁、立柱装配、楼层紧固件安装。装配竖向主龙骨紧固件之间的连接件、横向次龙骨的连接件。安装镀锌钢板，主龙骨之间接头的内套管、外套管以及防水胶等。装配横向次龙骨与主龙骨连接的配件及密封橡胶、垫等。安装与每层楼板连接的紧固件。

（3）立柱、横梁安装。

1）立柱安装。立柱先与钢连接件连接，钢连接件再与主体结构连接。立柱与主体结构连接必须具有一定的位移能力，采用螺栓连接时，应有可靠的防松、防滑措施。每个连接部位的受力螺栓，至少需布置 2 个，螺栓直径不宜少于 10 mm。立柱每安装完一根，即用水平仪调平、固定。全部立柱安装完毕后，复验其间距、垂直度，根据规范要求检查其偏差是否可控。临时固定螺栓在紧固后及时拆除。凡是两种不同金属的接触面之间，除不锈钢外，都应加防腐隔离柔性垫片，以防止产生双金属腐蚀。

2）横梁安装。水平方向拉通线，通过连接件与立柱连接。同一楼层横梁安装应由下而上进行，安装完一层及时检查、调整、固定。横梁与立柱相连处应垫弹性橡胶垫片，用于消除横向热胀冷缩应力以及变形造成的横竖杆间的摩擦响声。

（4）防火、防雷等材料安装。防火、保温材料应铺设平整且固定可靠，拼接处不应留缝隙。材料采用岩棉或矿棉，厚度不应小于 100 mm。防火层应采用厚度不小于 1.5 mm 的镀锌钢板承托，不得采用铝板。防火层不应与玻璃幕墙直接接触，防火材料朝玻璃面处宜采用装饰材料覆盖。同一幕墙玻璃单元不应跨越两个防火分区。

幕墙防雷包括防顶雷和防侧雷两部分，防顶雷用避雷针或避雷带，由建筑防雷系统考虑。防侧雷用均压环（沿建筑物外墙周边每隔一定高度设置的水平防雷网），环间间距不应大于 12 m，可利用梁内的纵向钢筋或另行安装。

（5）玻璃安装。

1）明框玻璃幕墙。玻璃安装前进行表面清洁，镀膜玻璃的镀膜面朝向室内。玻璃面板安装时不得与框构件直接接触，玻璃四周与构件凹槽底部保持一定空隙。每块玻璃下面应至少放置 2 块宽度与槽宽相同、长度不小于 100 mm 的弹性定位垫块，玻璃四边嵌入量及空隙应符合设计要求。

按规定型号选用玻璃四周的橡胶条，其长度宜比边框内槽口长 1.5%～2%；橡胶条斜面断开，断口应留在四角，拼成预定的设计角度，并应采用胶粘剂粘结牢固；镶嵌应平整。

2）隐框、半隐框玻璃幕墙。先对四周的立柱、横梁和板块铝合金副框进行清洁工作，以保证嵌缝密封胶的粘结强度。固定板块的压块，其规格和间距应符合设计要求。固定点的间距不宜大于 300 mm，并不得采用自攻螺钉固定玻璃板块。

玻璃幕墙开启窗的开启角度不宜大于 30°，开启距离不宜大于 300 mm。开启窗周边缝隙宜采用氯丁橡胶、二元乙丙橡胶或硅橡胶密封条制品密封。开启窗的五金配件应齐全，应安装牢固、开启灵活、关闭严密。

（6）嵌缝。玻璃幕墙与主体结构之间的缝隙采用防火保温材料填塞，内外表面采用密封胶连续封闭。硅酮耐候密封胶嵌缝前应将板缝清洁干净，并保持干燥。使用溶剂清洁时，不应将擦布浸泡在溶剂里，应将溶剂倾倒在擦布上擦拭，随后用干擦布抹净。清洁后 1 h 内注胶，不宜在夜晚、雨天打胶，打胶温度应符合设计要求和产品要求。密封胶在接缝内应对面粘结，不应三面粘结。严禁使用过期的密封胶；硅酮结构密封胶不宜作为硅酮耐候密封胶使用，两者不能互代。同一个工程应使用同一品牌的硅酮结构密封胶和硅酮耐候密封胶。密封胶注满后应检查胶缝，胶缝外观横平竖直、深浅一致、宽窄均匀、光滑顺直。

（7）清洁、验收。幕墙施工完毕后，选择容易渗漏部位（如拐角处）进行淋水试验，在室内观察有无渗漏现象，若无渗漏即可清洁验收。

雨天或 4 级以上风力的天气情况下不宜使用开启窗；6 级以上风力时，应全部关闭开启窗。应保持幕墙表面整洁，避免锐器及腐蚀性气体和液体与幕墙表面接触。应加强日常维护和保养，进行定期检查和灾后检查，及时修复或更换损坏的构件。

二、石材幕墙工程施工

根据石材的安装方式，石材幕墙主要分为短槽式石材幕墙、钢销式石材幕墙和背栓式石材幕墙3类。其中，短槽式石材幕墙，构造简单，技术成熟，目前应用较多。下面主要介绍短槽式石材幕墙施工。

饰面板进场时，应检查石板尺寸与外观质量、选板、预拼、排号、防碱处理。石材幕墙的石板厚度不应小于 25 mm，火烧石板的厚度应比抛光石板厚 3 mm。石板连接部位应无崩坏、暗裂等缺陷，其加工尺寸允许偏差及外观质量应符合国家标准。石材加工后表面应用高压水冲洗或用水和刷子清理，严禁用溶剂型的化学清洁剂清洗石材。建筑密封材料、结构硅酮密封胶、幕墙支撑金属件、连接件等其他辅助材料要求同玻璃幕墙工程施工。

1. 工艺流程

石板开槽钻孔→测量放线→检查预埋件尺寸、位置→安装金属骨架→安装防火、保温棉→安装饰面板→清理、嵌缝。

2. 施工要点

(1)石板开槽钻孔。

1)每块石板上下边应各开两个短平槽，短平槽长度不应小于 100 mm，在有效长度内槽深度不宜小于 15 mm；开槽宽度宜为 6 mm 或 7 mm；不锈钢挂件厚度不宜小于 3.0 mm，铝合金挂件厚度不宜小于 4.0 mm。弧形槽的有效长度不应小于 80 mm。

2)两短槽边距离石板两端部的距离不应小于石板厚度的 3 倍且不应小于 85 mm，也不应大于 180 mm。

3)石板开槽后不得有损坏或崩裂现象，槽口应打磨成 45°倒角，槽内应光滑、洁净。

(2)测量放线。在结构各转角处吊垂线，确定石材的外轮廓尺寸。以轴线及标高线为基线，弹出板材竖向分格控制线，再以各层标高线为基线放出板材横向分格控制线。

(3)检查预埋件尺寸、位置。检查预埋件的位置、尺寸，若无预埋件，则在主体结构上打眼，装膨胀螺栓，作为骨架的固定点。但应做后置预埋件的拉拔试验，以便确定承载力是否足够。

(4)安装金属骨架。安装固定立柱的铁件。安装同立面两端的立柱，然后拉通线，顺序安装中间立柱，使同层立柱安装在同一水平位置上。将各施工水平控制线引至立柱上，并用水平尺校核，然后安装横梁。立柱和横梁用螺栓连接或焊接。焊接后要刷防锈漆。

(5)安装防火、保温棉。防火、保温棉安装同玻璃幕墙工程施工。

(6)安装饰面板。将已编号的饰面石板临时就位，将不锈钢挂件插入石板孔。插挂件前先将环氧胶粘剂注入孔内，挂件入孔深度不宜小于 20 mm。调整饰面石材的平整度、垂直度，调整准确后，将挂件上的螺栓全部拧紧。

(7)清理、嵌缝。饰面板全部安装完毕后，进行表面清理，贴防污胶条。板缝尺寸根据吊挂件的厚度决定，一般在 8 mm 左右。板缝处理后，对石材表面打蜡上光。

对幕墙的构件、面板等，应采取保护措施，不得发生变形、变色、污染等现象。幕墙施工中其表面的黏附物应及时清除。安装完成后，应制定清洁方案，清扫时应避免损伤表面。清洗幕墙时，清洁剂应符合要求，不得产生腐蚀和污染。

【实践教学】

请学生根据项目案例要求，结合实际，利用所学知识，完成本项目案例中装饰工程施工方案的制定。

1. 分析建筑外墙装饰的类型，各种类型都有哪些特点？对于本案例中的外墙装饰还可以用什么装修方案？比较方案的优点及缺点。

2. 装饰装修对建筑的作用有哪些？

3. 请思考：对于你遇到的建筑物装修问题，你认为如何处理比较好？试用案例说明。

【建筑大师】

我国史载第一位官方建筑师沈琪

沈琪（1871—1930 年）字慕韩、穆涵、谷涵，天津静海岳家园村人。沈琪出生寒门，幼年丧父。青年时，入北洋武备学堂，攻读铁路工程专业。他是见于记载的中国第一位官方建筑师。据中国第一档案馆档案记载，他以建设委员身份给清陆军部和海军部旧址"绘具房图"，反映了 20 世纪初中国建筑设计和营造施工的高超水平。陆军部和海军部东西两组建筑，是在和亲王府基础上建造的巴洛克式砖木结构楼房，于 1906 年由中国营造厂施工。后来，这里成为近代史风云变幻的舞台，现在成为全国重点文物保护单位。

【榜样引领】

大国工匠曹亚军：喜欢啃工作中的"硬骨头"，忘我工作的拼命三郎

曹亚军，中建装饰集团深圳幕墙分公司总工程师、中国装饰协会幕墙分会专家、中建装饰集团幕墙工程技术领军人物、中建深装曹亚军创新工作室带头人，工作中面对技术难题、高尖难项目，曹亚军依靠他从事专业技术工作以来养成的"螺丝钉"精神，每次都能见招拆招。

2009 年，武广客运专线武汉站幕墙项目"工期短、变更多、施工难"，12 月的武汉阴冷潮湿、寒风刺骨，气温低至零下，施工现场更是一片泥泞。在这样的环境下，曹亚军奔赴现场最前沿，与千余名作业人员并肩作战。项目施工区域的一个站台来回就是 1 km，他一天光在 6 个站台就要走上 20 多 km。

他善于排兵布阵，注重增强团队凝聚力，激发技术团队最大活力，带领技术团队仅用时 3 天就克服了进站入口广厅 36 m 钢结构幕墙安装，20 天完成东西广厅 5 000 m² 的幕墙施工，以精益求精的匠心和毫不动摇的信念赢得亚洲规模最大的高铁站、中国首个桥建和一结构建筑"大会战"的胜利，并获评国家专利 3 项，钢结构幕墙安装获得中建总公司工法。

幕墙行业发展态势迅猛，但是幕墙施工技术的发展更新相对缓慢，打破常规施工方法需要大量的探索和勇气。

2016 年，在成都新华之星项目，巨大的"波浪形"玻璃幕墙对设计和施工的要求非常高。他总在想如何能让工人既不暴露于危险的环境下，又能高质量地完成幕墙施工？如何解决超高层幕墙玻璃自爆带来的板块更换的行业技术难题呢？

他多次爬上 200 m 高空的吊篮，现场检查幕墙玻璃损坏情况，反复查找损坏原因，研发玻璃更换方案。他携技术团队研发"幕墙安装机器人"，能够实现单元板块室内安装，帮

助解决超高层单元板块更换的世纪难题，同时节约大面积搭设脚手架的成本，大大降低室外幕墙作业的安全风险，提升幕墙施工安全系数。

为尽快让机器人能够用于生产施工，他连续加班优化方案近百项、测试安装上千次，前往高校 50 余次寻求专家教授对受力原理、整体稳定、局部稳定、连接构造设计与计算等内容进行细致分析和讲解，脚步走到哪里，方案带到哪里。

2013 年，在武汉国博洲际酒店星空会所华中第一空中鸟巢提升工程中，幕墙施工难度空前巨大，星空会所的三轴椭球体悬于两栋塔楼之间的空中，最低端距离地面 74 m，椭球体高度 22.2 m，共有 1 434 块三角形玻璃和铝板，每个板块的玻璃和铝板的各个边长都不一样，每个板块的尺寸和位置都需要现场复核准确，安装高度、精度一分一毫都不能差，而基层钢结构在施工过程中随着结构的加载和温度的变化都会对测量复核带来较大影响。星空任何一个板块都需要定尺加工，任何一个板块尺寸测量或加工出错，都会导致现场一大片区域板块无法安装并大幅拖延工期。经过几十次的画图、模拟、论证，最终创造性地采用分层悬挑曲面造型架体，虽然方案确定，但业主对方案的施工难度、技术规格要求都惊讶不已！

对技术的坚守，已经融入曹亚军的血液。他以卓尔不群的技艺和特有的人格魅力、优良品质，为中国幕墙装饰行业不断书写奇迹。

▶ 复习思考题

一、选择题

1. 室内墙面、柱面的阳角和门洞口的阳角，如设计无规定时，一般应用 1∶2 水泥砂浆护角，护角高度不应低于(　　)m，每侧宽度不小于(　　)mm。
   A.2，50　　　　　B.2，500　　　　　C.1，50　　　　　D.1，500

2. 抹灰的厚度通过(　　)进行控制，保持 15～20 mm。
   A. 灰饼　　　　　B. 护角　　　　　C. 冲筋　　　　　D. 找规矩

3. 在抹灰工程中，(　　)抹灰起找平作用。
   A. 基层　　　　　B. 底层　　　　　C. 中层　　　　　D. 面层

4. 装饰抹灰与一般抹灰的主要操作程序和工艺基本相同，主要区别在于(　　)的不同。
   A. 基层　　　　　B. 底层　　　　　C. 中层　　　　　D. 面层

5. 在弹涂过程中，应在基层刷涂(　　)道底涂层。
   A.1～2　　　　　B.2～4　　　　　C.4～6　　　　　D.6～8

6. 多窗口的房屋剔槽时要拉(　　)，并将窗 1∶3 找平。
   A. 通线　　　　　B. 中心线　　　　　C. 轴线　　　　　D. 边线

7. 吊顶龙骨安装包括主龙骨的安装和小龙骨的安装。一般而言，大龙骨固定应按设计标高起拱；设计无要求时，起拱一般为房间跨度的(　　)。
   A.1/100～1/200　　B.1/100～1/300　　C.1/200～1/300　　D.1/200～1/400

8. 裱糊工程可用在墙面、顶棚、(　　)等上做贴面装饰。
   A. 梁板　　　　　B. 梁柱　　　　　C. 楼梯　　　　　D. 阳台

9. 吊顶主要由支承、基层和(　　)组成。
   A. 面层　　　　　B. 表层　　　　　C. 装饰层　　　　　D. 涂料层

10. 在进行地面及楼面面层施工之前，必须进行(　　　)，这是防止发生面层空鼓、裂纹等质量事故的关键工序。

    A. 基层处理　　　　B. 浇水湿润　　　　C. 表层处理　　　　D. 刷胶粘剂

二、判断题

1. 墙面涂料的抹灰砂浆中，为了防冻，可以掺氯盐类防冻剂。(　　　)

2. 涂料工程使用的腻子，应坚实牢固，不得粉化、起皮和裂纹。(　　　)

3. 底层抹灰主要起与基层找平的作用。(　　　)

4. 砖砌体墙面应充分湿润，使渗水深度达到 12～15 mm，抹灰时墙面不显浮水。(　　　)

5. 饰面砖在镶贴前，应根据设计对釉面砖和外墙面砖进行限制，形状平整方正，不缺棱掉角。(　　　)

三、简答题

1. 简述内墙抹灰工程施工要点。

2. 一般抹灰各抹灰层厚度如何确定？为什么不宜过厚？

3. 试述喷涂、滚涂、弹涂的施工要点。

4. 简述大理石施工方法和要点。

5. 试述铝合金龙骨吊顶工程的施工要点。

6. 简述轻钢龙骨隔墙工程施工要点。

7. 简述玻璃幕墙工程的施工要点。

参 考 文 献

[1] 郑传明，宁仁岐 . 建筑施工技术[M].3 版 . 北京：高等教育出版社，2015.

[2] 危道军 . 建筑施工技术[M].2 版 . 北京：人民交通出版社，2011.

[3] 中华人民共和国住房和城乡建设部 . GB 50204—2015 混凝土结构工程施工质量验收规范[S]. 北京：中国建筑工业出版社，2015.

[4] 江正荣 . 简明施工工程师手册[M].2 版 . 北京：机械工业出版社，2004.

[5] 中华人民共和国住房和城乡建设部 . GB 50201—2012 土方与爆破工程施工及验收规范[S]. 北京：中国建筑工业出版社，2012.

[6] 雍本 . 幕墙工程施工手册[M].3 版 . 北京 . 中国计划出版社，2017.

[7] 中华人民共和国住房和城乡建设部 . GB 50202—2018 建筑地基基础工程施工质量验收标准[S]. 北京：中国建筑工业出版社，2018.

[8] 中华人民共和国住房和城乡建设部 . GBT 51231—2016 装配式混凝土建筑技术标准[S]. 北京：中国建筑工业出版社，2017.

[9] 张伟，徐淳 . 建筑施工技术[M]. 上海：同济大学出版社，2010.

[10] 中华人民共和国住房和城乡建设部 . JGJ 1—2014 装配式混凝土结构技术规程[S]. 北京：中国建筑工业出版社，2014.

[11] 中华人民共和国住房和城乡建设部 . GB 50666—2011 混凝土结构工程施工规范[S]. 北京：中国建筑工业出版社，2012.

[12] 肖明和，张蓓 . 装配式建筑施工技术[M]. 中国建筑工业出版社，2018.

[13] 刘尊明，崔海潮 . 建筑施工技术与组织[M]. 中国电力出版社，2017.

[14] 苏小梅 . 建筑施工技术[M]. 北京大学出版社，2012.

[15] 全国一级建造师执业资格考试用书编写委员会，建筑工程管理与实物[M]. 中国建筑工业出版社，2018.